系列教材编审委员会名单

高职高专“十二五”规划教材

中央财政重点支持建设专业校企合作系列教材

氯碱生产与操作

张艳君　魏凤琴　主　编

李　慧　王贤纲　副主编

化学工业出版社

·北京·

本书以应用为主，以企业需求为基础，以职业能力为本位，以典型工作任务为载体，以实用为度，突出工学结合特色，采用项目—任务—子任务的形式完成知识和技能的学习。全书共分为一次盐水精制、二次盐水精制及电解、氯氢处理、液氯的生产、氯化氢及盐酸、成品碱六个大项目，内容重点突出，理论联系实际，通俗易懂。每个项目开头提出知识目标、能力目标，每个子任务完成后编排了一定数量的任务训练。

本书可作为高职高专院校化工类专业教材，也可供从事氯碱生产、管理的一线技术人员和工人培训参考。

图书在版编目（CIP）数据

氯碱生产与操作 / 张艳君，魏凤琴主编. —北京：化学工业出版社，2013.8（2023.2重印）

高职高专“十二五”规划教材　中央财政重点支持建设专业校企合作系列教材

ISBN 978-7-122-17796-4

Ⅰ.①氯…　Ⅱ.①张…　②魏…　Ⅲ.①氯碱生产-高等职业教育-教材　Ⅳ.①TQ114

中国版本图书馆CIP数据核字（2013）第144205号

责任编辑：唐旭华　袁俊红　叶晶磊　　文字编辑：刘砚哲

责任校对：边　涛　　装帧设计：尹琳琳

出版发行：化学工业出版社（北京市东城区青年湖南街13号　邮政编码100011）

印　　装：北京科印技术咨询服务有限公司数码印刷分部

787mm×1092mm　1/16　印张 15¼　字数 378 千字　　2023年2月北京第1版第10次印刷

购书咨询：010-64518888　　售后服务：010-64518899

网　　址：http://www.cip.com.cn

凡购买本书，如有缺损质量问题，本社销售中心负责调换。

定　　价：35.00元

本书编写人员

主　　编　张艳君　魏凤琴

副 主 编　李　慧　王贤纲

编写人员　（以姓氏笔画为序）

王广斌　王贤纲　李　慧　张　金　张艳君

赵新苓　韩　兵　魏凤琴

前言 Forword

本书针对高等职业教育的特点和培养目标，为了更好地适应高等职业教育发展的需要，结合高等职业教育专业教学改革，在专业教师和企业技术人员共同参与下完成。以实用为度，以职业能力为本位，以典型工作任务为载体，突出工学结合特色，采用项目—任务—子任务的形式完成知识和技能的学习。

本书内容丰富，按照氯碱生产的先后工序进行编写，着重介绍了氯碱生产的工艺原理、工艺流程、主要设备的结构及功能、常见故障及处理方法、岗位操作，并对每个工序的典型案例进行分析，总结经验教训。全书共分为一次盐水精制、二次盐水精制及电解、氯氢处理、液氯的生产、氯化氢及盐酸、成品碱六个大项目，内容重点突出，理论联系实际，通俗易懂。每个项目开头提出知识目标、能力目标，每个子任务完成后编排了一定数量的训练任务，并将与该任务相关的内容以知识链接的形式编出，便于读者开阔视野。

本书由乌海技术学院张艳君、魏凤琴主编，李慧、王贤纲副主编。绪论、项目一、项目二（任务一）由张艳君编写，项目二（任务二）、项目三（任务一）、项目六（任务一、二）由魏凤琴编写，项目四、项目五（任务一、二、三）由李慧编写，项目二（任务三）、项目三（任务四及案例分析）由王贤纲编写，项目三（任务二、三）由赵新苓编写，项目二（任务四及案例分析）由张金编写，项目五（任务四及案例分析）由王广斌编写，项目六（任务三及案例分析）由韩兵编写。全书由张艳君统稿。在编写本书时，广泛借鉴了相关氯碱方面的书籍、科技论文和生产操作规程，在此谨对上述参考文献的作者表示诚挚的感谢。内蒙古君正能源化工有限公司杨成刚、张金、吕会以及中盐吉兰泰氯碱化工有限公司王广斌等或参与编写，或在编写过程中给予大力支持和指导，在此一并表示感谢。

本书内容已制作成用于多媒体教学的电子课件，并可免费提供给采用本书作为教材的院校使用。如有需要可联系：cipedu@163. com。

由于编者水平、时间和条件所限，书中不妥之处在所难免，敬请专家和广大读者批评指正。

编　者

2013 年 5 月

目录

绪论 …… 1

项目一　一次盐水精制 …… 5

任务一　原盐的选配及输送 …… 5
　子任务一　原盐的选用 …… 5
　子任务二　原盐输送的流程及主要设备 …… 9
　知识链接 …… 10
任务二　一次盐水精制 …… 11
　子任务一　一次盐水精制的工艺原理 …… 11
　子任务二　一次盐水精制的工艺流程 …… 14
　子任务三　主要设备 …… 18
　知识链接 …… 23
任务三　除硝工艺 …… 25
　子任务一　除硝的工艺原理 …… 25
　子任务二　除硝的工艺流程 …… 27
　子任务三　主要设备 …… 29
　知识链接 …… 31
任务四　一次盐水精制的岗位操作 …… 32
任务五　常见故障及处理 …… 36
案例分析 …… 40
小结 …… 42

项目二　二次盐水精制及电解 …… 44

任务一　二次盐水精制 …… 44
　子任务一　二次盐水精制的工艺原理 …… 44
　子任务二　二次盐水精制的工艺流程 …… 47
　子任务三　二次盐水精制的主要设备 …… 50
　子任务四　二次盐水精制的岗位操作 …… 53
　知识链接 …… 56
任务二　离子膜电解 …… 57
　子任务一　离子膜电解的原理 …… 57
　子任务二　离子膜电解槽 …… 60
　子任务三　离子膜电解的工艺操作 …… 64
　知识链接 …… 66
任务三　淡盐水脱氯 …… 69

子任务一　淡盐水脱氯的工艺原理 …… 69
子任务二　淡盐水脱氯的工艺流程 …… 71
子任务三　淡盐水脱氯的岗位操作 …… 75
知识链接 …… 76
任务四　常见故障及处理 …… 77
案例分析 …… 80
小结 …… 84

项目三　氯氢处理 …… 86

任务一　氯气处理 …… 86
子任务一　氯气处理的工艺原理 …… 87
子任务二　氯气冷却 …… 89
子任务三　氯气的干燥 …… 93
子任务四　氯气的压缩输送 …… 98
子任务五　事故氯处理 …… 102
知识链接 …… 104
任务二　氢气处理 …… 105
子任务一　氢气处理的工艺原理 …… 105
子任务二　氢气处理的工艺流程 …… 105
子任务三　氢气处理的主要设备 …… 108
知识链接 …… 109
任务三　氯氢处理的岗位操作 …… 110
任务四　氯氢处理的常见故障及排除方法 …… 112
案例分析 …… 114
小结 …… 123

项目四　液氯的生产 …… 125

任务一　液氯的生产 …… 125
子任务一　液氯生产的工艺原理 …… 125
子任务二　液氯生产的工艺流程 …… 127
子任务三　液氯生产的主要设备 …… 131
知识链接 …… 134
任务二　液氯生产的岗位操作 …… 136
任务三　液氯生产中的常见故障及处理 …… 137
案例分析 …… 142
小结 …… 147

项目五　氯化氢及盐酸 …… 148

任务一　氯化氢合成 …… 149
子任务一　氯化氢合成的工艺原理 …… 149
子任务二　氯化氢合成的工艺流程 …… 151

子任务三　氯化氢合成的主要设备…… 153
知识链接…… 158
任务二　高纯盐酸…… 159
子任务一　盐酸生产的工艺原理…… 159
子任务二　高纯盐酸生产的工艺流程…… 162
子任务三　主要设备…… 166
知识链接…… 170
任务三　氯化氢合成的岗位操作…… 175
任务四　常见故障及处理…… 179
案例分析…… 181
小结…… 187
项目六　成品碱…… 189
任务一　电解碱液的蒸发…… 189
子任务一　电解碱液蒸发的原理…… 189
子任务二　电解碱液蒸发的工艺流程…… 191
子任务三　电解碱液蒸发的主要设备…… 197
子任务四　电解碱液蒸发的岗位操作…… 201
知识链接…… 203
任务二　固体烧碱…… 204
子任务一　固体烧碱生产的工艺原理…… 204
子任务二　固体烧碱生产的工艺流程…… 208
子任务三　固体烧碱生产的主要设备…… 215
子任务四　固体烧碱生产的岗位操作…… 217
知识链接…… 221
任务三　常见故障及处理…… 222
案例分析…… 225
小结…… 230
参考文献…… 231

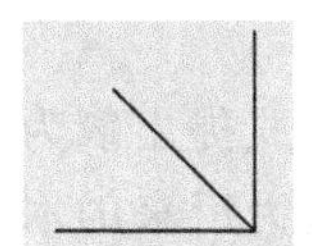

绪 论

一、氯碱工业

氯碱工业是指通过电解饱和 NaCl 溶液的方法来生产 NaOH、Cl_2和 H_2，并以它们为原料生产一系列化工产品的工业。氯碱工业是最基本的化学工业之一，在国民经济中起着重要作用，其主要的产品烧碱、液氯、盐酸、聚氯乙烯树脂等，除应用于化学工业本身外，还广泛应用于轻工业、纺织工业、冶金工业、石油化学工业以及公用事业。

氯碱工业除原料易得、生产流程较短等特点外，还有以下三个特点。

1. 能源消耗大

氯碱生产的耗电量仅次于电解法生产铝。在美国，氯碱工业用电量占总发电量的 2%左右，中国氯碱工业用电量占总发电量的 1.5%。因此，电力供应情况和电价对氯碱产品的生产成本影响极大，各国始终把降低能耗作为电解法的核心问题。重视选用先进设备，提高电解槽的电能效率和碱液蒸发热能的利用率，来降低烧碱的电耗和蒸汽消耗。开辟节约能源新途径，具有重要意义。

2. 氯与碱的平衡

在一个国家和地区，对烧碱和氯气的需求量不一定符合产品比例，因此就会出现烧碱和氯气的供需平衡问题。在一般情况下发展中国家工业发展初期用氯量较少，由于氯气又不宜长途运输，所以总是以氯气需用量来决定烧碱产量，往往出现烧碱短缺。在石油化工和基本有机原料发展较快的国家和地区用氯气量大，因此出现烧碱过剩。总之，烧碱与氯气平衡始终是氯碱工业发展中的固有矛盾。

3. 腐蚀和污染

氯碱产品如烧碱、盐酸等具有强腐蚀性，在生产过程中使用的原材料，如石棉、汞等都可能对环境造成污染，因此防止腐蚀和环境污染也一直是氯碱工业努力革新的方向。

二、烧碱的生产方法

烧碱的生产方法分为苛化法和电解法。电解法又有水银电解法、隔膜电解法和离子膜电解法。目前，我国的烧碱生产方法主要为离子膜电解法。

1. 苛化法生产烧碱

早在中世纪人们就发现纯碱存在于盐湖中，而烧碱的发现始于天然碱（纯碱）的发现。后来，发明了以石灰和纯碱制取 NaOH 的方法，这一方法称苛化法：

$$Na_2CO_3+Ca(OH)_2 \longrightarrow 2NaOH+CaCO_3\downarrow$$

纯碱和熟石灰反应生成的 $CaCO_3$溶解度比 $Ca(OH)_2$小，能够进行苛化反应。因为苛化过程是加热的，故将 NaOH 称为烧碱，又名苛性钠，以区别于天然碱。19 世纪末以前，工业上一直以苛化法制烧碱，但产量很小。20 世纪 50～60 年代，国民经济发展迅速，烧碱产量滞后于工业发展，为了满足烧碱的需求，曾一度采用苛化法生产烧碱。

2. 电解法生产烧碱

食盐熔融电解法是英国人 Davy 在 1807 年最早开始研究的，他在 1808 年正式提出氯为一种元素。1830 年，他在研究熔融盐的电解时发现金属钠与汞能生成汞齐，这为后来的水银法（汞法）电解制烧碱奠定了基础。

1851 年 Watt 第一个取得了电解食盐水制备氯的专利。但由于种种原因，直到 1867 年德国人 Siemens 的直流发电机出现后，在 1890 年电解食盐水制备氯的生产才得以工业化。

隔膜法与水银法电解几乎是同时间发明的。Griesheim 隔膜法是 1890 年在德国发明的，第一台水银法电解槽（Castner 电解槽）于 1892 年取得专利。

（1）隔膜电解法生产烧碱

隔膜电解法是指在阳极与阴极之间设置隔膜，把阴、阳极产物隔开。隔膜是一种多孔渗透性隔层，它不妨碍离子的迁移和电流通过，并使它们以一定的速度流向阴极，但可以阻止 OH^- 向阳极扩散，防止阴、阳极产物间的机械混合。目前，工业上用得较多的是立式隔膜电解槽。阳极用石墨或金属，阴极用铁丝网或冲孔铁板。当输入直流电进行电解后，食盐水溶液中的部分 Cl^- 在阳极上失去电子生成 Cl_2 并逸出，阳极溶液中剩下的 Na^+ 随溶液一同向阴极迁移，流入阴极的电解液，其中的 H^+ 在阴极得到电子生成 H_2 自电解槽阴极室逸出，由于 H^+ 不断放电析出 H_2，从而进一步促使水电离，溶液中所剩的 OH^- 与 Na^+ 形成 NaOH 碱溶液，与未电解的 NaCl 溶液一起不断自电解槽中排出。新盐水不断得到补充，在电解槽的阳极室进行连续生产。隔膜电解法设备投资小，工艺成熟，曾经是我国生产烧碱的主要方法。但隔膜法电能消耗高，产品质量低，目前，大部分已被离子膜法所取代。

（2）水银法电解生产烧碱

水银电解法是指利用流动的水银层作为阴极，在直流电作用下使电解质溶液的阳离子成为金属析出，与水银形成汞齐，而与阳极的产物分开。水银法的主要设备电解槽由电解室和解汞室组成，在电解室中，Hg 得电子生成液态的钠和汞的合金。在解汞室中，钠汞合金与水作用生成 NaOH 和 H_2，析出的 Hg 又回到电解室循环使用。水银法电解食盐水原理为：

$$2NaCl + 2Hg \longrightarrow 2HgNa + Cl_2 \uparrow$$

$$2HgNa + 2H_2O \longrightarrow 2NaOH + H_2 \uparrow + 2Hg$$

水银法较隔膜法消耗电力虽然多些，但此法的优点是制得的碱液浓度高、质量好、成本低。可直接生产含 NaOH 50%的液碱，不需要蒸发装置，节省大量蒸汽，适宜于水电丰富而缺煤地区。水银电解法所产烧碱质量好，含 NaCl 低于 50mg/kg，适用于化学纤维与合成纤维工业。欧洲国家西班牙由于产汞，大多采用水银法，德国原来几乎也全是水银法。日本原先也以水银法为主，20 世纪 70 年代初，在日本水俣地方出现了一种受汞污染的严重病害，迫于社会舆论，日本于 1973 年起将水银法逐渐转换为隔膜法或其他方法。水银法的最大缺点是汞会对环境造成污染，管理不善易造成汞污染，近年来除降低能耗外，主要改进工作在于消除汞的污染，所以此法已逐渐减少使用。

（3）离子膜电解法生产烧碱

离子膜法（简称 IEM 法）制碱是指采用离子交换膜法电解食盐水而制成烧碱。其主要原理是使用具有特殊的选择透过性的阳离子交换膜，该膜只允许阳离子通过而阻止阴离子和气体通过，即只允许 H^+、Na^+ 通过，而 Cl^-、OH^- 和两极产物 H_2 和 Cl_2 无法通过，因而起到了防止阳极产物 Cl_2 和阴极产物 H_2 相混合而可能导致爆炸的危险，还起到了避免 Cl_2 和阴极另一产物 NaOH 反应，而生成 NaClO 影响烧碱纯度的作用。

美国 Du Pont 公司的"Nafion"膜，是最早用于电解制碱的工业化离子交换膜，但后来的应用与发展却是日本较快。据报道，到 1987 年一季度末，全世界已有离子膜法制烧碱 NaOH 能力 460 万吨，占总能力的 11%，其中，日本旭硝子公司 134.09 万吨，占 29.2%；旭化成公司 200.6 万吨，占 43.5%；美国 Occidental Petroleum Corp 51.24 万吨，占 11.2%；英国 ICI 公司 40.83 万吨，占 8.9%；日本氯工程公司 33.24 万吨，占 7.2%。

离子膜法制烧碱自 20 世纪 70 年代末工业化以来，由于其具有节能、产物质量高（碱液含盐小于 50mg/kg），且避免了汞污染或石棉污染等优点，近年来得到了快速发展。通过离子膜法制碱生产技术引进和推广，我国氯碱生产技术水平跃上了一个新的台阶，2000 年离子膜法制碱产能占烧碱的 23%，2008 年升高到 65%，到 2012 年离子膜法制碱占总产能的 91%。不仅替代了可能带来汞污染的水银法制碱，而且替代了部分早期建设、老化了的隔膜法制碱装置，满足了国内对高品质烧碱的要求，已经完全成为我国烧碱生产的主导生产工艺。2006～2012 年国内烧碱产能供给结构变化情况见表 0-1。

表 0-1　2006～2012 年国内烧碱产能供给结构变化情况

年份	占总产能比例	
	隔膜法/%	离子膜法/%
2006	45	55
2007	37	63
2008	31	69
2009	27	73
2010	16	84
2011	10	89
2012	9	91

离子膜法发展如此迅速，主要由于它具有以下优势。

① 投资省。离子膜法制碱技术在 20 世纪 90 年代引进，当时离子膜法制碱技术和主要设备及膜均需从国外引进，因此整个成本很高。随着离子膜法制碱技术和装置（含膜）的国产化率提高，使得离子膜法制碱投资大幅降低，据测算比水银法制碱节省投资约 10%～15%，比隔膜法制碱节省投资约 15%～25%。

② 出槽 NaOH 浓度高。离子膜法出槽 NaOH 质量分数为 30%～35%，预计今后出槽 NaOH 质量分数将会达到 40%～45%。目前已有生产 50%NaOH 离子膜电解槽的工业化试验在进行。但从耗气省、耗电多及阴极系统需使用更昂贵的耐腐蚀材料等方面考虑，是不经济的。而对气贵电廉地区，生产 40%～50%NaOH 是可行的。

③ 能耗低。目前离子膜法制碱直流电耗是 2200～2300kW·h/t，同隔膜法电解工艺相比，可节约 150～250kW·h/t。同汞法电解制碱相比，总能耗可节约 10%～15%，同隔膜法电解制碱相比，总能耗节约 20%～25%。

④ 气体纯度高，氯中含氧、含氢低。离子膜法电解氯气纯度高达 98.5%～99%（体积分数），电解氢气纯度可高达 99.9%（体积分数）。进槽盐水加酸氯中含氧<0.8%（体积分数），完全适合聚氯乙烯对氯中含氧的要求。即使进槽盐水不加酸，氯中含氧 1%～1.5%（体积分数）也能满足某些聚氯乙烯生产的需要，并能提高电石法聚氯乙烯和合成盐酸纯度。另外，氯中含氢约在 0.1%（体积分数）以下，不仅能保证液氯生产的安全，而且能提高液

化效率。

⑤ 无污染。离子膜法电解可以避免水银和石棉对环境的污染。因离子膜具有较稳定的化学性能，几乎无污染和毒害。

⑥ 生产成本低。在烧碱的主要消耗指标中，直流电耗、蒸汽消耗离子膜法均比隔膜法低。

离子膜法电解制碱虽具有上述诸多优点，但也存在如下缺点：

① 离子膜法制碱对盐水质量的要求远远高于隔膜法和水银法，因此要增加二次盐水精制装置，也就增加了相关设备的操作、维修等工序；

② 离子膜本身的费用也非常昂贵，容易损坏，需精心维护，精心操作。

三、我国氯碱工业的概况与发展趋势

1. 我国氯碱工业的概况

20 世纪 20 年代，我国才开始出现氯碱工业，直到新中国成立，我国才仅有几家氯碱厂，每年的烧碱总产量只有 1.5 万吨，所生产的氯产品只有盐酸、漂白粉、液氯等几个品种。

新中国成立后，沈阳化工厂克服了重重困难，首先恢复了烧碱生产。在此之后，天津化工厂、锦西化工厂、上海天原化工厂等也陆续恢复了生产。到 1952 年全国烧碱的产量比 1949 年增长了 5 倍，产量达 8 万吨，但是仍然满足不了各行业的需求。

自 1953 年起，国家开始在四川、湖南等地建立一批新的烧碱厂，并开始对使用的电解槽进行技术改造，提高电流密度并降低单耗，到 1957 年全国的烧碱产量就已经达到了 20 万吨左右。

1958 年，国家又在浙江、湖北、福建、安徽等地新建了 13 个氯碱企业，我国氯碱企业布局在全国迅速展开，除了以往的沿海工业地区氯碱产量增加外，在中南和西南等地区也开始发展氯碱工业。在 1959 年我国的烧碱产量增加了 20 多万吨。

因氯产品供需矛盾突出，各地又陆续出现了一些小的氯碱企业，到 1966 年底，烧碱产量达到了 69 万吨，到 1976 年全国的烧碱产量达到 121.5 万吨，到 1978 年，我国的烧碱产量已经达到了 251.8 万吨。

20 世纪 90 年代开始，随着离子膜法制碱生产技术的引进、推广和应用，使我国氯碱生产技术水平跃上了一个新的台阶，烧碱的产能迅速增加。2008 年我国烧碱总产能为 2472 万吨，其中离子膜法烧碱产能为 1700 万吨，到 2012 年，全国烧碱总产能达 3736 万吨，其中离子膜法烧碱产能为 3407 万吨。

2. 我国氯碱工业的发展趋势

(1) 产品的发展趋势

总的来说，氯产品的发展是氯碱工业进展的主要推动力。氯产品的发展过程主要由无机氯产品向有机氯产品方面进行。发达国家的有机氯产品由于石油化工的兴旺，一般占用氯量的 70%左右，发展中国家则较低。

(2) 电解生产方法的发展趋势

食盐电解工业核心设备电解槽的发展总趋势受环保和节能两个主要因素所制约，离子膜法制碱，能耗低，质量高，又无汞、石棉污染，是氯碱工业的主要发展方向。工厂大型化与大型电解槽的出现，既节省能耗和投资，又便于自控管理。

食盐电解工业另一有前途的节能措施是厂办热电站，有效地提高热能利用率，供电、供汽均较价廉而易于调节。

项目一　一次盐水精制

学习目标

知识目标

★ 能够掌握一次盐水精制的工艺原理。

★ 能分析不同生产工艺下一次精盐水精制的工艺流程。

★ 能熟知一次盐水精制生产中主要设备的结构和功能。

能力目标

★ 能识读并根据要求绘制一次盐水精制的工艺流程图。

★ 能识读并根据要求绘制出膜法除硝工艺流程图。

★ 能完成一次盐水生产的开停车与正常运行操作。

★ 能对一次盐水精制过程中的常见故障进行分析并处理。

任务一　原盐的选配及输送

子任务一　原盐的选用

【任务描述】

◆ 熟知原盐的分类、原盐质量对生产的影响及其选用原则。

【任务指导】

一、原盐

原盐是指在盐田晒制的海盐以及在天然盐湖或盐矿开采出的未经人工处理的湖盐或岩盐等的统称，主要组分是氯化钠，分子式 NaCl，相对分子质量 58.45，密度 0.7～0.12t/m^3，生成热 409.01kJ/mol，溶解热 5.363 kJ/mol，熔点 804℃，沸点 1439℃，熔融热 30.35kJ/mol，汽化热 170.85kJ/mol，易溶于水、甘油，微溶于乙醇、液氨，不溶于盐酸。

纯净的氯化钠是无色透明的立方晶体，不易潮解。但由于原盐中夹杂有可溶性的氯化钙、氯化镁等物质，这些杂质吸收空气中的水分而使原盐潮解结块，给原盐的贮存、运输带来一定的困难。

一般来说温度对食盐在水中的溶解度影响不大，但是高温能加快食盐的溶解速度，氯化钠在水中的溶解度见表 1-1。

表 1-1 氯化钠在水中的溶解度

温度/℃	氯化钠在水中的溶解度	
	/%（质量分数）	/(g/L)
−14	24.41	290.3
−6	25.48	305.4
0	26.34	316.2
10	26.35	316.7
20	26.43	317.2
30	26.56	317.6
40	26.71	318.1
50	26.89	319.2
60	27.09	320.5
70	27.30	321.8
80	27.53	323.3
90	27.80	325.3
100	28.12	328.0

二、原盐的分类

我国是一个盐资源非常丰富的国家，工业用盐主要分为海盐、湖盐、井盐和矿盐。盐矿资源在全国 17 个省（区）都有产出，形成了北方沿海大型海盐生产基地、西部湖盐生产基地和中、东、南井矿盐产业带三大原盐产区。盐产量以海盐为主，其次是湖盐和井矿盐，自 2005 年以来，我国原盐总产量已跃居世界第一位，成为全球最大的原盐生产国。

1. 海盐

海盐的获取主要是以海水为原料，通过盐田日晒而得到。海水中盐类的主要成分有氯化钠、硫酸镁、硫酸钾、硫酸钙、氯化镁、溴化镁和碳酸钙等（见表 1-2）。我国海盐总产量的 85%集中在淮河以北的北方盐区，海盐四大产区分别是：山东莱州湾盐区、河北长芦盐区、江苏淮盐产区、辽东湾盐区。年产量在 100 万吨以上的有海南莺歌海盐场、天津塘沽盐场、天津汉沽盐场和河北南堡盐场等。

表 1-2 海盐的盐水成分

项目	海盐指标/%		
	一级	二级	三级
w（NaCl）	94.0	92.0	89.5
w（Ca^{2+}）	0.20	0.20	0.30
w（Mg^{2+}）	0.20	0.30	0.30
w（SO_4^{2-}）	0.70	0.80	1.00
w（水不溶物）	0.30	0.40	0.50
w（水溶杂质）	1.50	1.70	2.60

2. 湖盐

湖盐（又称池盐）主要是指从盐湖中直接采出和以盐湖卤水为原料在盐田中晒制而成的盐。内蒙古、青海、新疆、陕西、山西、甘肃、黑龙江等省是我国湖盐的主要分布地。其中最大的是新疆柴达木盆地的察尔汗盐湖，据统计，仅这一盐湖开采出来的湖盐，足够我国十二亿人口食用四千多年，其他如内蒙古阿拉善左旗吉兰泰盐湖、青海茶卡盐湖、山西运城解池等都是著名的湖盐产地。一般来说，湖盐资源丰富，含盐量高，生产成本和能耗低于海盐和井矿盐，开发潜力较大。但是湖盐中含有泥沙、芒硝和石膏等杂质（见表 1-3）。

表 1-3　湖盐的盐水成分

项目	湖盐指标/%		
	一级	二级	三级
$w(NaCl)$	94.0	85.0	70.0
$w(Ca^{2+})$	0.08	—	—
$w(Mg^{2+})$	0.30	—	—
$w(SO_4^{2-})$	0.50	—	—
w(水不溶物)	1.0	—	—
w(水溶杂质)	0.40	—	—

3. 井矿盐

井盐主要是运用凿井法汲取地表浅部或地下天然卤水加工制得；矿盐是通过开采古代岩盐矿床加工制得。四川自贡、云南一平浪和湖北江汉平原等地区是井盐的主要集中地；矿盐则主要分布在湖北应城、湖南湘澧、湘衡等盐矿。井矿盐是井盐和矿盐的总称，主要含有天然卤水盐矿和岩盐矿床，运用开采矿盐钻井水溶法，由于各地地质条件的不同，使其成分复杂且略有不同，其主要成分含有钾、钠、钙、镁等金属离子和碳酸氢根、硫酸根、碳酸根和氯离子等阴离子（见表 1-4）。

表 1-4　井矿盐的盐水成分

项目	井矿盐指标/%		
	优级	一级	合格
$w(NaCl)$	95.5	94.0	92.0
$w(Ca^{2+})$	0.25	—	—
$w(Mg^{2+})$	0.20	—	—
$w(SO_4^{2-})$	0.70	—	—
w(水不溶物)	2.00	0.40	0.40
w(水溶杂质)	1.00	1.40	2.00

三、原盐质量对生产的影响

采用电解法生产烧碱，原盐的费用仅次于电费，占烧碱成本的第二位，因此，原盐的好坏直接影响电解法生产烧碱的成本及生产工艺。

1. 化盐速度和盐水饱和度

如果原盐杂质含量高，化盐速度就会降低，盐水不易达到饱和程度，使化盐设备的生产强度降低。

2. 精制剂的消耗量

原盐中 Ca^{2+}、Mg^{2+}、SO_4^{2-} 的含量越高，在精制过程中对于精制剂 NaOH、Na_2CO_3、$FeCl_3$、$BaCl_2$（或冷冻法除 SO_4^{2-} 的冷量）等的消耗量就越大，从而生产成本也会增加。

3. 澄清能力

原盐中的 Mg^{2+}/Ca^{2+} 比值会直接影响盐水的澄清速率，Mg^{2+}/Ca^{2+} 的比值越大，澄清能力越低。例如，当 $Mg^{2+}/Ca^{2+}=1.0$ 时，澄清速率为 0.25m/h，而当 $Mg^{2+}/Ca^{2+}=2.0$ 时，澄清速率降为 0.16m/h。

4. 电解槽性能

盐水中的 Mg^{2+}、Ca^{2+}、SO_4^{2-} 在精制过程中形成难溶的 $Mg(OH)_2$、$CaCO_3$、$BaSO_4$ 等会堵塞电解槽离子膜，使槽电压升高，降低电解槽离子膜寿命。另外，如果盐水中 SO_4^{2-} 达到一定浓度，电解时可能在阳极上放电产生氧气，从而降低电流效率和氯气纯度，还可使钛基材料钝化。

5. 运输费用

使用含杂质较多的原盐，在生产中会增加原盐消耗量，从而增加原盐的运输费用和成本。

四、 原盐的选用原则

由于各种原盐的品种和来源产地不同，使得原盐的质量存在很大差异，其生产工艺方法也不尽相同，各氯碱企业应该根据自己的实际情况选择原盐，总体上应该遵循以下几个原则。

1. 产地就近原则

为了减少企业经济损失，规避风险，消除涨价和原盐供应不足等因素。氯碱企业应该优先选择离厂区最近的盐场生产的原盐，对于新建氯碱厂也应该考虑此类因素，以减少运输费用和成本。我国沿海东部地区的氯碱企业应就近以海盐为主；中部和西部地区靠近丰富井矿盐、湖盐和卤水产地的氯碱企业应大力开发利用井矿盐、湖盐和卤水，辅以海盐为原料生产烧碱。

2. 质量优先原则

湖盐和海盐的生产主要以日晒法为主，没有经过净化处理，盐的质量较差，其中的泥沙、悬浮物、杂质的含量较高；而井矿盐的生产是通过真空蒸发得到的，盐的质量较好，杂质的含量也较少，不含泥沙、悬浮物。选择品质高的盐作为原料，可以减少盐水在精制过程中人力、物力、财力的投入，节约大量的投资和运行费用，因此企业应该选用杂质含量少的精制盐作为原料。

总的来说，如果氯碱企业靠近海盐、湖盐的生产基地，可以选用这些质量稍差的盐，其杂质含量高而产生的精制费用可以被廉价的运输费用所抵消。对于距离海盐、湖盐生产基地比较远的氯碱企业（特别是采用离子膜法制碱的企业）来说，应优先选择通过真空蒸发生产的精制井矿盐作原料。

【任务训练】

1. 能说出原盐的分类。
2. 简述盐水的质量对生产有哪些影响。
3. 试分析原盐的选用原则有哪些。

子任务二　原盐输送的流程及主要设备

【任务描述】

◆ 熟知原盐输送的流程及主要设备，能够估算盐场的贮存能力。

【任务指导】

一、原盐输送的流程

生产用的原盐通过火车运到盐场，由龙门吊车抓斗送入集盐场，从盐场内用龙门吊车将盐送入盐斗，然后通过皮带运输机将原盐经过电子皮带秤计量后，连续不断地送入化盐桶内。

二、原盐输送的主要设备

1. 龙门吊车

龙门吊车是盐场装卸盐的主要设备，担负着将进厂原盐从火车内卸进盐场，并将盐场内原盐连续地供给皮带运盐机的任务。若生产需要，也可用于将盐场内的新旧原盐进行搭配供盐。

2. 皮带运盐机

皮带运盐机是原盐输送的主要设备，担负着连续向化盐桶输送原盐的任务。皮带宽度800mm，皮带速度0.7m/s，皮带载盐量28.57kg/m，运盐能力72t/h。利用水银接点实现化盐桶盐层高度与皮带运盐机联锁自控，原盐通过电子皮带秤计量。

三、操作注意事项

① 盐斗原盐高度在篾子以上高度1～2m，操作时必须在走台上，不允许站在盐堆上。

② 下斗作业时，必须要求篾子露出一定平方米以上的面积，并有人监护作业。

③ 吊车抓斗距离地面保持2～3m的高度，不准在斗下通行。

④ 皮带机运转时禁止跨越，排除杂物时必须停车操作。

⑤ 天车工开车前必须鸣铃，操作中也应适时鸣铃。

四、盐场的贮存能力

盐场贮存原盐量的能力，根据以下公式进行计算：

$$G=FH\gamma$$

式中，G 为原盐总重量，t；F 为盐场面积，m^2；H 为原盐平均堆高度，m；γ 为原盐平均堆积密度，t/m^3。

【任务训练】

1. 能说出原盐输送的流程及主要设备。

2. 简述原盐输送过程中的操作注意事项。

3. 估算盐场原盐的贮存能力。已知盐场面积为 $27\times140m^2$，原盐平均堆高度为 4m，原盐平均堆积密度为 $1.1t/m^3$。

知识链接

我国原盐生产的市场分析

原盐是生产烧碱和纯碱（以下简称“两碱”）最主要的无机化工原料，在化工工业中占有重要地位。自 2005 年，我国已成为世界原盐主要的生产国和消费国，随着我国氯碱和纯碱工业生产能力和产量的迅猛增加，对原盐的需求呈现快速增长的态势。

1. 生产现状分析

我国氯碱和纯碱工业迅猛发展，刺激和拉动了原盐产销量的快速增长，原盐产品结构也得到大幅调整。“十五”末，我国海盐比例约 70%、井矿盐比例接近 20%、湖盐比例不足 10%。“十一五”末，国内海盐比例已下降到 40%以下，井矿盐比例上升到 40%以上，湖盐的比例也略有上升。盐化工企业为顺应形势，不断进行兼并重组、实施多元化发展战略，与下游产业联合、延伸产业链、发展循环经济，不断提升现代盐化工产业的综合竞争能力。国内原盐生产在 2009 年市场逐步复苏的基础上，2010 年产销量开始呈现稳步增长，全年国内原盐累计产量为 6274.7 万吨，同比增长 7.4%，产量创历史新高。

在“十二五”规划开局之年，许多盐化工项目陆续投产，这些项目多呈现大型化、一体化、园区化等特点。据不完全统计，截至 2011 年 6 月底，国内仅新投产的氯碱装置就高达 400 万吨/年，如宁夏华御化工有限公司、山东阳煤恒通化工股份有限公司、江苏盐海化工有限公司、黑龙江昊华化工公司、山东金岭化工股份有限公司、内蒙古君正化工有限公司、河南永银化工实业有限公司及内蒙古宜化化工有限公司等项目陆续投产。另外还有数套 60 万吨/年以上的联碱项目投产，新项目的投产拉动了原盐的消费。据统计，2011 年 1～5 月国内烧碱产量为 1006.2 万吨，同比增长 17.3%；纯碱产量为 918.4 万吨，同比增长 4.4%，市场需求旺盛。原盐累计产量为 2153.8 万吨，较 2010 年同期的 1682.1 万吨增长 28.0%。

目前，我国原盐生产与发展整体呈现 3 种态势：① 原盐品种结构调整加快，不同品种价格对市场反应不一，井矿盐产量比例不断攀升，海盐比例不断下降；② 新建项目生产能力进一步增强；③ 盐、碱联合一体化、就地深加工发展模式得到进一步强化和巩固。例如：内蒙古乌海市 2011 年投资 130 亿元重点发展盐化工和煤化工，建立石灰石→电石→烧碱→聚氯乙烯-聚氯乙烯深加工的上下游一体化配套产业链，预计在“十二五”期间形成 300 万吨 PVC 的生产能力。内蒙古阿拉善盟依托丰富的原盐、电煤资源，集约发展煤—电—盐—氯碱—PVC—建材为一体的循环经济产业，近期 PVC 生产能力争取达到 300 万吨/年。鄂尔多斯市依托亿利资源集团有限公司、内蒙古伊东集团、湖北宜化集团、中谷矿业等大力发展盐化工、煤化工，2012 年氯碱生产能力为 150 万吨/年。陕西榆林将依托当地岩盐资源，计划到“十二五”末实现产盐 1000 万吨/年，氯碱等盐化工业产品 400 万吨/年。

2. 市场需求分析

2010 年原盐价格基本呈现前低后高的态势。2010 年底，尽管许多地区受到限电的影响，两碱企业开工率不高，但原盐价格依然不断冲高。2011 年 1～5 月，国内原盐价格走势相对平稳，年初价格基本承接 2010 年第 4 季度冲高后的价格高位运行，整体呈现出产销两旺的态势。由于价格持续走高，企业库存量并不大；加之进口量有所增加，在一定程度上平抑了国内原盐厂家价格上涨的计划。2011 年 6 月以后，我国原盐市场整体高稳运行，市场成交气氛活跃，企业库存量较低，市场货源供应仍显紧张。

我国原盐消费经历 2003～2007 年快速增长之后，2008 年和 2009 年受到金融危机的影响，消费增幅变缓，2010 年国内原盐消费又呈现较快增长的态势。10 年来我国原盐消费年均增长率约为 8.4%，与国民经济增速基本保持一致。2010 年我国原盐表观消费量达到 635 万吨，同比 2009 年增长了 9%左右，消费结构与前几年基本相近，主要用于两碱工业，其中 2010 年烧碱消费比例有所增加，而纯碱消耗比例有所下降；其他行业的消费基本保持稳定增长的态势，其中烧碱消费比例为 48%，纯碱为 43%，食品添加剂与轻工行业为 6.7%，其他行业为 2.3%（图 1-1）。

2010年国内两碱行业消耗原盐总量的91%左右，原盐市场与两碱工业的生产能力和产量的变化息息相关，原盐的未来需求主要取决于国内纯碱和氯碱产量的变化，其发展趋势可归纳为3点：① 2004～2007年，国内氯碱和纯碱产量呈现高速增长的态势，原盐产量也同步高速增长，原盐的增长速度甚至超过两碱；② 2008～2009年，尽管国内两碱的产量有所增加，但增速明显放缓，受金融危机的冲击和国内生产能力扩张的影响，两碱已呈现过剩态势，对原盐的需求明显放缓；③ 2007～2010年，国内原盐产量的增长速度低于两碱产量的增长。

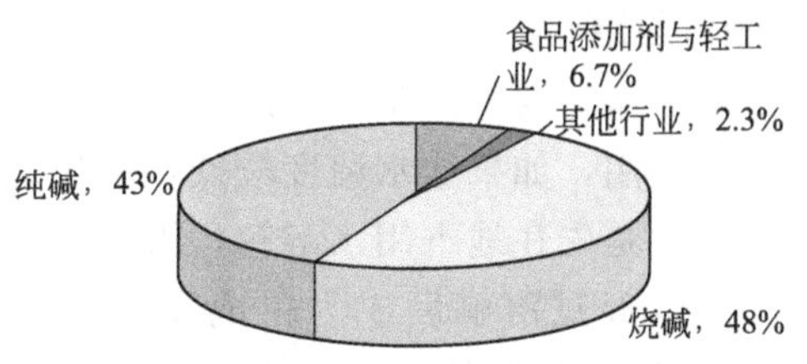

图1-1　2010年我国原盐消费结构

目前，从我国经济运行、产业结构和主导产业发展情况来看，我国经济整体发展良好，运行相对平稳；与两碱下游密切相关的保障房建设、轨道交通业、汽车工业等，将需求大量的两碱及其下游产品；同时，国家产业结构调整政策和“十二五”规划都明确指出鼓励企业兼并重组，两碱工业规模的不断扩大，生产技术水平的不断提升，保证了我国两碱工业的健康可持续发展。按照目前氯碱生产能力的扩充速度和国家对氯碱生产能力的控制指标，预计到2015年我国烧碱生产能力将达到4300万吨/年，纯碱生产能力达到3000万吨/年，两碱的总生产能力约为7300万吨/年，原料消耗8500万吨/年，加上其他领域消费，2015年国内原盐消费量预计将超过9000万吨/年，未来5年需求年均增长率接近7%。

针对我国原盐及两碱工业的现状与未来市场的需求和发展情况，我国原盐工业盐碱一体化建设要量力、适度而行。东、西部地区应根据各自优势形成差别化发展的模式。西部地区适宜煤、盐、碱、电石、聚氯乙烯等发展模式；东部沿海地区应利用石化资源形成氯、碱、氢等下游基础有机原料和精细化学品的发展模式。在只有盐卤资源而没有其他资源尤其是石化资源的地区，应在一定距离内考虑铁路专用线和卤水输送管道建设，为具备发展盐化工的地区提供原料。

任务二　一次盐水精制

子任务一　一次盐水精制的工艺原理

【任务描述】

◆ 能够熟知饱和食盐水的制备方法。

◆ 能完全掌握一次盐水精制的工艺原理。

【任务指导】

一、饱和食盐水的制备

将原盐溶于水中制成饱和食盐水，目前饱和食盐水的制取方法比较简单，主要包括以固体盐为原料和以液体盐为原料两种方法。

1. 固体盐原料

以固体盐为原料制备饱和食盐水的氯碱企业，一般在化盐桶中进行原盐的溶解。原盐通过皮带运输机从化盐桶上部加入，水从化盐桶底部加入，化盐用的水一般由淡盐水、压滤水、蒸发冷凝液、反渗透产水等几部分混合而成，混合化盐水通过汽水混合器加热后，从化盐桶底部连续送入，化盐温度保持在50～60℃，化盐桶中要保持有一定的盐层高度。原盐中含有的杂物泥沙等不溶物会在化盐桶底部沉积，需定期进行清理。原盐溶解后形成的粗饱和食盐水，从化盐桶上部溢流槽连续流出，经粗盐水泵输送至反应桶。

2. 液体盐原料

液体盐主要来源于井盐或天然卤水和岩盐。井盐或天然卤水可直接汲出，通过管道输送到工厂使用，如果盐水浓度较低，可先进行浓缩，或加入一定量的固体盐，使其浓度增加。岩盐一般是先在地下用水溶解，汲出之后通过管道输送到工厂。

原盐经过溶解后成为粗饱和食盐水，这就是一次盐水。由于原盐中含有杂质，因此一次盐水中也含有 Ca^{2+}、Mg^{2+}、SO_4^{2-} 有机物等杂质以及一些其他的机械杂质。这些杂质的存在会影响后续的电解过程，因此必须对一次粗盐水进行精制，得到符合要求的一次精盐水。

二、生产任务

在氯碱生产企业中，一次盐水精制首先是将固体原盐（或搭配部分盐卤水）和化盐水（蒸发工艺冷凝液、洗盐泥回收的淡盐水）按比例掺混，通过加热溶解制成氯化钠的饱和溶液，然后向饱和盐水溶液中连续加入适量的精制剂（NaOH、Na_2CO_3 等），将盐水中的 Ca^{2+}、Mg^{2+} 等分别生成难溶的沉淀物，最后再加入助沉剂 $FeCl_3$，通过澄清、砂滤、中和等后续步骤，得到质量合格的一次精盐水。

三、一次盐水精制的工艺原理

1. 化盐的原理

化盐是利用氯化钠在水中的溶解度受温度影响不大，但提高温度可加快氯化钠的溶解速度。盐水在输送中应考虑温度的影响，防止氯化钠晶体析出堵塞管道，因此化盐时温度一般控制在 55℃左右。

原盐经过皮带运输机、皮带电子秤计量后，由化盐桶的上部不断加入，淡盐水由化盐泵从化盐桶底部通过分液装置不断加入，在与盐层不断接触时将原盐溶解，得到的饱和粗盐水，从化盐桶顶部流出，这种化盐方法称为逆流接触溶解法。

2. Mg^{2+}、Ca^{2+} 的精制原理

目前对于 Mg^{2+}、Ca^{2+} 精制主要采用化学或物理方法将其转化为沉淀物而除去。一般有三种方法：烧碱-纯碱法、石灰-纯碱法、石灰-芒硝法。这三种方法工业上都有应用，多数氯碱企业通常采用烧碱-纯碱法。

烧碱-纯碱法的工艺原理就是利用烧碱除掉 Mg^{2+}，利用纯碱除掉 Ca^{2+}。其反应如下：

$$Mg^{2+} + 2OH^- = Mg(OH)_2 \downarrow$$

$$Ca^{2+} + CO_3^{2-} = CaCO_3 \downarrow$$

根据溶度积原理，为尽量除掉粗盐水中的 Mg^{2+}、Ca^{2+}，应加入过量的 NaOH 和 Na_2CO_3，生产上盐水的过碱量一般控制指标为：NaOH 的过碱量为 0.2～0.4g/L，Na_2CO_3 的过碱量为 0.3～0.6g/L。

烧碱-纯碱法具有如下特点。

① 来源非常方便。烧碱是本工艺的主要产品，可为本工艺提供自用碱。

② 生成的沉淀完全，Mg^{2+}、Ca^{2+} 除去率较高。粗盐水中 Mg^{2+} 的除去率可达到 98%以上，Ca^{2+} 的除去率也可达到 95%以上。

③ 操作过程简单，劳动条件好。

3. SO_4^{2-}、 NH_3的去除原理

(1) SO_4^{2-} 的去除

对于盐水中 SO_4^{2-} 的去除方法一般有 3 种：钙法、钡法和冷冻法。钙法的原理就是向盐水中加入 $CaCl_2$，使 SO_4^{2-} 与 $CaCl_2$反应生成 $CaSO_4$沉淀而除去；钡法的原理就是向盐水中加入 $BaCl_2$，使 SO_4^{2-} 与 $BaCl_2$反应生成 $BaSO_4$沉淀而除去。其反应式为：

$$SO_4^{2-} + Ca^{2+} = CaSO_4 \downarrow$$

$$SO_4^{2-} + Ba^{2+} = BaSO_4 \downarrow$$

冷冻法是利用 Na_2SO_4溶解度随温度变化明显，而 NaCl 溶解度则对温度不敏感的区别，将 SO_4^{2-} 以 $Na_2SO_4 \cdot 10H_2O$（芒硝）的形式，冷冻结晶而除去，并可将 $Na_2SO_4 \cdot 10H_2O$ 作为副产品出售。但是冷冻法直接从淡盐水或卤水中除硝的成本较高，若想降低成本，需预先将盐水中的 SO_4^{2-} 增浓，再用冷冻法将其除去。

(2) NH_3的去除

当原盐或化盐水中存在铵离子或有机氮的化合物时，在电解槽阳极液 pH 值为 2～4 的条件下，将会产生易爆炸的 NCl_3气体：

$$NH_3 + 3HClO = NCl_3 \uparrow + 3H_2O$$

去除盐水中 NH_3，一般是向盐水中加入氯水（含有 HClO）或次氯酸钠，使 NH_3生成 NH_2Cl 挥发而除去，反应式如下：

$$NH_3 + NaClO = NH_2Cl \uparrow + NaOH$$

4. 有机物、 不溶性机械杂质的去除原理

盐水中的菌藻类有机物会产生一种分泌物，与氢氧化镁和腐殖酸等化合物混合，黏滞在过滤袋的表面，影响膜的过滤能力。另外，若盐水中存在的不溶性泥沙等机械杂质随盐水进入电解槽，就会堵塞离子膜孔隙，使膜渗透性降低，造成电解槽运行恶化，离子膜电阻增加。

盐水中菌藻类、腐殖酸等天然有机物可通过加入次氯酸钠去除。菌藻类有机物被次氯酸钠杀死，腐殖酸等天然有机物被次氯酸钠氧化分解成小分子，分解后的腐殖酸等天然有机物的小分子与不溶性泥沙等机械杂质一起，最终通过三氯化铁的吸附和共沉淀作用在预处理器中预先除去。

5. 游离氯的去除原理

盐水中游离氯的存在会使离子交换树脂中毒，影响离子的交换能力，必须除去存在的游离氯。对于盐水中的游离氯通常是以 ClO^- 的形式存在，一般向盐水中加入 Na_2SO_3可除去游离氯，反应式如下：

$$ClO^- + SO_3^{2-} \longrightarrow SO_4^{2-} + Cl^-$$

6. pH 值的调节

当采用烧碱-纯碱法精制盐水时，为了尽可能地除去 Mg^{2+}、Ca^{2+}，一般要求加入的 NaOH、Na_2CO_3过量，为不使进入电解槽的盐水成为强碱性，需要用盐酸中和氢氧化钠和碳酸钠，其主要的化学反应如下：

$$NaOH + HCl = NaCl + H_2O$$

$$Na_2CO_3 + 2HCl = 2NaCl + H_2O + CO_2 \uparrow$$

四、一次盐水的精制指标

一次盐水经过精制处理后，盐水中各种成分含量通常要求满足以下指标（表1-5）。

表1-5　一次盐水的精制指标

盐水中的成分	指标要求
NaCl	(305±5) g/L
NaOH	0.2～0.4g/L
Na_2CO_3	0.3～0.6g/L
氨（NH_4^+）	＜1mg/L
Ca^{2+}、Mg^{2+}	≤5 mg/L
SO_4^{2-}	≤6g/L
Fe^{3+}	≤1 mg/L
游离氯（以 ClO^- 计）	0
总氨	＜4mg/L
ClO_3^-	≤2g/L
SiO_2	≤5 mg/L
Ba^{2+}	≤0.5 mg/L
Hg^{2+}	≤10 mg/L
Mn^{2+}	≤0.01 mg/L
I_2	≤0.2 mg/L
盐水中的悬浮物（SS）	≤1 mg/L
pH	9～11

【任务训练】

1. 制取饱和食盐水的方法有哪些？
2. 简述 Mg^{2+}、Ca^{2+} 的精制的工艺原理及其特点，一次盐水精制的工艺原理。
3. 如何将盐水中的 SO_4^{2-} 去除？
4. 如何去除盐水中的有机物、不溶性机械杂质以及游离氯？

子任务二　一次盐水精制的工艺流程

【任务描述】

◆ 能熟练掌握一次盐水精制的工艺流程，并正确绘制一次盐水精制的工艺流程图。

【任务指导】

对粗盐水进行精制，其目的是为降低杂质对电解过程的影响，减少电能的消耗和确保电解过程的安全。对一次盐水精制的工艺大体分为三种：传统过滤工艺、CN过滤工艺和膜法过滤工艺。目前，这三种生产工艺在我国氯碱生产企业均有使用。

一、 传统过滤工艺

从蒸发装置来的回收盐水和一次盐水的洗泥水一并进入配水槽，除去 SO_4^{2-} 后，被送入化盐桶进行化盐，制成的粗盐水从化盐桶上部流出，在折流槽加入 NaOH、Na_2CO_3 后进入反应桶，上清液从反应桶出来，在反应桶的出口处加入助沉剂聚丙烯酸钠，共同溢流进入道尔澄清桶，经砂滤器过滤后，进入精盐水贮槽供电解使用。从反应桶和澄清桶底部出来的盐泥水进入板框压滤机，经板框压滤机处理后的回收盐水进入配水槽进行循环使用。

传统过滤工艺流程如图 1-2 所示。

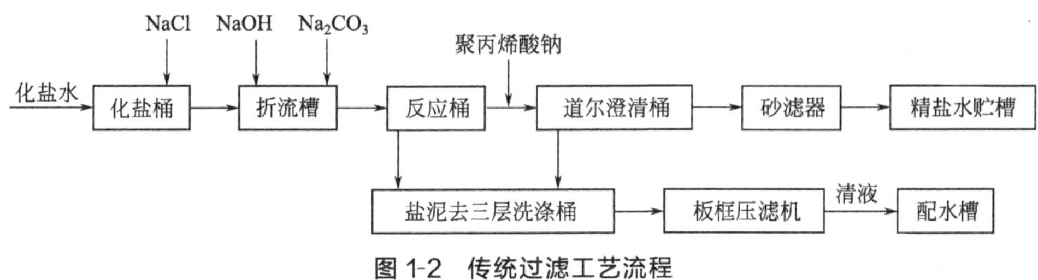

图 1-2　传统过滤工艺流程

二、 CN 过滤工艺

CN 过滤工艺（也称直接过滤工艺）最初应用于钛白粉制造，用于在氯碱企业的盐水精制方面才刚刚起步。CN 过滤技术采用的是“悬浮离子吸附＋过滤”作用进行的固液分离，即采用动态吸附和深层床过滤相结合的原理，去除液体中的悬浮物。工艺流程如图 1-3 所示。

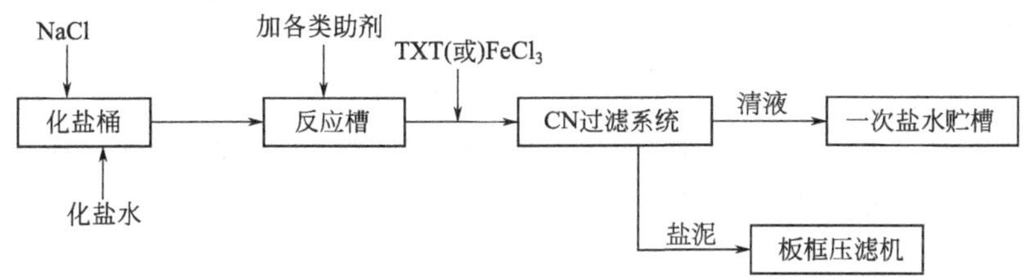

图 1-3　CN 过滤工艺流程

固体原盐从化盐桶的顶部加入，化盐水从化盐桶的底部进入，两者进行逆流接触，制成饱和食盐水，饱和食盐水从化盐桶的顶部溢流流出，进入折流反应槽，在反应槽中相继加入纯碱、氢氧化钠、氯化钡等各种助剂，与盐水中的 Ca^{2+}、Mg^{2+}、SO_4^{2-} 进行充分反应，再加入絮凝剂，与盐水混合后，一起进入 CN 过滤系统，上清液进入一次盐水贮槽，盐泥送往板框压滤机。

三、 膜法过滤工艺

目前在国内氯碱行业中，对一次盐水精制所用的膜主要有两种：一种是美国公司生产的戈尔膜，另一种是新加坡凯发集团生产的凯膜。除此之外还有颇尔膜、陶瓷膜、鸣泰“种植膜”等。本书主要对戈尔膜和凯膜两种工艺进行介绍。

1. 戈尔膜过滤工艺

（1）戈尔膜过滤原理

戈尔膜盐水过滤技术是一种典型的外压管式过滤器终端过滤形式，在一定外压存在的情况下，使液体和悬浮物得到分离。其过滤元件是膨体聚四氟乙烯和聚丙烯纤维制成的一种多孔复合物材质，滤膜化学性质稳定，具有较高的强度、伸缩性和不黏性，摩擦系数极低，耐高温、耐老化、不容易产生堵塞现象，开孔率高，孔径小。

(2) 戈尔膜过滤工艺流程

戈尔膜过滤工艺流程如图 1-4 所示。

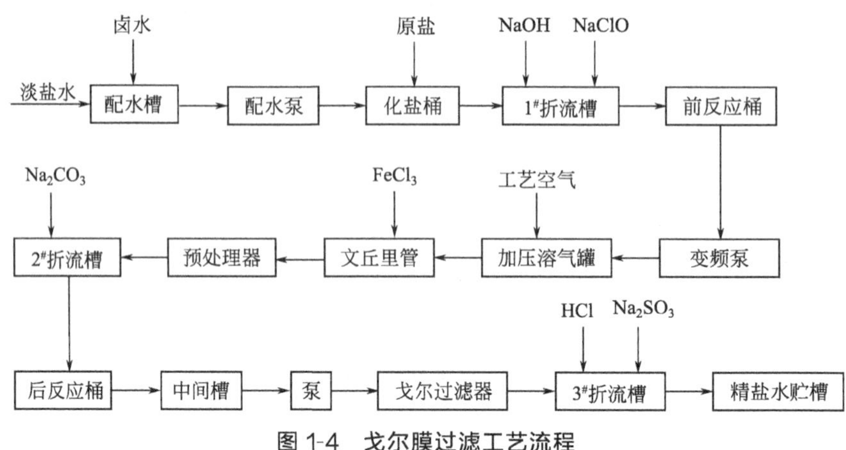

图 1-4 戈尔膜过滤工艺流程

卤水和电解工序回收淡盐水经过配水槽，通过泵打入化盐桶底部，原盐经过提升机卸入化盐桶上部进行溶解后，流入 1# 折流槽，与加入折流槽的 NaOH 溶液（除 Mg^{2+}）、NaClO 溶液（除去卤水中的有机物及 NH_4^+）一起流入前反应桶，在前反应桶内经充分搅拌反应后，通过变频泵打入高位加压溶气罐，同时向高位加压溶气罐充入一定压力的空气，两者混合形成泡沫状液体，进入文丘里混合器与 $FeCl_3$溶液（絮凝、助沉）混合，共同进入预处理器，清液从预处理器上部流出，流入 2# 折流槽与 Na_2CO_3溶液（除 Ca^{2+}）混合，进入后反应桶；从后反应桶溢流入中间槽，通过泵打入并列的两台戈尔过滤器，在 3# 折流槽加入 Na_2SO_3除游离氯，加入 HCl 调整 pH 值后的一次盐水，送入精盐水贮槽备用。

2. 凯膜过滤工艺

(1) 凯膜过滤原理

现用的凯膜技术源自人造血管技术，采用特殊工艺，制造出的一种外壁孔小、内壁孔大的多孔膜。这种膜具有极佳的不黏性和非常小的摩擦系数，可以保证液体以最大通量进行过滤。过滤时，可将液体中的悬浮物全部截留在凯膜的表面，滤清液通过膜孔从中空的管式膜中部排出。

(2) 凯膜的特点

相对于其他的过滤方法，凯膜过滤法在氯碱行业中的应用越来越多，凯膜过滤有自己的特点。

① 凯膜是一种由聚四氟乙烯制成的强度极高的材料，滤膜寿命远高于其他常规滤膜。

② 凯膜孔径仅为 0.22～0.5μm，其极高的孔隙率，使它具有较高的过滤精度和渗透通量。

③ 聚四氟乙烯薄膜具有质密、多孔、光滑的性质，使固体颗粒的穿透率接近于零；并具有摩擦系数低、化学稳定性和光滑表面等特点，过滤压力仅需 0.05～0.10MPa，表面极容易清理，实现了完全的表面过滤。

④ 全聚四氟乙烯管式整体结构和无复合搭接缝，可避免发生复合膜的剥离、撕裂、腐蚀等情况。

⑤ 凯膜较小的直径，较高的比表面积，使过滤器在相同条件下能装更多的滤膜，增大了过滤面积。

(3) 凯膜过滤工艺流程

凯膜过滤工艺流程主要包括配水、化盐、精制反应及预处理、凯膜过滤、盐泥压滤和精制剂等 6 部分。凯膜过滤工艺流程如图 1-5 所示。

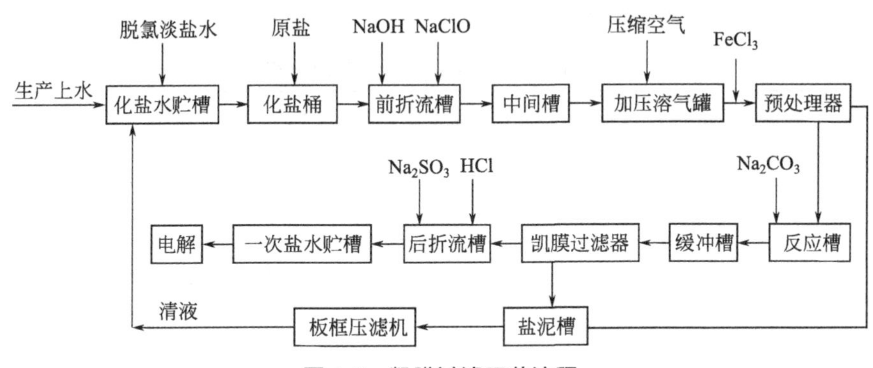

图 1-5 凯膜过滤工艺流程

① 配水流程。自电解出来的脱氯淡盐水首先进入除硝装置，去除部分 SO_4^{2-}（使 SO_4^{2-} 小于 2g/L）后，与生产上水、压滤清液一起进入化盐水贮槽，经充分循环加热，用化盐水泵送至化盐桶。

② 化盐流程。化盐水经化盐水泵送入化盐桶的底部，均匀地自下而上流动，原盐经皮带运输机从化盐桶顶部加入，与化盐水逆向接触进行化盐。在化盐过程中要保证盐层高度，为了加快溶解速度，保证盐水温度在 55～62℃，化盐水贮槽后设有盐水加热器，可以自动调节化盐水温度。

③ 精制反应及预处理。粗盐水流入前折流槽，同时向前折流槽加入 NaOH 和 NaClO，可除去镁离子和部分钙离子及菌藻类、天然有机物、氨（胺）类杂质，然后进入粗盐水中间槽，反应完成后的粗盐水经加压泵送至汽水混合器，然后进入加压溶气罐，混合后进入预处理器，并在预处理器前的文丘里混合器中加入 $FeCl_3$，经过预处理器处理后，浮泥与沉泥分别从上、下排泥口排出，送入盐泥槽，上清液从预处理器上部的清液出口溢流进入反应槽，在反应槽处加入 Na_2CO_3 溶液，将盐水中的 Ca^{2+} 转化成 $CaCO_3$ 沉淀以除去。

④ 凯膜过滤。在反应槽内充分反应后的盐水进入缓冲槽，由于和凯膜过滤器之间存在压差，使盐水自流进入凯膜过滤器，在凯膜过滤器中进行过滤，过滤后的合格精盐水流入后折流槽，在后折流槽处加入 Na_2SO_3 溶液以除去盐水中的游离氯，进入一次盐水贮槽，然后用一次盐水泵送至电解工序。凯膜过滤器自动反洗后的液体返回中间槽，产生的盐泥经底部的排渣阀进入盐泥槽。

⑤ 盐泥压滤。从预处理器和凯膜过滤器排出的盐泥进入盐泥槽，通过盐泥泵打入板框压滤机，压滤后的清液进入滤液罐，通过滤液泵打回化盐水贮槽重复利用，盐泥滤饼送出界区。

⑥ 精制剂流程。在配制槽内将 Na_2CO_3、$FeCl_3$ 配成符合使用条件的溶液。将 Na_2CO_3、$FeCl_3$ 通过提升泵打入高位槽，Na_2CO_3 流入反应槽前的折流槽，$FeCl_3$ 流入文丘里混合器。

NaOH 和 NaClO 为氯碱厂自产，可直接从界区外送入高位槽，自流进入前折流槽。Na_2SO_3 从配制槽通过提升泵打入后折流槽，用于除去游离氯。高纯盐酸从界区外送入盐酸高位槽，经过纯水稀释后，进入后折流槽调节一次盐水的 pH 值。

四、一次盐水精制工艺的特点

传统过滤工艺、CN 过滤工艺和膜法过滤工艺，这三种盐水精制方法在全国氯碱厂中都有使用。企业可根据自身技术水平和生产要求，选择不同的工艺完成对一次盐水的精制过程。一次盐水精制工艺的特点见表 1-6。

表 1-6　一次盐水精制工艺的特点

传统过滤工艺	优点	原理简单、运行稳定、维修费用低
	缺点	投资大，占地面积大、操作复杂、运行费用高、装置自动化控制程度低、砂滤器中的二氧化硅给系统增加了新的污染
CN 过滤工艺	优点	工艺简单、整套设备选用 FRP 材料、耐腐蚀、维修量少、一次投资少、适合氯碱企业新建或扩建项目
	缺点	CN 过滤器出水质量会有波动
膜法过滤工艺	优点	常温下进行，无化学变化，无相态变化、选择性好、适应性强，操作稳定，自动化控制程度高，精制盐水质量高；适合新建和改建氯碱装置采用

对于氯碱企业来说，膜法工艺如果应用于隔膜法烧碱的生产，过滤装置的功能仅仅取代了砂滤器；但是如果应用于离子膜法烧碱的生产，过滤装置就取代了砂滤器和碳素管过滤器。随着氯碱技术的迅速发展，特别是离子膜电解的广泛应用，对于精制盐水的质量越来越被重视，“预处理＋膜分离”的膜法过滤工艺已逐步取代了“道尔澄清桶＋砂滤器＋碳素管精密过滤器”的传统工艺，成为氯碱行业一次盐水精制的新发展方向。

【任务训练】

1. 盐水精制工艺有几种方法？
2. 简述传统过滤工艺的工艺流程，并绘制其工艺流程图。
3. 简述膜法过滤的工艺原理，并绘制凯膜过滤的工艺流程图。
4. 试分析一次盐水精制各工艺方法的特点。

子任务三　主要设备

【任务描述】

◆ 能熟知一次盐水精制的主要设备及其结构。

【任务指导】

一、化盐桶

1. 化盐桶的作用

化盐桶的主要作用是把固体原盐、部分盐卤水、蒸发回收盐水和洗盐泥回收淡盐水，按一定比例掺混，加热溶解后制成饱和食盐水。

2. 化盐桶的结构

化盐桶一般是由钢板焊接而成的立式圆桶，其结构如图 1-6 所示。化盐水由桶底部通过分布管进入化盐桶内，分布管出口采用菌帽形结构，可以防止盐粒、异物等进入化盐水管道造成堵塞。菌帽一般有五个，均匀分布在化盐桶底部截面上。化盐桶中部设置有加热蒸汽分配管，使蒸汽从分配管小孔喷出，小孔的开设方向向下，目的是避免盐水飞溅或分配管堵塞。在化盐桶中间还设置有折流圈，折流圈一般与桶体成 45°，折流圈的底部开设有小孔，用于停车时放净残存的盐水。折流圈的主要作用是避免化盐桶局部截面流速过大，并防止化盐水沿壁走短路造成上部原盐产生搭桥现象。折流圈宽度通常约为 150～250mm。

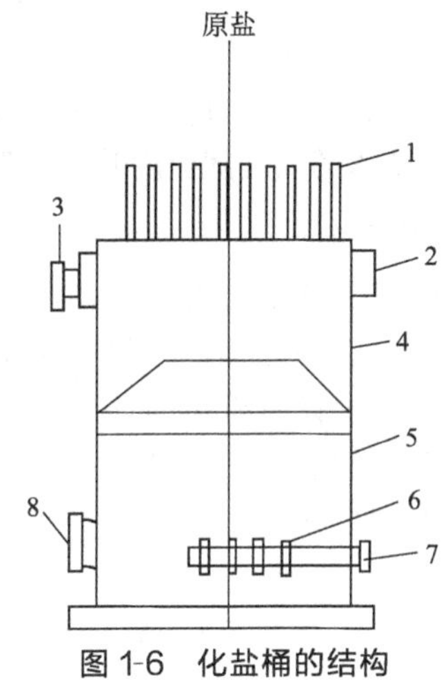

图 1-6　化盐桶的结构

1—铁栅；2—溢流槽；3—粗盐水出口；4—桶体；5—折流圈；6—折流帽；7—溶盐水进口；8—人孔

化盐桶上部设有盐水溢流槽及铁栅，原盐和化盐水逆相接触制成的饱和粗盐水，从上部的溢流槽流出。原盐中常夹带的绳、草、竹片等漂浮性异物被上部的铁栅阻挡而除去。

二、 澄清桶

1. 澄清桶的作用

澄清桶的作用是将粗盐水中的钙、镁等难溶性的颗粒与液体分开，得到电解所需要的精盐水。盐水加入精制剂并反应完全后，在助沉剂的帮助下，将有害杂质沉淀颗粒凝集变大，并下沉分离。清盐水从澄清桶顶部溢流出，送砂滤器进一步精制过滤，盐泥从桶底部排出，送往三层洗泥桶，所含的氯化钠用水洗涤回收。

2. 澄清的基本原理

盐水中 Mg^{2+}、Ca^{2+} 生成的难溶物 $Mg(OH)_2$、$CaCO_3$ 等颗粒，在澄清设备内除掉，其基本原理为：生成的难溶性颗粒在盐水中受到三种力的作用，即颗粒的重力 f_g、盐水对颗粒的阻力 S 和浮力 f_b。当颗粒在盐水中受力满足 $f_g \geqslant S + f_b$ 时，颗粒就会下沉，从而达到澄清的目的。

假设颗粒为球形或圆柱形，则盐水对颗粒的阻力符合牛顿定律：

$$S = \frac{1}{2} F \gamma W_0^2 N$$

式中，S 为颗粒所受阻力；N 为阻力系数；F 为颗粒投影面积，m^2；γ 为浑盐水密度，kg/m^3；W_0 为颗粒沉降速度，m/s。

颗粒的重力可按下式计算：

$$f_g = \pi d^3 \gamma_s g$$

式中，f_g 为颗粒重力，N；d 为颗粒直径，m；γ_s 为颗粒密度，kg/m^3；g 为重力加速度，$g = 9.81m/s^2$。

颗粒所受的浮力，根据阿基米德定律，可按下式计算：

$$f_b = \frac{1}{6}\pi d^3 \gamma g$$

式中，f_b为颗粒所受浮力，N；d 为颗粒直径，m；γ 为浑盐水密度，kg/m^3；g 为重力加速度，$g=9.81m/s^2$。

此外通过向盐水中加入助沉剂（如 PAM），可以增大颗粒直径，从而可以提高颗粒沉降速度。另外，盐水的黏度随温度升高会降低，因此提高澄清操作温度，也可以提高颗粒沉降速度。

3. 澄清桶的结构

常用的澄清桶主要有道尔型澄清桶、斜板澄清桶和浮上澄清桶等三种。

道尔型澄清桶的具体结构见图 1-7。它是由钢板焊接制成或用钢筋混凝土浇制而成的立式大圆桶，桶内设有机械搅拌装置。桶底呈 8°～9°的倾角，目的是方便桶底部的盐泥集中和排放。

在桶的中央设有一个中心套筒，筒内有一长轴连接的泥耙，以大约 6min/r 的速度进行旋转集泥，中心套筒实际上是一个呈喇叭状的旋流式凝集反应器。从中心套筒上部加入加有助沉剂的粗盐水，向下作旋转运动，在喇叭口顶端装有整流栅板，可起到整流作用。盐水中钙、镁离子形成的不溶悬浮颗粒在助沉剂的作用下凝聚，颗粒增大，被截留到桶底。澄清后的清盐水经桶顶部环形溢流槽汇集后连续流出。

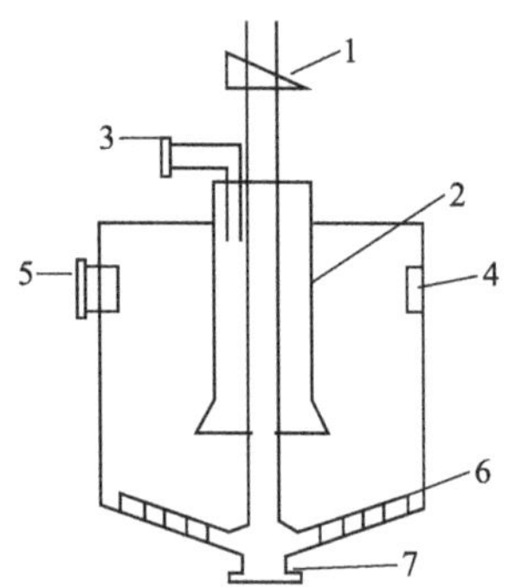

图 1-7 道尔型澄清桶

1—传动装置；2—中心套筒；3—粗盐水入口；4—溢流槽；5—澄清盐水出口；6—转动耙；7—排泥口

4. 影响盐水澄清的因素

① 盐水中 Mg^{2+}/Ca^{2+} 的比值。浑盐水中 $CaCO_3$、$BaSO_4$ 为结晶性沉淀，颗粒大，易下沉，而 Mg（OH）$_2$则是胶体絮状物，不易凝聚下沉。若食盐中 $Mg^{2+}/Ca^{2+}<1$，产生的 $CaCO_3$ 就同 $Mg(OH)_2$ 絮状沉淀一起下沉，沉降效果好；反之，若 $Mg^{2+}/Ca^{2+}>1$，产生的 $CaCO_3$ 就不能完全地夹带 $Mg(OH)_2$ 一起下沉，则影响了沉降速度。所以，食盐中 Mg^{2+}/Ca^{2+} 比值会影响沉降速度。

② 助沉剂。选择适当的助沉剂，同时控制好一定的温度，能提高 Mg^{2+}、Ca^{2+} 等难溶性颗粒的沉降速度。

③ 温度。提高盐水的温度可以减少盐水的黏度，使沉淀物形成较大的颗粒，增加沉降速度。

④ 盐水浓度。盐水浓度需要稳定，如果不稳定，会因重度差而引起盐水返混。

⑤ 过碱量。当盐水 pH>12 时，会影响盐水的澄清。

三、砂滤器

1. 砂滤器的作用

砂滤器的作用是将澄清桶送来的清盐水经砂滤层进一步过滤，除去清盐水中微量的悬浮性不溶杂质，进一步提高盐水质量。

2. 砂滤基本原理

砂滤的基本原理是：砂滤器中的滤料层有一定的孔径，大于孔径的澄清后盐水中残留的部分 $Mg(OH)_2$、$CaCO_3$ 等难溶性颗粒和其他不溶性杂质被截留。

随着滤料层截留物的增多，砂滤器的阻力增大，从而效率降低，就必须要对砂滤器进行盐水反洗，将滤料层的截留物冲掉。一般采用的离子膜砂滤器反洗方法是采用压缩空气搅拌后，强制反洗。

3. 砂滤器的结构

常用的盐水砂滤器主要有虹吸式和重力式两种。

(1) 虹吸式过滤器

虹吸式过滤器的结构如图 1-8 所示。它主要由过滤器本体、洗水贮槽和虹吸系统等组成。进行过滤操作时，盐水在过滤器中自上而下通过滤料层，滤料石英砂表层将盐水中夹带的微量悬浮性不溶杂质颗粒截留，过滤后的精盐水通过集水管向上进入洗水贮槽，当盐水贮存到一定容积后，通过精盐水出口管送入精盐水贮槽，供使用。反冲时随着过滤时间的延长，截留的杂质增多，滤料层阻力加大，虹吸反洗管内的液面不断上升，当虹吸反洗管的下液管大量盐水流下时就会形成虹吸作用。洗水贮槽内贮存的精盐水经过集水管，滤料层、虹吸反洗管、最后经过水封槽流回盐水收集槽（槽中盐水仍用于化盐），当洗水贮槽的液位不断下降，虹吸辅助管内的空气进入反洗管破坏了真空，造成虹吸中断，反冲洗停止。过滤过程进入第二个过滤周期。

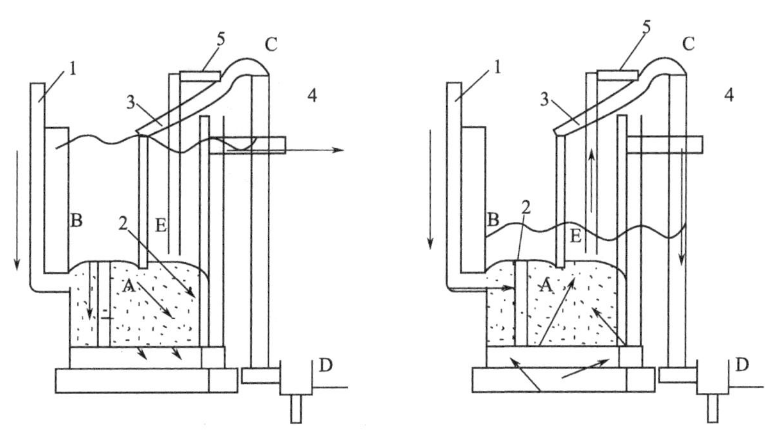

图 1-8　虹吸式过滤器

1—进水管；2—集水管；3—虹吸反洗管；4—精盐水出口管；5—虹吸辅助管；
A—过滤器本体；B—洗水贮槽；C—虹吸反洗管最高点；D—水封槽；E—虹吸反洗管

(2) 重力式过滤器

重力式过滤器的结构如图 1-9 所示。它主要由过滤器本体、挡圈、石英矿和卵石支承层等构成。在过滤器上部设有溢流堰，主要用来分配进料盐水以及收集反洗回收盐水。挡圈的作用是防止滤液短路。在过滤器底部设有反洗水分配管，上面铺有厚度约 600mm 的卵石作支承层，支承层上面铺厚度约 1000mm 石英砂作过滤层。

过滤器的顶部和底部设有人孔，作用是检修时装卸砂石。重力式过滤器在反洗时可采用反洗泵，也可利用澄清桶的盐水静压力差作为冲洗的推动力进行反洗再生。

四、洗泥桶

1. 洗泥桶的作用

洗泥桶的作用是将澄清桶等设备排出的盐泥，用水在桶内经过三次逆向洗涤，将盐泥中所含氯化钠回收，降低烧碱生产中的食盐的消耗。

2. 洗泥桶的结构

洗泥桶的结构如图 1-10 所示。它是由钢板焊制成的立式圆桶，分为上、中、下三层，每层均有可转动的泥耙，是通过桶盖顶部的减速机构带动，每转一圈约需要 8～10min。在桶外上方设有洗水小槽液位差使清水从洗水小槽流入洗泥桶的下层与中层耙下的泥浆接触。中、下层之间的中套管泥封阻挡洗水不能进入中层，只能从该层上部边缘的导管流入一次洗水小槽。洗水从一次洗水小槽进入洗泥桶的中层，与上层耙下来的泥浆相接触，同样由于中央套管泥封的阻挡，二次洗水只能从中层上部边缘的导管返入二次洗水小槽，洗水经二次洗水小槽进入洗泥桶的上层，与澄清桶上部排出的泥浆相接触，三次洗水最后由洗泥桶上部边缘的集水槽流出，到达洗泥水贮槽供化盐用。盐泥经过三次逆向洗涤后，从洗泥桶底部连续排入废泥池。

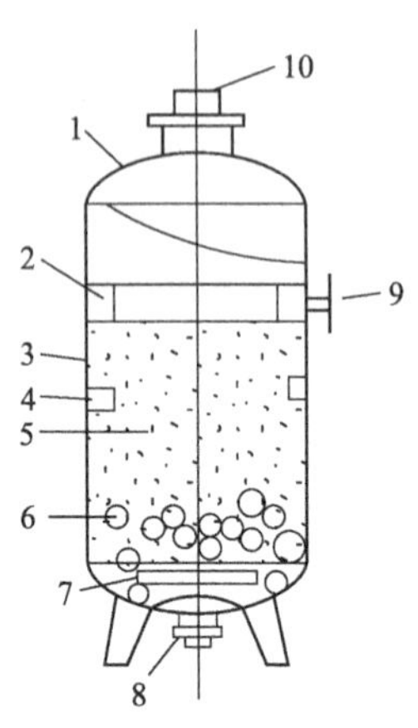

图 1-9　重力式过滤器

1—人孔；2—溢流堰；3—本体；4—挡圈；5—石英砂层；6—卵石层；7—反洗水分配管；8—盐水出口；9—盐水进口；10—平衡管层

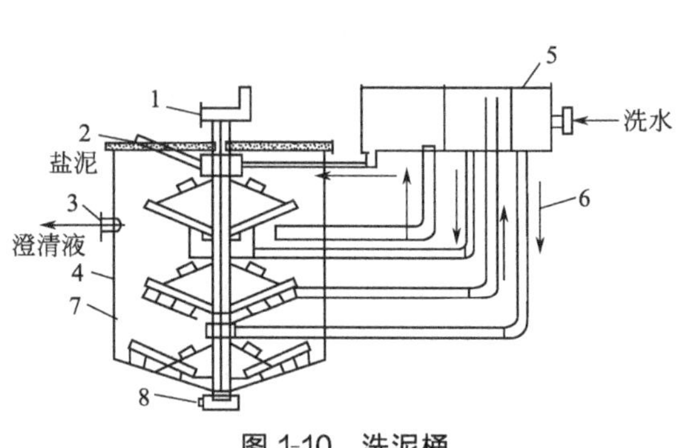

图 1-10　洗泥桶

1—传动装置；2—加料口；3—澄清液出口；4—壳体；5—洗液小槽；6—循环水管；7—转动耙；8—排泥口

五、凯膜过滤器

1. 凯膜过滤器的作用

盐水经缓冲罐进入过滤器，利用膜过滤袋进行过滤。清液经过薄膜过滤袋进入上腔（清液腔），并通过液位罐清液管至精盐水贮槽；过滤液中的固体物质（滤渣）被薄膜过滤袋截留在过滤袋表面。当过滤一段时间后，薄膜过滤袋上的滤渣达到一定厚度后，过滤器自动进入冲清膜状态，过滤器各阀按各自的功能自动切换，使滤渣脱离薄膜过滤袋表面并沉降到过滤器的锥形底部，过滤器自动进入下一个过滤、反冲、沉降周期；当过滤器锥形底部滤渣达到一定量时，过滤器自动打开排渣阀排出滤渣，然后重新进入下一运行循环周期。

2. 凯膜过滤器的结构

凯膜过滤器主要由过滤器筒体、HVM 膜芯以及与其配套的反冲罐、HFV 挠性阀门、管道和控制系统组成，如图 1-11 所示。

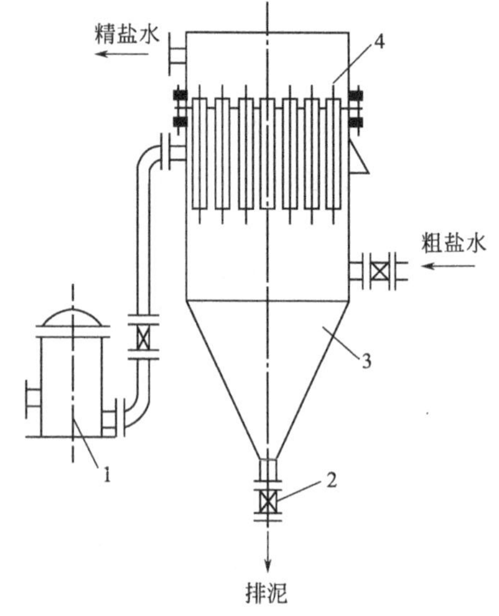

图 1-11　HVM 膜过滤器结构

1—反冲罐；2—挠性阀门；3—过滤器筒体；4—HVM 膜芯

凯膜过滤器的本体材质为碳钢，内衬低钙镁橡胶。HVM 膜芯也称薄膜过滤袋，外层为一次成型、无复合、无搭接缝的管式过滤膜，内部为橡胶制成的挠性支撑架，两端采用钛卡箍固定和密封。

【任务训练】

1. 说出一次盐水精制的主要设备。
2. 简述化盐桶的工作原理及主要结构。
3. 试分析洗泥桶的主要作用及道尔澄清桶的主要结构。
4. 简述凯膜过滤器的主要作用及组成结构。

知识链接

膜法过滤中的其他膜

在一次盐水膜法过滤中除了常用的戈尔膜和凯膜外，还有颇尔膜、“种植膜”、陶瓷膜等 3 种膜，这些膜也已经开始应用于氯碱行业。

1. 颇尔膜

（1）颇尔膜技术特点

膜表面过滤要求过滤元件表面的最大过滤孔径小于被过滤悬浮物颗粒的最小粒径，新一代颇尔膜过滤孔径为 0.2μm，并具有极高的孔隙率（达 99%），进而有较高的过滤精度、渗透精度和渗透通量；膜材质为全聚四氟乙烯，一次成型结构，无其他材料复合及搭接缝，具有良好的机械强度和耐腐蚀性；颇尔膜膜组件骨架采用耐腐蚀的微孔 EPDM 支撑，过滤袋采用无卡箍的 CPVC 头盖，便于安装、维修。

（2）颇尔膜过滤器工作原理

颇尔过滤器主要工作原理为：盐水通过气动挠性阀进入过滤器，经过滤袋进行过滤。清液经过滤袋进入清液腔溢流排出；过滤液中的固体物质被过滤袋截流在过滤膜表面，滤膜上的滤渣达到一定厚度后，过滤器自动进入反冲洗状态，使滤渣脱离薄膜滤袋表面，沉降到过滤器的锥形底部（此时，过滤器进入下一个过滤、反冲、沉降周期）；当滤渣在过滤器锥形底部达到一定量时，过滤器自动排出滤渣，然后重新进入下一运行循环周期。过滤器连续运行到一定周期（20～22d）时，必须进行酸洗。

（3）颇尔膜盐水精制工艺流程

将离子膜电解脱氯淡盐水、隔膜液碱蒸发回收水、板框压滤机滤液、再生系统回收盐水等杂水进入配水池，通过配水泵打到化盐池，在折流池中加入精制剂，流入前反应池并搅拌充分后，通过粗盐水泵打到粗盐水槽，加压打到加压溶气罐，与空气充分接触后再加入 $FeCl_3$，然后进入预处理器；从预处理器出来的盐水流入后反应池，在后反应池加入 Na_2CO_3 及 Na_2SO_4。同时根据出后反应池的 Ca^{2+}、Mg^{2+} 的总质量从盐泥循环槽中加入盐泥。后反应的盐水流入中间槽，经过滤器进液泵打到颇尔膜过滤器，得到合格的精盐水，送离子膜电解岗位。主要工艺流程如图 1-12 所示。

2. “种植膜”

（1）“种植膜”过滤原理

膜过滤技术是在一定外在压力存在的情况下，待分离的液体经过过滤单元后，使悬浮物截留在过滤膜表面。这个运行过程必然会导致过滤膜的阻力增加和过滤液体流量的下降。为使过滤过程正常进行，就需对过滤器进行反冲清洗。反冲过程利用已通过的上桶体滤液反向冲洗过滤元件，使覆盖在过滤膜上的滤饼与过滤元件分离，使过滤过程得以持续进行。它是采用正压、管式过滤设备，配备 PLC 自动控制系统和挠性阀技术，利用自身过滤后的清液自动反冲，并使滤饼脱落，最后再排渣，实现了真正意义上的连续过滤。

（2）“种植膜”过滤盐水工艺

经澄清的卤水清洗来自蒸发工序的离心盐后，采用 Ca^{2+} 法除硝，并使用鸣泰“种植膜”过滤，设备过滤 $CaSO_4$ 后的除硝盐水流入配水池，在配水池中加入适量的 NaOH，经曝气反应除去 Mg^{2+}，然后用泵打入化盐桶底部化盐。原盐采用皮带运输机卸入化盐桶上部，靠位差流入 1# 折流槽，与加入的部分 Na_2CO_3

溶液一起流入粗盐水池，经粗过滤泵打入粗过滤器进行过滤，采用预涂粉煤灰和 $CaCO_3$ 的方法进行粗过滤。预涂时间在 10 min 左右，粗过滤工序主要去除 $Mg(OH)_2$、盐泥及其他胶体。溶液流入 2# 折流槽，与加入的过量的 Na_2CO_3 一起流入 Ca^{2+} 反应槽，再用精过滤泵打入精过滤器进行过滤，产出的精盐水流入 3# 折流槽，与加入的盐酸中和后，一起流入精盐水桶（见图 1-13）。

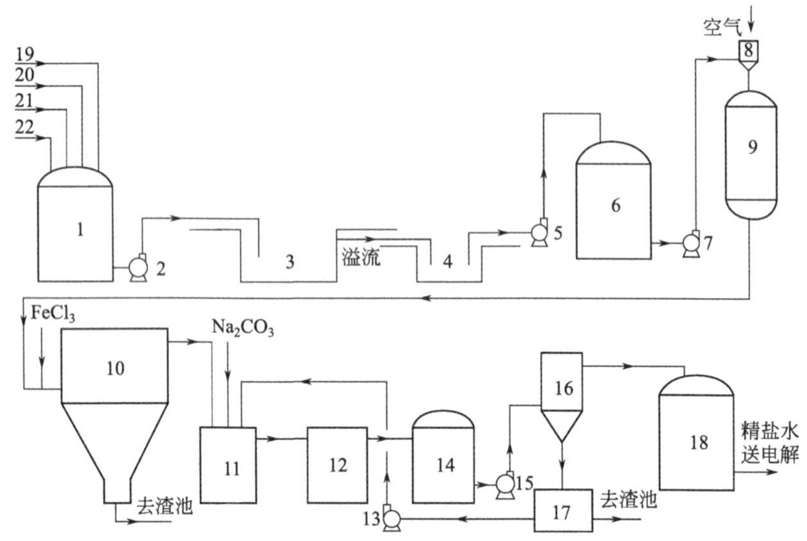

图 1-12 颇尔膜盐水精制工艺流程

1—配水槽；2—配水泵；3—化盐池；4—前反应池；5—粗盐水泵；6—粗盐水槽；7—加压泵；8—气水混合器；9—加压溶气罐；10—预处理器；11，12—后反应池 A、B；13—盐泥循环泵；14—中间槽；15—过滤器进液泵；16—ZF 膜过滤器；17—盐泥循环槽；18—精盐水槽；19—板框压滤机滤液；20—离子膜生产系统淡盐水；21—隔膜法烧碱生产系统蒸发回收水；22—再生系统回收盐水

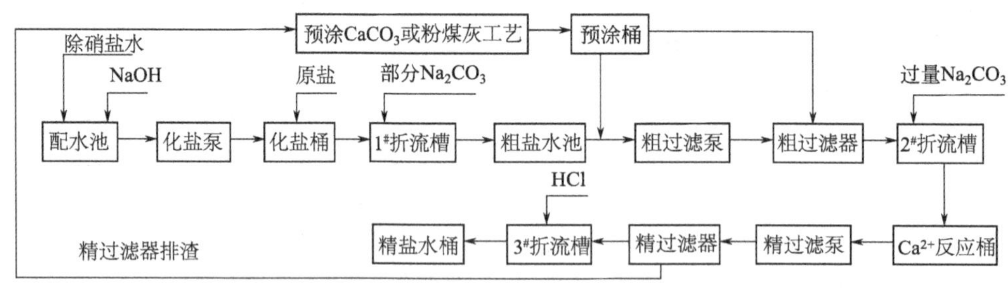

图 1-13 “种植膜”过滤精制盐水工艺流程

3. 陶瓷膜

陶瓷膜是以无机材料经特殊工艺制成的非对称膜，从结构上看由支撑体、过渡层、膜层 3 部分构成，膜的厚度为 1～30μm。

陶瓷膜属无机膜，具有高硬度、高强度、高抗磨性等优点，但同时具有脆性的先天性缺陷。其 pH 值适应范围为 0～14，不受酸、碱、氧化剂的影响。在氯碱行业使用的是孔径为 50nm 的陶瓷膜元件，这种膜孔径属超滤膜范畴，相对微滤元件，其过滤精度更高，盐水质量也更好，经陶瓷膜过滤的一次盐水中 SS 含量＜0.1mg/kg，钙、镁＜100μg/kg，毫无疑问，会对二次精制、电槽及离子膜的高效率、长寿命、低成本运行起到积极的作用。

陶瓷膜采用高效率的“错流”方式进行盐水的精制过滤。由于“错流”过滤时料液在膜表面以一定的速度流经膜面，对悬浮粒子的粒径、密度、浓度的变化不敏感，陶瓷膜能够在高浓度盐泥的条件下进行过滤。在应用陶瓷膜盐水精制过滤技术时，无需对粗盐水进行复杂的前处理，精制反应完全的粗盐水经简单过滤进入陶瓷膜过滤器过滤，使盐水精制过程变得极为简单。其他过滤技术在加两碱（碳酸钠和氢氧化钠）除钙、镁后都需添加絮凝剂来进行助滤，过量的絮凝剂会对盐水造成不必要的污染，同时影响电槽的正常运行。陶瓷膜只需控制好盐水的精制反应，加两碱使有害杂质离子完全生成悬浮物，就可获得高品质的一次精制盐水。

陶瓷膜呈管状多通道，已应用于氯碱行业的陶瓷膜元件过滤孔径为 50nm，过滤通道为 3.8mm，因此，陶瓷膜过滤之前一定要有粗过滤器，滤掉粗盐水中粗大的泥沙、杂草等杂物，避免陶瓷膜由于通道孔径太小，导致通道堵塞，影响过滤通量。所以，就目前应用情况看，解决盐水粗过滤的问题这一细节也是陶瓷膜技术成功推广的关键。

陶瓷膜在其他行业运用相当成功，而进入氯碱行业则较晚，最早成功运行的也只 2 年多的时间，该技术还需不断积累实践经验来应对国内复杂的工况条件。即便如此，其独到的技术已吸引十余家氯碱企业用于一次盐水过滤，成功运行的已有数家，其他的还处于在建状态。随着陶瓷膜技术的广泛推广，其投资省，占地少以及优良的操作弹性会越来越得到广大氯碱企业的青睐。

任务三　除硝工艺

子任务一　除硝的工艺原理

【任务描述】

◆ 掌握膜法除硝的生产任务、工艺原理。

【任务指导】

离子膜制烧碱生产对盐水的质量要求较高，一般控制进入电解槽的淡盐水中 SO_4^{2-} 含量在 6～7g/L 以下。硫酸根的带入主要有两个途径：一是一次盐水使用的原盐中含有 SO_4^{2-}；二是盐水系统中为除去游离氯，添加的还原剂 Na_2SO_3 被氧化后产生的 SO_4^{2-}。当系统中累积的 SO_4^{2-} 浓度超过一定值后，进入电解槽后会在阳极放电，同时产生游离态的氧，消耗电能，使电流传导效率降低，膜的有效面积减少，缩短电解槽阳极的使用寿命；硫酸根离子还可能与其他金属离子发生反应，生成硫酸盐在膜内沉积，使槽电压升高，电流效率下降。因此，为了使整个系统处于平衡，必须将富集的 SO_4^{2-} 除去。目前，除去硫酸根离子的方法有钡法、钙法、冷冻法和膜法等。

1. 钡法

钡法是利用 Ba^{2+} 与 SO_4^{2-} 反应生成 $BaSO_4$ 沉淀，从而达到去除硫酸根的目的。该方法普遍应用于工业生产中，因为氯化钡与硫酸根离子反应迅速，去除硫酸根的效果好。但该方法存在以下缺点。

① 氯化钡具有毒性，监管困难。

② 氯化钡价格较高，增加成本。

③ 氯化钡与硫酸根反应后生成的硫酸钡沉淀颗粒较细，给盐水精制带来困难。

④ 氯化钡与硫酸根反应后，使盐水中 Ba^{2+} 的浓度增加，形成了二次污染。有的企业为了节约成本，加入一些液体氯化钡，但液体氯化钡在生产过程中往往会带入一些其他有害杂质，反而会使离子膜受到污染的危险性更高。

⑤ 除硝过程产生的盐泥量较大。虽然可以通过回收硫酸钡来减少，但增加了工艺处理过程，使生产成本增加。

2. 钙法

钙法是利用 Ca^{2+} 与 SO_4^{2-} 反应生成 $CaSO_4$ 沉淀，从而达到去除硫酸根的目的。该法应用不普遍，虽然与钡法相比，生产成本有所下降，但也存在以下缺点。

①硫酸根的处理效率不高。

②对企业生产环境影响较大。盐泥量大，且难处理，不符合国家的“减排”政策。

③在去除硫酸根离子的同时，又增加了盐水中的钙离子。为去除增加的 Ca^{2+}，需多向系统中加入纯碱，增大了纯碱的消耗量，因此，实际生产成本并未明显降低。

④钙助剂的纯度不高，杂质含量变化较大，且不易控制，极易对离子膜造成长期的影响。

3. 冷冻法

冷冻法是利用硫酸钠的溶解度随温度变化明显，而氯化钠的溶解度则对温度不敏感的区别，将硫酸根离子以 $Na_2SO_4 \cdot 10H_2O$（芒硝）的形式，冷冻结晶而除去。对于冷冻法直接从淡盐水中除硝投资较大，需要离心机、冷冻站、热交换器以及配套的贮槽、机泵等设施，若想降低成本，需预先将盐水中的 SO_4^{2-} 增浓，再用冷冻法将其除去。

4. 膜法

膜法是一种物理分离的方法，利用膜与离子之间的静电作用实现膜对盐的截留。盐离子的电荷强度不同，膜对离子的截留率也有所不同。整个分离过程中，不发生相变，不需要加入任何药剂，不会影响盐水水质，对 SO_4^{2-} 的截留率稳定，操作和维护简单，生产周期短，生产效率高，投资和运行成本低，而且无污染，是今后的发展方向。

目前国内大多数氯碱企业都是采用冷冻法配合膜法一起使用，冷冻工艺作为膜法的后处理过程。膜法+冷冻法是一种非常有效的脱除硫酸根离子的工艺。

一、膜法-冷冻除硝的生产任务

膜法-冷冻除硝的生产任务是将淡盐水（含 Na_2SO_4）通过膜法系统进行分离，膜分离后的浓缩液（含 Na_2SO_4 约 100g/L）再通过冷冻系统使硫酸钠过饱和析出，经过离心机固液分离，将返回淡盐水中积累的硫酸根离子以 $Na_2SO_4 \cdot 10H_2O$（芒硝）的形式从盐水系统中除去，从而降低盐水系统内的 SO_4^{2-} 含量。

二、膜法除硝的工艺原理

膜法作为一种新工艺，其除硝原理是根据 Donnan 效应，利用膜的选择性分离功能，将淡盐水循环系统中的硫酸根离子，以芒硝的形式从盐水系统中分离，合格盐水返回到盐水循环系统。对于含有不同价态离子的多元体系，由于膜对各种离子的选择性有异，不同离子透过膜的比例不同。膜法除硝系统的透过液不含或含微量的 Na_2SO_4，可以直接回到化盐工序进行使用，浓缩液中的 Na_2SO_4 经过膜的选择性浓缩，进入浓缩液贮罐，通过冷冻除硝系统去除。

膜法工艺采用的纳滤膜，其材料结构稳定，在含量高的盐水中可长期稳定运行。通常使用的纳滤膜表面孔径为 0.51nm，表面带有一定的电荷，对硫酸根等高价离子具有很高且稳定的截留率，而对一价离子则具有较高的透过率。其结构如图 1-14 所示。

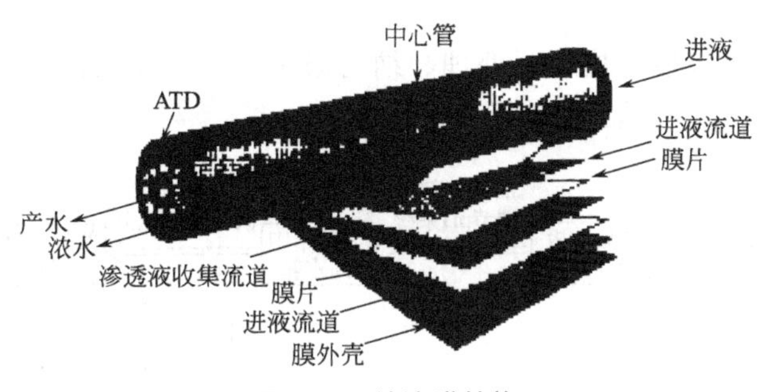

图 1-14 纳滤膜结构

三、膜法脱硝的工艺指标

膜法脱硝的工艺指标见表 1-7，表 1-8。

表 1-7 系统淡盐水的主要工艺指标

淡盐水成分	工艺指标
NaCl	(205±10)g/L
$NaClO_3$	10～15g/L
SO_4^{2-}	<7g/L
游离氯	微量
pH	9～11
温度	75℃

表 1-8 膜法脱硝透过液的主要工艺指标

透过液成分	工艺指标
NaCl	(200±10)g/L
$NaClO_3$	10～15g/L
SO_4^{2-}	0.3～0.5g/L
游离氯	0
pH	5～7
温度	55～60℃

【任务训练】

1. 请说出去除硫酸根离子的常用方法。
2. 简述膜法脱硝的生产任务。
3. 试分析膜法脱硝的工艺原理。

子任务二 除硝的工艺流程

【任务描述】

◆ 能描述膜法除硝的工艺流程。

【任务指导】

膜法-冷冻脱硝主要包括淡盐水预处理、纳滤膜浓缩、浓缩液冷冻、离心分离等四个过程，其工艺流程如图 1-15 所示。

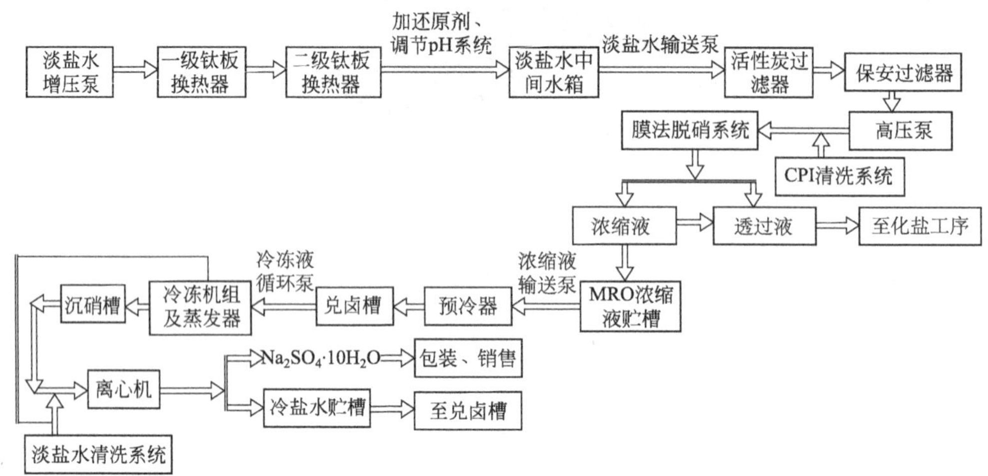

图 1-15　膜法-冷冻脱硝系统工艺流程

一、淡盐水预处理

淡盐水预处理系统将电解返回的淡盐水（75℃左右），通过一级钛板换热器和二级钛板换热器进行降温，一级钛板换热器利用膜法系统的透过液作为冷源进行换热，一级换热后的冷盐水，经过二级钛板换热器继续交换至符合工艺要求的温度（40℃左右）。二级换热的冷源为工业循环冷却水。通过加还原剂装置和调 pH 装置，分别添加还原剂亚硫酸钠调节游离氯含量至零，加盐酸调节 pH 值到合适范围。淡盐水进入中间水箱，通过淡盐水输送泵加压，进入活性炭过滤器，其内部装填的滤料是椰壳（或果壳）活性炭颗粒，该颗粒的多微孔结构可吸附水中有机物和游离氯，确保淡盐水余氯值不超标。为确保碳滤后产水余氯值合格，在碳滤后设立在线检测仪表来检测余氯值，如检测值超标，则通过自动阀门的动作，将淡盐水回流调节，余氯值合格后送到膜法脱硝系统。

二、纳滤膜浓缩系统

淡盐水经过预处理后，进入膜法脱硝系统，通过高压泵的作用，淡盐水克服膜的渗透压产生透过液，纳滤膜浓缩系统的透过液不含或含微量的硫酸钠，可以直接回到化盐工序进行使用。浓缩液中的硫酸钠经过膜的选择性浓缩，含量上升至 80～100g/L，进入浓缩液贮罐，通过冷冻除硝工序去除。

三、浓缩液的冷冻

纳滤膜浓缩系统的浓缩液，温度在 40℃左右，含硫酸钠 80～100g/L，浓缩液进入贮槽后，通过输送泵进入板式换热器预冷，冷源为沉硝后的母液，预冷后的浓缩液温度可以降到 10℃左右。浓缩液预冷后进入兑卤槽缓冲，通过冷冻液循环泵打到蒸发器系统进行换热。兑卤槽存在蒸发回来的冷冻液和预冷过来的浓缩液，必须充分混合均匀，才能保证蒸发器温度的稳定，达到较好的沉硝效果。兑卤槽在循环换热的过程中，因温度变化会有结晶析出并沉降，因此利用冷冻液输送泵将含结晶的液体送至沉硝槽沉降分离。经过蒸发器系统换热后的冷冻液，温度维持稳定，进入沉硝槽，在沉硝槽内形成芒硝结晶，晶体在沉降过程逐渐变大，通过阀门控制排放到离心机进行固液分离。结晶后只含少量硫酸钠的母液，溢流进入冷盐水贮槽（图 1-16）。

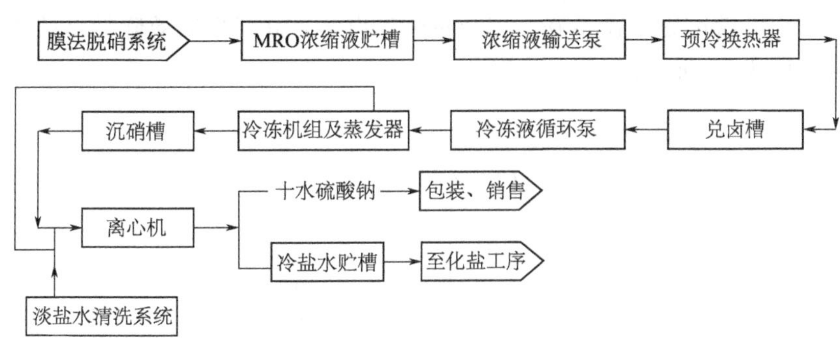

图 1-16　冷冻脱硝系统工艺流程

四、离心分离系统

冷冻盐水在沉硝槽中使芒硝结晶并沉降，沉降后的晶体通过管道，利用高位压差进入离心分离系统。通过进料管连续地供入双级推料离心机，由进料阀门和分配器将物料均匀地撒在第一级转鼓上，经过转鼓的筛网，大部分的母液在这里得到过滤，并经液体收集罩排到回水贮槽。第一级转鼓既作旋转运动又作往复运动，将形成的滤饼推到第二级转鼓，在转鼓内有足够的停留时间和较大的离心力，使滤饼达到很低的含湿率。当对固体产品的纯度有要求时，在离心机内可以进行洗涤，洗涤液冲洗滤饼后，经筛网、收集罩排到回水贮槽。

【任务训练】

1. 试绘制膜法-冷冻脱硝系统的工艺流程图。
2. 简述膜法-冷冻脱硝的工艺流程。

子任务三　主要设备

【任务描述】

◆ 熟悉膜法除硝中的主要设备及作用。

【任务指导】

一、活性炭过滤器

1. 活性炭过滤器的作用

活性炭过滤器的作用主要是去除铁氧化物、大分子有机物和余氯。这是因为有机物、余氯、铁氧化物易使离子交换树脂中毒，而余氯、阳离子表面活性剂等不但会使树脂中毒，还会破坏膜结构，使反渗透膜失效。

2. 活性炭过滤器的工作原理

活性炭过滤器是一种内部装填粗石英砂垫层及优质活性炭的压力容器。活性炭过滤器主要是通过炭床来完成的。组成炭床的活性炭颗粒有非常多的微孔和大的比表面积，具有很强的物理吸附能力，此外活性炭表面非结晶部分上含有一些含氧官能团。在水质预处理系统中，活性炭过滤器能够吸附前级过滤中无法去除的余氯，同时还吸附从前级泄漏过来的小分子有机物等污染性物质，对水中含有的铁氧化物等有较明显的吸附去除作用。

3. 活性炭过滤器的结构

活性炭过滤器，是一种罐体的过滤器，外壳一般为不锈钢或者玻璃钢，内部填充有活性炭，用来过滤水中的游离物、微生物、部分重金属离子，并可以有效降低水的色度。活性炭过滤器的结构如图 1-17 所示。

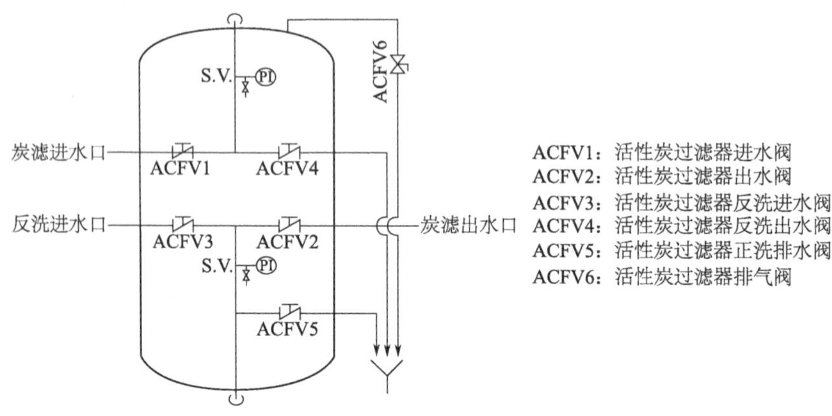

图 1-17 活性炭过滤器的结构

4. 活性炭过滤器的清洗

当活性炭过滤器进出口压差≥0.05MPa 时，应对其进行清洗。其操作见表 1-9。（阀门编号见活性炭过滤器的结构示意图 1-17）

表 1-9 活性炭过滤器的清洗

操作步骤	阀门状态	时间	注意事项
反洗	开：ACFV3、ACFV4 关：ACFV1、ACFV2、ACFV5	8～10min	逐渐开启反洗进水阀直至全开，以免滤料流失
正洗	开：ACFV1、ACFV5 关：ACFV2、ACFV3、ACFV4	5～7min	
操作步骤	开：ACFV1、ACFV2 关：ACFV3、ACFV4、ACFV5	累计运行 36～48h	1. 先调整好阀门位置，再开启进水增压泵 2. 开启排气阀 ACFV6 排出罐内的空气，当排气管有水流出后就关闭此阀

二、MRO 系统

1. 结构

MRO 系统的膜元件采用标准 8 英寸直径卷式膜元件，该卷式膜是由平板膜片制造，通过胶黏剂密封成一个三面密封，一端开口的膜封套。在膜封套内置有多孔支撑材料，可将膜片隔开并形成产水流道。膜封套的开口端与塑料穿孔中心管连接并密封，从膜封套的开口端将产水汇入中心管。

为增加设备的紧凑性，中心管卷缠多个膜封套。塑料滤网（称为进水流道）位于膜封套之间，该滤网在膜的表面形成流道，通过该流道将进水送入元件，沿流道将浓水排出元件。用半刚性的玻璃丝外壳缠绕层包绕形成保护层，同时维持膜元件的形状。工程上使用的膜元件一般长度为 40 英寸，直径为 8 英寸。

2. 原理

膜的截留性能主要是离子与膜之间产生相互静电作用，满足道南效应（Donnan effect）。由于离子的电荷强度不同，膜对离子的截留率也就有所不同。对于含有不同价态离子的多元体系，由于膜对各种离子的选择性存在有异，根据道南效应产生不同离子透过膜的比例不同。如果盐水中 Na_2SO_4 的浓度增大，则膜对 Cl^- 的截留率就会降低。

3. 注意事项

余氯值和操作温度是膜法除硝系统的关键指标，淡盐水含余氯进入膜法系统，长时间会对膜产生氧化性损害。温度控制过低影响产水量，温度过高对膜产生损坏。

4. MRO 装置的清洗

在运行中若产水流量比设计产水量下降 10%～15%，或当产水中压力降显著增加 10%～15% 时（以初始运行的数据为标准），就需要对系统进行冲洗。除温度下降导致产水量下降的情况外（降低 1℃，产水量降低 2.9%）。

冲洗时，将 MRO 透过液备在清洗水箱，停高压泵，开清洗泵，对 MRO 系统进行循环清洗。一般清洗时间为 5～10min，然后进入开机程序，观察运行情况，运行参数如果未见好转，就要延长清洗时间。用正常清洗效果不佳，就采用化学清洗。

正常清洗是在运行过程中，根据运行参数的变化，手动或自动切换进行清洗，目的是清理系统的结垢，减少堵塞现象。一般引起严重结垢（硬度垢及有机物结垢）的概率较低，一般半年或一年作一次预防或清理性化学清洗就可以保证系统正常运行，增加反渗透膜使用寿命。清洗时压力一般为 0.3MPa，清洗一次大约需 3～4h。

【任务训练】

1. 指出活性炭过滤器的原理、结构和清洗步骤。
2. 指出 MRO 系统的原理、结构和清洗步骤。

知识链接

膜法除硝工艺中副产物芒硝的再利用

芒硝是膜法除硝工艺中冷冻除硝单元的副产物之一。它是含有结晶水的硫酸钠的俗称，化学式 $Na_2SO_4 \cdot 10H_2O$。无色晶体，易溶于水。芒硝的晶体为短柱状或针状，一般这些晶体聚集在一起成块状、纤维团簇状。它们或无色或白色，具有玻璃光泽，入水即化。芒硝在干燥的环境下会失去水分而变成粉末状，这时就称为无水芒硝。

膜法冷冻除硝是根据 NaCl、Na_2SO_4 的溶解度则是随着温度的降低而减小程度显著不同的原理，通过选择合适的温度确保 Na_2SO_4 的析出量最大而 NaCl 析出量最小，从而实现硫酸根的有效分离，最终得到副产物芒硝。副产物芒硝的产品品质见表 1-10。

表 1-10 膜法除硝的副产物芒硝的品质标准

指标	数据	指标	数据	指标	数据
w（NaCl）	≤0.14%	w（干基 Na_2SO_4）	≥36%	白度	≥80
w（水不溶物）	≤0.003%	w（$Ca^{2+}+Mg^{2+}$）	≤0.005%	w（Fe）	≤0.0005%

经冷冻除硝单元得到的副产物芒硝由于积压严重，经常会出现堆积和处理等难题。有的氯碱企业采用四效顺流蒸发＋流化床干燥技术制取元明粉，然后出售，从而解决了芒硝积压的问题。

1. 芒硝生产元明粉工艺

芒硝生产元明粉工艺流程如图1-18所示。

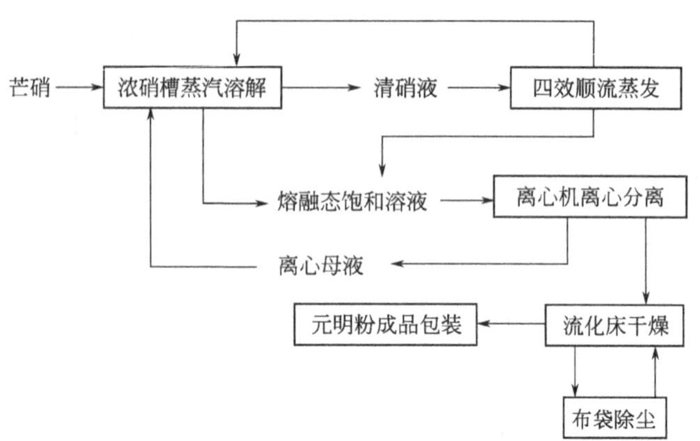

图1-18 芒硝生产元明粉工艺流程

将废固物芒硝倒入料仓，通过皮带机连续加入到熔硝槽，经过蒸汽循环加热熔解；来自熔硝槽的上清液自流入清硝液槽，通过清硝液泵打入四效顺流蒸发工序；蒸发后的浆料由出料泵送至离心机，再通过绞龙进入流化床干燥，干燥后的成品料经斗提机提升到旋振筛筛分后，进入成品料仓，筛分出的大颗粒进入大颗粒料仓，到一定料位后进行人工包装。在干燥过程中，物料采用布袋除尘器吸收干燥系统中的粉料，并回收到料仓中。

2. 产品品质控制

把芒硝既当产品又当原料，严格控制芒硝的贮存、运输等环节，确保芒硝产品不被污染。生产成品可以达到国家标准中对工业无水硫酸钠一类品标准的要求。元明粉的产品品质控制指标见表1-11。

表1-11 元明粉产品品质控制指标

指标名称	优等品	一等品
$w(Na_2SO_4)/\%$	99.3	99.0
w(水不溶物)/%	0.05	0.05
$w(Ca^{2+}+Mg^{2+})/\%$	0.10	0.15
w(氯化物)/%	0.12	0.35
w(水)/%	0.10	0.20
$w(Fe)/\%$	0.002	0.002
白度/%	85	82

膜法除硝工艺中副产物芒硝的再利用，为氯碱企业废渣的清洁处理提供了新的模式，同时也提高了资源回收及循环利用率，极大地推动了企业清洁生产的实施，实现了社会、经济和环境协调发展的目标，在氯碱行业具有极好的推广应用前景。

任务四　一次盐水精制的岗位操作

【任务描述】

◆ 能够掌握一次盐水精制及除硝工艺的开、停车操作。

【任务指导】

一、一次盐水精制的岗位开、停车

1. 开车前的准备工作

(1) 开车前的检查工作

① 确保各设备润滑部位油量适宜，保证润滑良好。

② 确保各安全设施牢固齐全，符合安全要求。

③ 确保各控制点、仪器、仪表齐全完好；检查各阀门灵活备用，确保各阀门处于规定的开启或关闭状态；检查管道是否畅通。

④ 盘车检查各转动设备，保证灵活备用，可盘车或点动试车，确定没有问题后装好防护罩准备开车。

⑤ 检查盐场原盐的贮量及上盐机车、设施是否处于良好备用，保证原盐贮备量足够。

⑥ 检查影响设备运转的障碍物并排除，通知设备内和周围的工作人员离开设备。

⑦ 确保各类工具齐全，为处理出现的异常问题做好准备。

(2) 开车条件确认

① 所有检查工作完成，保证装置内设施都能正常投用。

② 通知调度与公用工程部门确保生产上水、循环水、纯水、压缩空气、仪表气、蒸汽的正常供应。

③ 确认化验室正常工作，要求提供原盐或配水的分析数据，以便于控制精制剂的加入量。

④ 由调度与电管部门确认能否正常供电；保证仪电部门能及时处理出现的仪表故障。

2. 开车

① 控制化盐水贮槽的液位；同时向化盐槽内加原盐，保持一定的盐层高度。

② 等下达开车指令后，将化盐水贮槽的出口阀打开；将化盐水泵到化盐槽管路上的阀门打开，开启化盐泵、盐水加热冷却器。

③ 等化盐槽出口有出水时，打开 NaOH 的阀门，控制粗盐水中 NaOH 的量。

④ 等粗盐水槽内液位至一半左右时，灌泵并开启加压泵。

注意：开启加压泵之前，先打开加压泵到加压溶气罐进口所有管路阀门，控制加压溶气罐出口自控阀大小。

⑤ 等加压溶气罐的液位达到一半时，将空气缓冲罐各阀门打开，调节进气压力；等加压溶气罐液位到 70%～80%时，将粗盐水流量调至稳定。

⑥ 将文丘里混合器 $FeCl_3$ 加料阀打开，随时取样并观察加入量，当盐水呈现淡黄色时，调节流量并保持稳定加入。

⑦ 等预处理器的出口有出盐水时，将后反应槽上的碳酸钠阀门打开，调节加入量，同时取样分析，使碳酸钠过量在规定范围之间，当反应槽的液位达到一半以上时，将搅拌开启。

⑧ 向缓冲槽进盐水同时将凯膜过滤器入口手动阀打开，将凯膜过滤器的进液程序启动，打开进液、反洗、排渣等手动阀，等清液上升至管板以上时，启动过滤按钮，进入过滤状态。

⑨ 通过中间槽的液位，设定中间槽回流泵的关停程序；当过滤的盐水进入中和折流槽时，将盐酸高位槽的加料阀打开，并设定加入量；将盐水 pH 值调节为 9～11。

⑩ 当一次盐水贮槽的液位达到一半以上时，将出口阀门打开；然后开启一次盐水泵的

自循环，同时打开 Na_2SO_3 加料阀，当游离氯含量为零后，打开去二次盐水的阀门进行盐水输送。

3. 正常停车

① 首先将进入化盐桶的淡盐水泵关闭，再关闭进出口阀门，精制剂纯碱加入阀、蒸汽阀、压缩空气阀，接着关闭上盐皮带输送机，将反应桶的水打完，等待清理或大修。

② 停止向澄清桶进盐水，将助沉剂加料阀关闭。等清盐水低位槽注满后，将砂滤器及澄清桶的出口阀关闭。

③ 如果澄清桶需要大修，可在停车前先停止进水。将桶内残余盐水打到淡盐水桶，将其中的氯化钠回收，将桶底的盐泥排入泥脚桶。将搅拌机停止，并打开人孔等待清理或修理。

④ 如遇到因跳闸等原因需要紧急停车时，应将澄清桶搅拌机马上切换到备用电源，使搅拌机继续工作，防止桶底盐泥结块变硬板死，同时减少进口盐水量或不进盐水。

4. 紧急停车

① 迅速关闭空气缓冲罐进出口阀。全部关闭蒸汽阀和进一次盐水界区的蒸汽总管阀门。

② 关闭化盐水贮槽出口阀、停化盐水泵、加压泵。将各精制剂加入调节阀、手动阀（根据一次盐水泵的开、停，确定 Na_2SO_3 是否停加）和所有加水阀全部关闭。

③ 关闭所有传动、输送、机械设备按钮或控制键（一次盐水泵按调度指令停车）。

④ 迅速将凯膜过滤器所有手动阀关闭，防止由于仪表气中断后各挠性阀自行打开而造成跑料事故。

⑤ 故障如果 2h 内可以排除，就不必关闭所有阀门；如果故障不能在 2h 内排除，就按正常步骤停车。

二、膜法除硝的开、停车操作

1. 开车前检查与准备

① 确认活性炭过滤器内部水帽完好，罐体人孔关闭且已紧固。

② 确认各容器和水箱内部在检修后未留有材料、工具等杂物，确认人孔、盖板已盖好。

③ 确认各设备管路、阀门齐全且灵活好用及其备用情况。

④ 确认转动设备的电气部分和机械部分完好无缺损。

⑤ 确认各仪表齐全、准确。

⑥ 确认流量计完整、准确、好用。

⑦ 确认过滤器滤料装填高度合适。

⑧ 确认 pH 调节装置、加还原剂装置已按比例配制好药剂且处于备用。

⑨ 确认保安过滤器的滤棒符合要求并已安装好。

⑩ 确认安全防护用品、急救药品配置齐，现场有自来水。

2. 开车步骤

(1) 打开预处理系统

① 开始供电、供气、供水。

② 等循环冷却水到达二级钛板换热器。

③ 开启相关仪表及其信号。

④ 等淡盐水中间水箱液位达50%以上，且水质符合要求，打开淡盐水输送泵（将开关转到“自动”），送水至钛板换热器。

⑤ 观察换热后的产水温度，调节循环冷却水量，保持温度在40℃左右。

⑥ 打开亚硫酸钠加药泵（将开关转到“自动”），调节亚硫酸钠加药泵的调节钮，并控制流量（可根据产水余氯值调节）。

⑦ 打开调pH加药泵（将开关转到“自动”），调节加药泵的旋转钮到自动状态，根据产水pH值进行调节，控制pH值在6～7.5之间。

⑧ 等中间水箱液位达50%以上时，打开输送泵，将活性炭过滤器的进水入口阀缓慢打开，防止滤料对水帽的冲击；打开排气阀，等排气管出水后，将排气阀关闭；打开排水阀，当出水合格后关闭排水阀，然后打开出水阀至膜法除硝器的阀门。

注意：活性炭过滤器在投入使用前必须进行彻底的反洗，确保已将过滤器内的细小杂质全部清洗干净。

(2) 启动膜法除硝系统

① 将钛板换热器、活性炭过滤器和保安过滤器处于待机状态；当测量的淡盐水（可在中间水箱处取样）余氯在0.1mg/L以下，启动反渗透装置。

② 确认中间水箱的液位在设定范围。

③ 确认电控箱正常。

④ 打开中间水箱的出口阀，经输送泵，将淡盐水送至活性炭过滤器，过滤后进入膜法除硝器，连续进水15～20min，将除硝器内部的气体通过浓水、产水管道排出。

⑤ 将高压泵的控制旋钮转到“自动”，缓慢打开MRO高压泵的出口阀至半开状态。

⑥ 将MRO的浓水节流阀缓慢打开，同时将MRO浓水排放阀关闭，使MRO的进水压力表读数在1.0～1.2MPa，要注意反渗透进出水压力差不超过0.3MPa，保持运行状态大约5～10min左右；通过高压泵的出口阀和浓水节流阀来调节系统压力和流量，保证浓水与产水的流量满足工艺要求；否则将发生堵塞。打开调pH计量泵，向系统添加适量的碱液，调节浓缩水的pH在8左右，有利于冷冻脱硝。这时整个系统全部打开，维持各项参数的稳定运行。对设备运行情况定期巡检，及时补加相关药品，定时检测透过水中的SO_4^{2-}含量，并对相关运行参数记录，当出现偏差时应进行调节，保证系统连续稳定运行。整个系统正常运行后设为自动，对活性炭过滤器定期进行反洗，将反洗水排回盐泥池，MRO透过液经一级钛板换热器后到化盐水贮槽，浓缩水送至浓缩液贮槽。

(3) 冷冻脱硝系统的启动

① 在膜法系统正式产水进入冷冻脱硝系统之前，提前做好冷冻系统的运行调试工作，确保设备满足运行要求。

② 将一级热交换器、二级热交换器、冷冻机组、离心机及泵、阀门处于待机状态；测定浓缩液中硫酸根含量。

③ 确认浓缩水箱的液位在设定范围；确认电控箱电源正常，各仪表显示正常。

④ 确认浓缩液贮罐的液位高于输送泵出口位置，将浓缩液输送泵打开，将浓缩液送至一级热交换器，同时手动切换阀门回流至浓缩液贮罐，调节流量在设定值。

⑤ 当浓缩液贮罐的液位达50%以上，保持连续进水，调节换热器出口阀到“自动”位置，将浓缩液送到兑卤槽。

⑥ 待兑卤槽的液位达到30%，将冷冻液循环泵打开，将浓缩液送至蒸发器。调节冷冻液循环泵的出口流量到设定值。

⑦ 打开冷冻机组，向蒸发器供冷媒，逐步设定出口热电偶的值，使温度逐步降低。

⑧ 通过观察各个贮槽的液位变化，将蒸发温度逐渐调整到设定值。等蒸发器出口温度达到设定值时，打开沉硝槽的进阀，使部分浓缩液进入沉硝槽，以维持物料的平衡。

⑨ 观察沉硝槽的液位及芒硝的沉降情况，打开离心机，并开启排料自动阀，控制好手动阀，送料至离心机，通过离心机进行固液分离。

⑩ 维持物料和各项参数的稳定，进入正常的运行状态。当系统运行正常后，定时检查运行情况，并记录各项工艺参数，必要时及时进行调整。

3. 停车

设备停车可以分段停车，一般先停膜法脱硝部分，彻底处理后，再停冷冻除硝部分。

(1) 膜法脱硝设备的停车

① 关闭供淡盐水进钛板换热器、冷却水的相应的阀门，用清水置换。

② 关闭亚硫酸钠装置和调 pH 值装置的计量泵。

③ 等中间水箱的液位到低位时，关闭膜法除硝器。

④ 关闭高压泵，将浓水快冲阀打开，当浓水排放 1～2min 后，关闭输送泵，并关闭中间水箱的出口阀门。

⑤ 关闭电控箱的总电源。

⑥ 对整套设备进行安全检查后操作人员才能离开车间。同时做好交班记录。

(2) 冷冻除硝设备的停车

① 当浓缩液贮槽的底部物料用结晶体输送泵抽完后，将管道及换热器用水清洗干净。

② 用冷冻液输送泵将兑卤槽内的物料控制好流量送至沉硝槽。当兑卤槽温度到－5℃时，停冷冻液循环泵。

③ 关闭冷冻液循环泵的进口阀门，停冷冻机组，将管路和蒸发器清洗。

④ 控制好沉硝槽的进料量和温度，根据结晶沉淀情况打开离心机进行分离。

⑤ 当沉硝槽内的物料全部处理完后，清洗离心机，停机。分离后的母液可以暂时存放于兑卤槽中，待下次开机时使用。

⑥ 当冷盐水贮槽的液位在 50%左右时，可在下次开车时使用。

【任务训练】

1. 简述一次盐水精制的开、停车操作。
2. 简述膜法除硝的开、停车操作。

任务五　常见故障及处理

【任务描述】

◆ 能够对一次盐水精制和除硝过程中出现的常见故障进行分析并提出解决方法。

【任务指导】

在一次盐水精制和膜法除硝生产过程中，由于各种因素的影响，会出现多种不正常现象，这时就必须清楚这种不正常现象的原因，并采取准确措施进行处理，防止问题扩大，给系统造成更大的波动和财产损失；第一时间告知当班班长和生产调度，处理完成后将原因及处理过程进行记录备案。常见的异常现象及处理情况见表 1-12～表 1-14。

表 1-12　一次盐水精制中异常现象及处理

序号	异常现象	产生原因	处理方法
1	粗盐水 NaCl 含量低	化盐槽内有效盐层低	补充原盐，打循环处理系统内不合格盐水
		化盐水温度过低	调整化盐水温度合适
		化盐水流量过大	调整化盐水流量合适
		有清水串入系统	检查各加水阀门
		化盐槽内盐泥过多	及时清理化盐槽内盐泥
		化盐水偏流	清理盐泥，使化盐槽池壁折流板正常，确保化盐槽池底分布器完好，使化盐水分布均匀
2	过滤后盐水 SS 超标	O 形圈或密封螺丝不严	重新安装
		橡胶圈不平	重新安装
		滤膜破裂	更换滤膜
3	精制剂断流	高位槽或配制槽液空	配制溶液或通知相关岗位及时打开泵打液
		自控阀失灵，或其他阀门阀芯脱落	将旁路阀门打开来调节加入量，检查阀门，及时检修或更换有问题的阀门
		管道结晶	疏通结晶管路
4	一次盐水的 pH 值不合格	调节不灵敏	对仪表进行维修
		加酸自控阀失灵	断开加酸自控阀，打开旁路阀进行加酸量调节
		pH 检测仪失灵	立即手动操作，调节 pH 值合格；并及时对仪表进行维修校对
5	精盐水钙、镁离子含量高	配制碳酸钠溶液浓度太低	重新配制合格浓度的碳酸钠溶液，调整加入量，取样分析过碱量在规定范围之间
		未根据实际生产调整碳酸钠加入量	按时取样分析钙镁含量，分析过碱量
		碳酸钠溶液断流或高位槽流空	配制浓度合格的碳酸钠溶液，送入高位槽
		系统流量不稳定，碳酸钠难以调节	稳定系统盐水的流量
		粗盐水 pH 值小于 9	调整系统氢氧化钠加入量在规定范围之内
		碳酸钠加入自控阀失灵	进行仪表检修，检修时用旁路手动控制
6	粗盐水温度太低	系统蒸汽压力不足	减小盐水系统流量，及时升高蒸汽系统压力

表 1-13　一次盐水精制中的设备故障及处理

序号	故障现象	产生原因	处理方法
1	预处理器返混	原盐质量差；粗盐水 NaCl 含量不稳定	使用优质原盐并分析粗盐水浓度，保证合格浓度的粗盐水
		粗盐水 NaOH 含量不稳定	分析并调整 NaOH 加入量，适量排泥，加快不合格盐水置换速度
		粗盐水温度低，盐水黏度大，澄清效果差	调节化盐温度，上盐前将化盐温度控制在规定范围内，上完盐后及时恢复到正常控制指标
		粗盐水流量波动大	检查加压泵流量；检查释放阀控制是否正常
		粗盐的水溶气量不足；加压溶气罐的液位太低	调整加压溶气罐液位和压力
		排泥不及时或排泥顺序有误	及时进行排泥并按照先上排泥再下排泥的顺序
		$FeCl_3$流量不稳定	调整 $FeCl_3$加入量，当盐水加至浅黄色为宜
2	过滤器压力高	压力表失灵	维修
		预处理器返混	降低盐水流量，防止盐水高位槽发生溢流
		过滤流量大	调整过滤流量
		滤膜结垢严重或前次酸洗不充分	立即酸洗凯膜
		盐水温度低，黏度大	调节化盐温度，减少负荷，待温度合格后再恢复
		盐水中 NaOH 含量高	取样分析预处理器、化盐槽、化盐水贮槽各处的 NaOH 含量，并及时调整 NaOH 加入量
		反冲或排渣不能正常进行	及时联系修复
		滤膜被油污染或使用寿命到期	及时更换滤膜，做好防油措施
3	凯膜过滤器挠性阀失灵	内胆破裂（在安全状态下拔出挠性阀的气源管，当气孔有液，证明内胆破裂）	停机，更换内胆
		仪表风压过小	调节减压阀，如果总管压力低，就提高仪表气压
		控制器到挠性阀接线处接触不良	让仪表工检修，保护好气源管和仪表信号线
		控制器输出有误	进行仪表检修，注意防水、防潮
		对应的电磁阀故障	进行仪表检修，注意及时补充润滑油
4	盐水管道堵塞	盐水浓度太高	降低粗盐水浓度
		保温差，气温低盐结晶	做好保温工作，停机时将管道内的盐水放净

续表

序号	故障现象	产生原因	处理方法
5	泵运转中上液中断	泵抽空，发生气缚	保证进液口有液，重新灌泵，等排净泵壳内的空气后再开启
		泵进口管道有漏点，泵吸进空气，发生气缚	找出漏气点，进行封堵
		泵进液阀的阀芯脱落发生堵塞	打开备用泵，更换或维修进口阀门
		泵的进、出口管道堵塞	打开备用泵，清理管道内异物
		泵的叶轮脱落	打开备用泵，检修泵
		泵壳本体有漏点，进气	打开备用泵，检修泵
6	厢式压滤机、减速机及齿轮有异常噪音	缺少机油	添加机油
		减速机坏	更换减速机
		齿轮、丝杠、丝杠螺母缺油	给齿轮、丝杠、丝杠螺母加油
	厢式压滤机加料过滤过程中活动压板后退	丝杠、丝杠螺母磨损严重	更换丝杠、丝杠螺母
		卡板磨损严重	更换卡板
	厢式压滤机滤液不清	滤布破损	更换滤布
		滤布选择不当	进行可行性试验，更换滤布
	厢式压滤机滤板之间跑料	压紧力不足	保证压紧时的电流达到额定值
		滤板密封面有杂物	清理密封面杂物
		滤布不平整、折叠	整理滤布
		进料泵压力超高	调整压力
		物料温度过高，滤板变形	降低温度并更换滤板
	厢式压滤机过滤效果差	选择滤布不当	更换滤布
		滤布孔堵塞	清洗或更换滤布
	厢式压滤机滤饼含水率高	进料压力太小	调整进料压力
		进料时间短	增加进料时间
		助滤剂不适	更换助滤剂
		吹气压力太小	调整吹气压力
7	开启泵时压力表无压力，不上液	泵进口阀的阀芯脱落，堵塞管道	更换或检修进口阀
		泵壳内有气体，发生气缚	重新灌泵并排气
		泵的进口管道堵塞	清理管道内的异物
		泵叶轮脱落	检修泵
		进液管道上有漏点，发生气缚	检查并封堵漏点

续表

序号	故障现象	产生原因	处理方法
8	离心泵流量不稳	泵的吸液口或进口管道有异物，发生堵塞	打开备用泵，清理杂物
		贮槽内液位低	保证贮槽的液位，或停泵
		泵进液管道上有砂眼	查出漏气点，并封堵

表 1-14　除硝系统中的常见故障及处理

设备	故障现象	产生原因	解决方法
钛板换热器	未达到运行温度	冷却水流量不足或温度过高；淡盐水的瞬间流量过大	调节冷却水温度和流量；控制淡盐水的流量
	未达到流量设计值	阀门没有开好；换热器有堵塞	控制进出口阀门；清洗、清理换热器
活性炭过滤器	出水中的余氯含量超标	原水中的含余氯高	进行回流循环并添加还原剂
	运行压力高	滤料层堵塞；滤料吸附能力饱和	反洗或更换滤料
MRO 系统	运行压力过高；产水中的含硝量升高	MRO 受污染堵塞	冲洗 R/O 膜；必要时用药剂清洗
	未达到设计流量值	高压泵的电机反转	调正水泵的转向
	膜元件更换后产水脱含硝量高	密封圈损坏或错位	用油脂润滑并更换密封圈
冷冻脱硝系统	蒸发器的温度波动大	蒸发器发生堵塞；冷凝器温度高、循环流量波动大	清洗蒸发器并切换操作；控制循环液流量；增加冷却水温度
	板换流量不足	结晶堵塞	清理并循环
	离心机震动大	布料不均匀；轴承故障物料含结晶物少且较稀	控制进料阀门，使布料均匀；晶体含量少，晶体沉降后再分离；更换轴承

【任务训练】

1. 一次盐水精制过程中异常现象有哪些？请进行原因分析并提出解决方法。
2. 试对一次盐水精制中的设备故障的产生原因进行分析，并说出解决方法。
3. 试对除硝系统的常见故障进行分析，并给出解决方法。

案例分析

【任务描述】

◆ 了解在一次盐水精制中有哪些常见的案例，了解原因，总结教训。

【任务指导】

一、原盐工段的案例分析

【案例 1】事故名称：盐堆坍塌。

发生日期：1970 年 7 月某日。

发生单位：安徽某化工厂。

事故经过：一名贮运工用木棒处理因盐块堵塞的盐流槽故障时，发生盐堆坍塌，将其埋入盐斗内致死。

原因分析：没有防护装置。

教训总结：原盐在长期存放时容易发生结块板结的现象，所以应该先入库的先用，并定期进行翻仓，避免因时间长而造成原盐板结成硬堆。另外在处理盐堆结块、堵塞等故障时，必须加强现场的安全防范措施，并有专人监护，采用合适的工具和操作程序，避免因贪图省力、蛮干、冒险操作、不讲科学，而造成盐层突发坍塌和人员伤亡事故。

【案例 2】事故名称：悬盐坍塌。

发生日期：1979 年 3 月某日。

发生单位：辽宁某化工厂。

事故经过：一名贮运工去盐垛作业时，因没有注意到上方的“悬盐”，结果发生坍塌，被埋入致死。

原因分析：缺乏现场检查的意识。

教训总结：当我们在处理露天堆放的原盐堆时，一定要加强对现场的检测及巡回检查，必须高度集中注意力，时时提高警惕，防止盐垛坍塌等不正常情况的发生，造成伤亡事故。在进行盐垛操作时，如果发现险情后必须立即撤离，对现场进行封锁。进行故障排除时要科学、合理，不能只是贪图省力，冒险蛮干，忽视必要的安全防范措施。

【案例 3】事故名称：捅盐时盐塌陷。

发生日期：1990 年某月某日。

发生单位：山西某化工厂。

事故经过：当甲上盐工启动皮带运输机和振动器向烧碱车间盐水工段开始上盐后，发现盐仓漏斗不下盐，于是和乙上盐工一起登上盐仓顶，想用铁锹击打结块的盐。盐突然发生塌陷，将两名盐工埋住，其中甲被埋至胸部，乙被埋至膝部。当乙拔出腿去拉甲时，盐又垮塌将甲掩埋死亡。

原因分析：① 工人不应私自到盐仓上去捅盐，因为当盐结块时流动性差，一旦流动起来很容易将人带入盐中并掩埋；

② 厂里缺乏相关操作制度的规定，使工人的素质不高，在工作中任意性强。

教训总结：① 指定相关的规定，不准工人随意上盐仓顶；

② 将堆盐高度及坡度进行统一规定，防止盐层过高导致类似事故的发生。

【案例 4】事故名称：多人触电。

发生日期：1992 年某月某日。

发生单位：河南某化工厂。

事故经过：当盐库倒盐组 10 人准备倒盐，发现皮带输送机的位置不利上盐，需移动位置。于是他们将皮带输送机转了 90°，需要再进行调整位置时，6 人用手抬，突然发生触电。经紧急抢救后，其中 3 人死亡。

原因分析：① 移动皮带运输机等设备时应切断电源，而这次移动图省事未切断电源，属于违章行为；

② 该设备既没有安触电保护器，也没有接地；

③ 没有按规定接保险丝，且保险丝过长的没有切去，使移动中多余部分的保险丝触及接线盒体而造成漏电；

④ 厂里在购置皮带运输机时，没有把好关，这台皮带机的接线盒内不绝缘而容易发生漏电。

教训总结：① 不论正式工还是临时工，必须对其进行遵章守纪的教育，严格遵守“先断电、后移动”等规章；

② 在设备采购、安装、检修过程中要加强验收关，做到不符合质量标准的设备不采购，安装及检修后都要达到质量标准；

③ 移动电器上必须安装触电保护器。

二、一次盐水精制的案例分析

【案例 1】事故名称：烫伤。

发生日期：1970 年某月某日。

发生单位：天津某化工厂。

事故经过：一名女分析工去化盐池取水。由于室内蒸汽浓厚，加之盐池无盖，不慎掉入池内，造成Ⅱ度烫伤，烫伤面积达 40％。

原因分析：缺少防护装置。

教训总结：在化盐系统中当采用地下设备时需设置安全栅栏等防护设施，对于敞口的化盐地等设备必须加盖，防止因地面打滑或操作不慎等突发因素，造成操作人员跌入热盐水中造成烫伤等。另一方面要强化操作人员的安全意识，加强安全防范工作，树立安全第一，同时上班要思想集中，不做与工作无关的事。

【案例 2】事故名称：盐泥坍塌。

发生日期：1991 年某月某日。

发生单位：山西某化工厂。

事故经过：该氯碱厂在化盐桶泄水后 3 天，雇用郊区建筑队进行化盐桶内盐泥的清理，其中一名临时工在化盐桶北侧的人孔内，另 1 名临时工在西侧的人孔内进行挖盐泥时，化盐桶内挂壁的盐泥突然发生坍塌。其中西侧人孔内的临时工从人孔处爬出，而在北侧人孔内的临时工被盐泥掩埋，化盐桶外面的临时工立即进入化盐桶内，10min 后找到，将其送往医院，经查已死亡。

原因分析：①安全规则上有规定“化盐桶在拆开人孔泄水 7 天后才能进行盐泥清理”，而且“清理时作业人员必须在人孔外”，而此次清理在泄水后仅 3 天而且是进入人孔内清理；

②工厂在发现临时工进入人孔内清理盐泥时没有出面制止。

教训总结：①对临时工及承包工程的外来人员要严格管理，告诉他们与工作有关的规章制度；

② 当发现有违章时要及时制止，避免事故的发生。

小　结

1. 原盐是指在盐田晒制的海盐以及在天然盐湖或盐矿开采出的未经人工处理的湖盐或岩盐等的统称。工业用盐主要分为海盐、湖盐、井盐和矿盐。在原盐的使用上应遵循产地就近、质量优先的原则。

2. 电解的饱和食盐水是将原盐溶于水中制成的，目前饱和食盐水的制取方法主要包括以固体盐为原料和以液体盐为原料两种方法。

3. 一次盐水精制的工艺主要分为传统过滤工艺、CN过滤工艺和膜法过滤工艺。在一次盐水精制过程中使用的主要设备有化盐桶、澄清桶、砂滤器、洗泥桶、凯膜过滤器等。

4. 硫酸根离子的除去方法有钡法、钙法、冷冻法和膜法等。氯碱企业采用“膜法＋冷冻法”，是一种非常有效的脱除硫酸根离子的工艺。膜法-冷冻脱硝主要包括淡盐水预处理、纳滤膜浓缩、浓缩液冷冻、离心分离等四个过程。

5. 一次盐水精制的岗位开停车操作。

6. 一次盐水精制和膜法除硝中常见的故障及处理方法。

项目二　二次盐水精制及电解

知识目标

★ 能够掌握二次盐水精制及离子膜电解的工艺原理。

★ 能分析二次精盐水精制各工序及离子膜电解的工艺流程。

★ 能熟知二次盐水精制的主要设备及离子膜电解槽的结构及功能。

★ 能够分析并掌握淡盐水脱氯的工艺原理及工艺流程。

能力目标

★ 能识读二次盐水精制过程的工艺流程，并会根据不同要求绘制出工艺流程图。

★ 能完成二次盐水精制及离子膜电解的岗位开、停车操作。

★ 能完成淡盐水脱氯的岗位开、停车操作。

★ 能对二次盐水精制及淡盐水脱氯的常见故障进行分析并处理。

★ 能对电解工段的常见故障进行分析并处理。

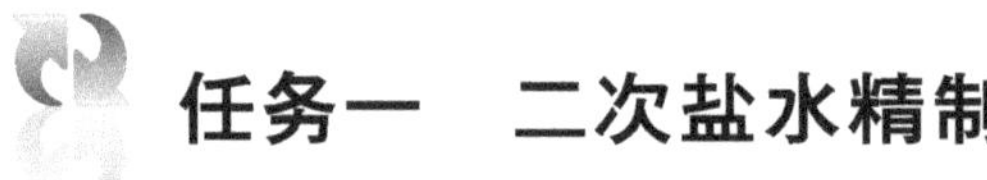

任务一　二次盐水精制

子任务一　二次盐水精制的工艺原理

【任务描述】

◆ 能分析二次盐水精制各工序的工艺原理。

【任务指导】

一、二次盐水精制的生产任务

以食盐水为原料的离子膜电解工艺，对进入电解槽的盐水质量必须严格控制，一次精盐水不能直接进入，必须经过进一步的精制，否则将影响离子交换膜的性能发挥和使用寿命。

盐水二次精制是在一次精制的基础上，首先通过过滤除去一些悬浮物，再调节盐水的pH值，将合格的盐水通入螯合树脂塔进行吸附，进一步将盐水中Ca^{2+}、Mg^{2+}等离子浓度降至要求的范围。

本工段的任务是：

(1) 一次精盐水先经过精密过滤，使盐水中的悬浮物≤1mg/kg；

(2) 将上述过滤后的盐水，经过螯合树脂塔，使盐水中的 Ca^{2+} 、Mg^{2+} 等杂质含量≤20μg/kg，成为合格盐水，再送至离子膜电解槽。

二、二次盐水精制的工艺原理

1. 盐水过滤的原理

经过脱氯后的盐水中还含有一些悬浮物和没有沉降完全的 $CaCO_3$、$Mg(OH)_2$、$BaSO_4$ 的微小颗粒，如果这些悬浮物进入螯合树脂系统将会堵塞树脂的微孔，降低螯合树脂系统的性能。因此，盐水需要进行过滤处理。

盐水过滤采用的装置有碳素管过滤器、聚丙烯过滤器、叶片式过滤器等。利用过滤器的微孔将其中的悬浮物进行拦截，从而将其除去。

2. 盐水中和的原理

(1) 盐水中和的目的

在一次盐水精制过程中，为除掉 Ca^{2+}、Mg^{2+}，需要分别加入过量的 Na_2CO_3 和 NaOH，过滤后，盐水中 Ca^{2+} 、Mg^{2+} 含量降低了，但还存在没有过滤掉的 $CaCO_3$ 和 $Mg(OH)_2$ 小颗粒，其中 $Mg(OH)_2$ 微粒溶解的 pH 值为 10.5，$CaCO_3$ 溶解的 pH 值为 9.4。螯合树脂只能吸附 Ca^{2+}、Mg^{2+}，而不能将微粒中的 Ca、Mg 成分吸附，从而会造成二次盐水中 Ca、Mg 含量超标。为消除这种现象，通过添加盐酸进行中和反应，使 $CaCO_3$ 和 Mg $(OH)_2$ 完全溶解，从而被螯合树脂吸附。

(2) 盐水中和的原理

在过滤器的出口盐水管路上，加入 31% 的盐酸，通过静态混合器，使盐酸和盐水混合均匀后，利用 pH 自动分析仪测得的 pH 值来自动调节盐酸的加入量，达到使 Ca、Mg 完全溶解的目的。

盐水中和的反应方程式：

$$CaCO_3 + 2HCl \longrightarrow CaCl_2 + H_2O + CO_2\uparrow$$

$$Mg(OH)_2 + 2HCl \longrightarrow MgCl_2 + 2H_2O$$

3. 螯合树脂吸附的原理

(1) 螯合树脂的结构和分类

螯合树脂是一种离子交换树脂，它吸附金属离子形成环状结构，故称螯合树脂又叫内配合物，它是由中心离子和多基配位体构成的，是一种具有环状结构的配合物。例如：

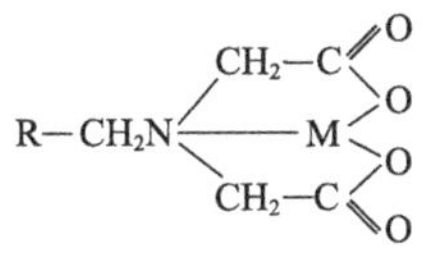

```
              CH2—C=O
             /      \
R—CH2N——————————M    O
             \   \  /
              \   O
               \ /
              CH2—C=O
```

其中 M 是中心离子（金属离子），N、O 是可提供共用电子对的原子，中心离子和它们形成了两个配位键，在适当条件下，生成稳定的环状结构。

螯合树脂的种类、型号很多（表 2-1）。现在最常用的有氨基膦酸型和亚氨基二乙酸型两种（表 2-2）。两种型号的树脂在国内都有生产，也均能满足国内离子膜烧碱生产的要求，亚氨基二乙酸型树脂对重金属离子含量高的盐水的吸附更好。从现在国内离子膜烧碱生产企业的情况来看，目前国内树脂在性能上完全可以替代进口树脂，价格要低于进口树脂。但是国产树脂在均匀度、强度和耐磨性上比不上进口树脂，且消耗量大。

表 2-1 螯合树脂种类

螯合基团	母体	国内代表产品	国外代表产品
$-CH_2N(CH_2COONa)_2$	苯乙烯和二乙烯基共聚物	D-751、G-51（上海）	CR-10、11（三菱化成） OC-1048（三井东压）
$-CH_2NHCH_2PO_3Na_2$		D-412（天津）	ES-467、466（法） SC-401（日）

表 2-2 螯合树脂的结构和特点

性能	亚氨基二乙酸官能团 D-751		氨基膦酸官能团 D4-412	
	CR-11	D-751	ES-467	D-412
外观	淡黄色球体		灰褐色小球粒	
Ca^{2+}吸附量/(mol/L 树脂-Na)	>0.5	0.5	0.35	0.35
水分/%	60.1	52～62	60～65	58.26
相对密度	1.14	1.10～1.20	1.12	1.14
粒径/mm	0.3～1.2	0.3～1.2	0.3～1.0	0.3～1.2
湿表观密度/(g/mL)	0.73	0.7～0.8	0.73	0.74
适宜温度/℃	<80	<80	45～50	45～50

（2）螯合树脂吸附的原理

配合物的形成和离解是两个互相对立但又依赖的过程，一方面中心离子通过配位键与配合剂相结合，形成配合物，而表现出一定的化学吸引力；另一方面，由于配合物内部存在矛盾运动，它们中的部分又要离解，从而又表现出一定的化学排斥力。当在一定的外界条件下（如 pH、温度、浓度）达到一个相对平衡状态时，通过改变条件就会破坏平衡。

以亚氨基乙酸为例，通过配合物的理论和实践，说明对金属离子的配合（螯合）能力随 pH 值而变化，pH 值越低，配合能力越弱，pH 越高，配合能力越强。另外，对于不同金属离子，它与螯合树脂的配合能力强弱不同，对于配合能力强的，在较低的 pH 值时仍可能配合，比如汞；而对于配合能力弱的，只能在较高 pH 值下才能产生配合，这主要是因为酸度的增加，使平衡向右移动。

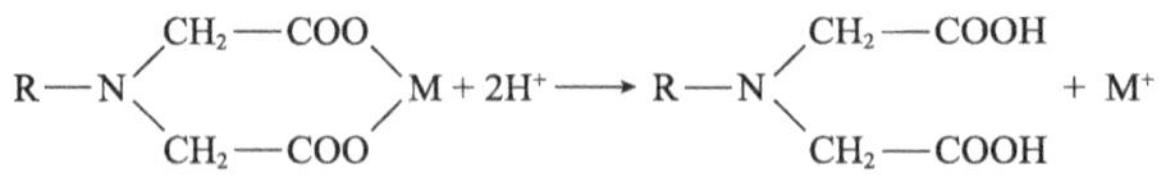

$$R-N\begin{matrix} CH_2-COO \\ CH_2-COO \end{matrix}M + 2H^+ \longrightarrow R-N\begin{matrix} CH_2-COOH \\ CH_2-COOH \end{matrix} + M^+$$

在实际生产中，加入 HCl 溶液进行“洗”树脂。

当 pH＝1 时，几乎全部生成

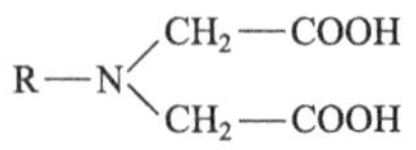

$$R-N\begin{matrix} CH_2-COOH \\ CH_2-COOH \end{matrix}$$

使原先配合的金属离子全部“洗”脱。这时的树脂叫做“H”型。

在已“洗脱”金属离子的“H”型树脂中加入 NaOH 溶液，通过调节 pH 值为碱性，使溶液中的 H^+ 大量减少，从而使平衡向右移动：

$$R-N\begin{matrix}CH_2-COOH\\CH_2-COOH\end{matrix}+2NaOH\longrightarrow R-N\begin{matrix}CH_2-COONa\\CH_2-COONa\end{matrix}+H_2O$$

树脂又回到原来的状态。螯合树脂的吸收、脱吸、再生就是根据此原理进行。

【任务训练】

1. 请说出二次盐水精制的生产任务。
2. 试分析盐水过滤的工艺原理。
3. 简述盐水中和的目的及工艺原理。
4. 什么是螯合树脂？试分析螯合树脂吸附的工作原理？

子任务二　二次盐水精制的工艺流程

【任务描述】

◆ 能够熟知二次盐水精制过程中过滤、中和及螯合树脂塔吸附的工艺流程。

◆ 能够分析工艺指标对树脂塔操作的影响。

【任务指导】

盐水经一次精制后进入二次精制工段，首先加入适量的 Na_2SO_3 以除去微量的游离氯，同时加入适量的 α-纤维素助滤剂，然后用泵送入盐水过滤器进行过滤，经过滤后的盐水，其悬浮物含量达到 1mg/kg 以下，再经加热使温度达到 (60±5)℃，并用 pH 自控调节使 pH 值控制在 9±0.5。将上述符合质量指标的盐水，用泵送入螯合树脂塔进行螯合处理，使盐水中 Ca^{2+}、Mg^{2+} 杂质含量达到 20mg/kg 以下，经二次精制后的盐水便可送去电解工段（流程如图 2-1 所示）。

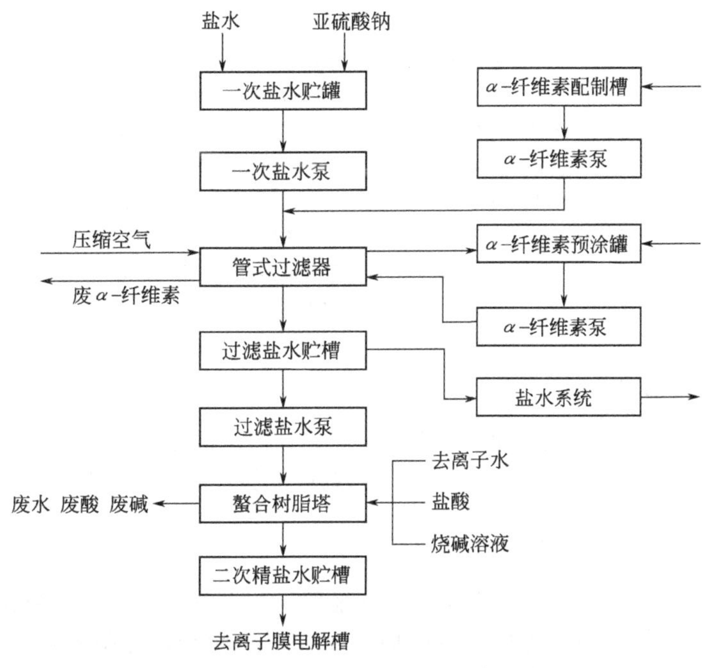

图 2-1　二次盐水精制工艺流程

一、盐水过滤的工艺流程

盐水过滤的目的是除去一次盐水中的悬浮物和部分 Ca^{2+}、Mg^{2+}。盐水过滤器有碳素管过滤器、聚丙烯过滤器、叶片式过滤器等。实际生产中使用最多的是碳素管过滤器，盐水经过滤处理后才可以保证后续螯合树脂充分发挥其性能，且再生周期比不用碳素管过滤器延长了 3～5 倍，减少了再生所用的离子膜碱和高纯盐酸，也杜绝了不纯物进入离子膜电解槽。一次盐水进入一次盐水贮槽，由泵送入碳素管过滤器，碳素管过滤器采用 2 塔流程，其中一塔运行，一塔反洗并重新涂覆 α-纤维素备用；每隔约 48h，或过滤器压差达 0.2MPa 时停止运转，切换下线，反洗重新涂覆。过滤后的盐水送入树脂塔工段。碳素管过滤工艺流程见图 2-2。

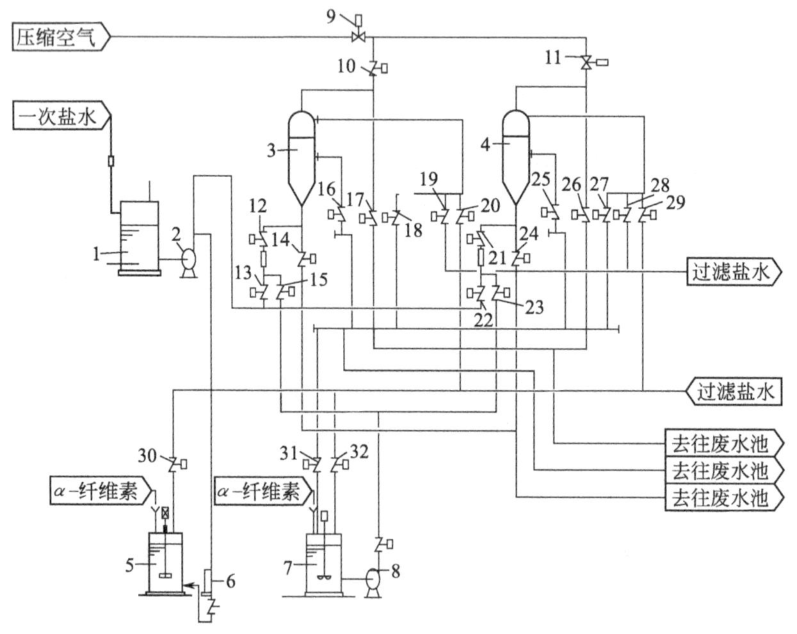

图 2-2 碳素管过滤工艺流程

1——一次盐水贮槽；2——一次盐水泵；3，4—盐水过滤器；5—预涂槽；6—预涂泵；7—本体给料槽；8—本体给料泵；9—压缩空气管线开关阀；10，11—清洗加压时开关阀；12，21—盐水流量调节阀；13，22—进入过滤器盐水管线开关阀；14，24—清洗排液阀；15，23—预涂液开关阀；16，25—预涂液混合开关阀；17，26—冲液排气阀；18，27—预涂液混合开关阀；19，28—过滤盐水开关阀；20，29—反洗盐水开关阀；30—过滤盐水进入预涂槽开关阀；31，32—预涂液循环开关阀

二、盐酸中和的工艺流程

在过滤器出口的盐水管路上，加入 31%盐酸，经过静态混合器，使盐酸和盐水混合均匀后，送 pH 自动分析仪，根据测得的 pH 值，自动调节盐酸的加入量，使系统的 pH 值控制在 9±0.5。

三、螯合树脂塔吸附的工艺流程

树脂塔吸附的生产工艺有三塔流程和两塔流程。三塔流程始终是两塔运行（如 A 串 B、B 串 C、C 串 A），一塔再生、等待，运行周期短，再生频繁，保险系数大；而两塔流程为一塔再生一塔运行。下面着重介绍三塔流程（图 2-3）。

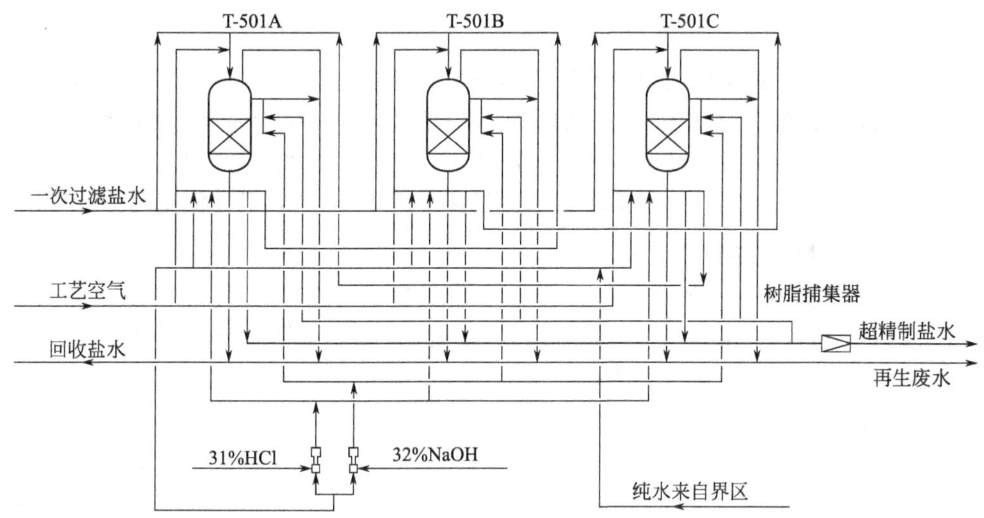

图 2-3 三塔生产工艺流程

一次过滤盐水经加酸酸化调节 pH 值为 9±0.5，进入一次过滤盐水罐。用一次过滤盐水泵送至板式盐水换热器预热至（60±5）℃，然后进入 3 台螯合树脂塔，从螯合树脂塔流出的二次精制盐水流入二次精盐水槽，然后用二次精盐水泵送往电解单元。离子交换塔再生时产生的废液流入再生废水坑，经中和后由再生废水泵送往一次盐水化盐工段。

本工艺中三台离子交换树脂塔轮回式运转，两台在线运转，剩下的一台离线进行螯合树脂再生。第一台离子交换树脂塔的作用是除去多价离子，第二台起保护作用。离子交换树脂塔每隔 24h 进行自动切换。

螯合树脂再生使用 31%的 HCl，32%的 NaOH 和纯水。螯合树脂再生过程中，31%的 HCl 与纯水混合后通过过程控制阀送入离子交换树脂塔。溶液浓度由流量测量系统控制。32%的 NaOH 以同样方式处理。排出的废液（酸性以及碱性）在废水槽中进行收集然后通过管线送到界区外进行处理。废盐水被排放到盐水回收罐中。

四、 工艺指标对树脂塔操作的影响

螯合树脂的吸附能力除树脂本身外，还受盐水的温度、pH 值、盐水流量、Ca^{2+}、Mg^{2+} 含量等因素的影响。螯合树脂的内在结构不同，交换能力也不同，但是对流量、温度、pH 值变化趋势是一样的。因此，要加强各工艺控制指标的控制，保证进电解槽盐水质量合格。

1. 温度

螯合树脂与钙、镁的螯合反应是在一定温度下进行的，温度高时，螯合反应速度快，树脂使用周期长。但盐水温度过高（大于 80℃），树脂的强度会降低，破碎率升高，将使树脂受到不可恢复的损伤。要保证树脂发挥良好的性能，应将进入螯合树脂塔的盐水温度控制在 55～65℃。

2. pH 值

在一定的 pH 值时，钙、镁等是以离子形式存在的，这样有利于树脂进行螯合去除。而当 pH＜8 时，树脂去除钙、镁离子的能力明显下降；当 pH＞11 时，镁离子易生成 $Mg(OH)_2$胶状沉淀物，进入树脂塔后会堵塞树脂孔隙，大大降低树脂的交换能力，同时还会造成进入树脂塔内的盐水发生偏流，增加压力降，从而导致盐水中钙离子去除不彻底，二次盐水中钙、镁含量升高。所以，盐水 pH 值应控制在 9.0±0.5。

3. 盐水流量

盐水的供应量是由树脂塔的选型和塔内树脂填充量来确定的。进入树脂塔的盐水流量取决于树脂塔的尺寸和需要的循环时间，如果盐水流量过大则在树脂内停留时间缩短，造成盐水在树脂塔内短路，处理后的盐水中钙、镁离子不合格；如盐水流量降低，树脂的使用时间延长，但需要较大的树脂塔。一般要求盐水流量应小于 $40m^3/h$，最佳流量为 $20m^3/h$。

4. 盐水中 Ca^{2+}、Mg^{2+} 浓度

螯合树脂塔对盐水中的 Ca^{2+}、Mg^{2+} 的吸附量随着浓度的升高而增加，但当 Ca^{2+}、Mg^{2+} 的质量浓度超过 10mg/L 时，树脂除钙、镁离子的能力随钙、镁离子浓度增加而降低，这是因为螯合树脂的交换量是一定的，盐水中钙、镁离子来不及进行交换，带入到二次盐水中，使二次盐水中钙镁含量增加。

5. 盐水中的游离氯

游离氯的氧化性极强，极易破坏螯合树脂的结构，造成树脂不可恢复的中毒，树脂性能急剧下降，起不到螯合钙、镁离子的作用，故要求盐水中不能含有游离氯。

五、盐水精制的控制指标

盐水精制的控制指标见表 2-3 和表 2-4。

表 2-3　一次精制盐水的控制指标

名称	指标	名称	指标	名称	指标
NaCl	(305±5)g/L	Fe^{3+}	≤0.2mg/L	Ba^{2+}	≤0.2mg/L
$Ca^{2+}+Mg^{2+}$	≤10mg/L	Ni^{2+}	≤0.01mg/L	Sr^{2+}	≤2.5mg/L
Si	≤2.3mg/L	SO_4^{2-}	≤5 mg/L	pH	9～11
Al^{3+}	≤0.1mg/L	游离氯	0		
I^-	≤0.2mg/L	S. S	≤1mg/L		

表 2-4　二次精制盐水的控制指标

名称	指标	名称	指标	名称	指标
NaCl	(305±5)g/L	Fe^{3+}	20μg/kg	Ba^{2+}	0.1μg/kg
$Ca^{2+}+Mg^{2+}$	20μg/kg	Ni^{2+}	10μg/kg	Sr^{2+}	100μg/kg
Si	≤2.3mg/L	Na_2SO_4	≤5g/L	I^-	200μg/kg
Al^{3+}	20μg/kg	$NaClO_3$	≤5g/L	pH	9～11

【任务训练】

1. 能够叙述二次盐水精制过程中盐水过滤的工艺流程。
2. 简述螯合树脂吸附及再生的过程。
3. 试分析不同工艺指标对树脂塔操作的影响。

子任务三　二次盐水精制的主要设备

【任务描述】

◆ 能够熟知二次盐水精制过程中的主要设备及螯合树脂塔的结构和特点。

【任务指导】

一、 盐水过滤器

离子膜烧碱生产工艺中，要求盐水中的悬浮物含量控制在 1mg/kg 以下，以防止盐水中所含微细悬浮物引起膜的堵塞而导致槽电压上升。在当今各离子膜法生产工艺中，所采用的过滤器有碳素烧结管过滤器、聚丙烯管过滤器和叶片式过滤器三种。

1. 碳素烧结管过滤器

碳素烧结管过滤器的外壳由钢衬橡胶防腐层，内部由多组碳素管均匀固定在花板上，其结构如图 2-4 所示。碳素烧结管的特征尺寸是外径 120mm、内径 70mm、长度 500mm，为圆筒状元件。成型后的碳素烧结管的性能见表 2-5。碳素烧结管过滤器的特点是经一定时间使用后，可经再生恢复重新使用。碳素烧结管的过滤原理如图 2-5 所示。

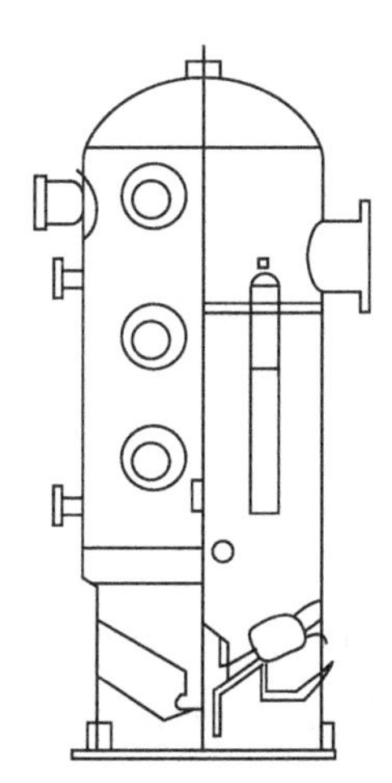

图 2-4　碳素烧结管过滤器

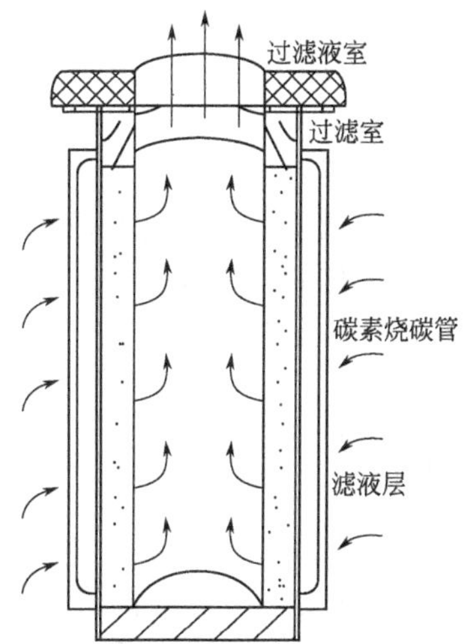

图 2-5　碳素烧结管过滤原理

表 2-5　碳素管的性质

名称		性质
化学组成		C 99.93%
耐化学性能		除强氧化剂外，适用于从低温到 200℃的酸性、中性、碱性的溶液
粒度/目		40
孔径/μm	平均	100
	最大	180
气孔率		42%
弯曲强度		35.2MPa（36kgf/cm^2）
密度		1.1kg/m^3
比热容		837.36J/(kg·℃)
热导率		1.163W/(m·K)［1.0kcal/(m·h·℃)］
热膨胀系数		5.0×10^{6}℃$^{-1}$
尺寸		外径 120mm；内径 70mm；长度 500mm

一次精制盐水从圆筒的外部流入圆筒的内部进行过滤，悬浮物在碳素管外被截流。首先要在碳素管外先预涂上一层助滤剂，预涂层的厚度约为2～3mm，同时添加定量的助滤剂与一次精制盐水混合后送入过滤器过滤。过滤时初始阻力0.02MPa，随着盐水中悬浮物的积累，其阻力逐渐上升，当升到0.15～0.20MP时，应停止使用予以清洗再生。如果盐水中悬浮物含量一直较低，即使压力未上升到0.15～0.20MPa，使用时间达到48h则也需停止使用予以清洗再生以保持长久稳定地运行。清洗再生时需要切换一次过滤器，并使用纯水及压缩空气（0.45MPa）反复清洗4次。洗涤时，物料的流动方向与过滤时相反，洗涤液出滤室穿过过滤元件，去掉附在外表面的残渣。清洗后，将过滤器装满过滤盐水备用。

2. 聚丙烯管过滤器

聚丙烯管过滤器的外壳为钢衬橡胶的受压容器，内部安装一组有孔的聚丙烯管，管外套是用聚丙烯编织的无缝软套管，过滤原理、再生操作与碳素管过滤器相同。

3. 叶片式过滤器

叶片式过滤器与上述两种过滤器一样，需两台轮流切换使用。过滤叶片由不锈钢或钛材制成，滤布可用聚丙烯或尼龙布，同样需用助滤剂，但滤布易损坏，较难保持稳定的过滤精度，故一般很少使用。

目前大多数氯碱化工厂采用的是碳素烧结管式过滤器。因其管理方便、安全可靠、操作弹性大并能取得卓越的过滤效果，过滤后的盐水质量完全能符合离子膜法制碱工艺要求。除了能保持稳定高效的运转外，尚具有十分良好的耐腐蚀性，从而在离子膜电解法工艺生产中广泛使用。

二、螯合树脂塔

螯合树脂塔通常是二台或三台串联使用，其作用是将一次精制盐水中的悬浮物和部分Ca^{2+}、Mg^{2+}杂质去除，以满足离子膜电解的需要。螯合树脂塔的结构如图2-6所示。

螯合树脂塔的外壳由钢板制成，内衬特殊的低钙镁橡胶防腐层。塔内填装一定量的带有螯合基团的特种离子交换树脂，树脂的特点是对金属离子有极强的选择性。目前使用的螯合树脂有亚氨基二乙酸型（牌号：CR-10、CR-11）和氨基膦酸型（牌号：ES-467、国产D-412），其吸附二价金属离子的选择顺序如下：

CR-10或CR-11：$Hg^{2+}>Cu^{2+}>Pb^{2+}>Ni^{2+}>Cd^{2+}>Zn^{2+}>Co^{2+}>Mn^{2+}>Ca^{2+}>Mg^{2+}>Ba^{2+}>Sr^{2+}$

ES-467：$Mg^{2+}>Ca^{2+}>Sr^{2+}>Ba^{2+}$

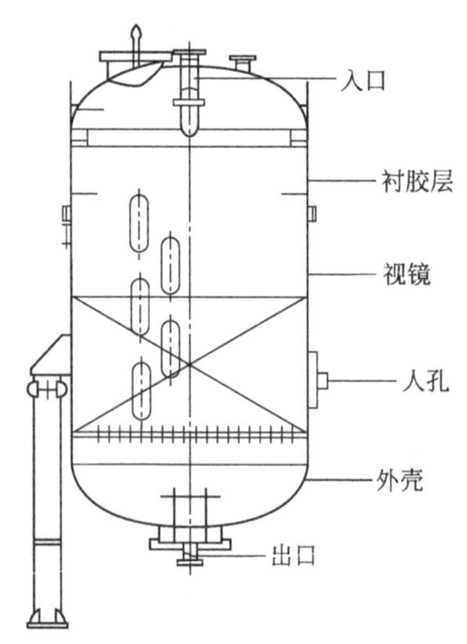

图2-6　螯合树脂塔

该树脂的第二个特点是再生效率高，即在使用一定周期后，可通过酸、碱、纯水的清洗。将螯合的金属离子解脱恢复原有的交换容量，以重新再进行螯合处理。

在使用螯合树脂处理盐水中，必须注意下列两点。

① 物料中不能带有氧化剂。例如ClO^-它将使树脂受氧化而分解，从而使螯合性能下降。

② 物料中不能带有油状物，因油将使螯合树脂颗粒表面生成一层油膜，从而降低其离子交换的功能。

【任务训练】

1. 盐水过滤器的种类有哪些？
2. 试简述碳素烧结管的过滤原理。
3. 试分析在使用螯合树脂处理盐水中有哪些注意事项？

子任务四 二次盐水精制的岗位操作

【任务描述】

◆ 能够熟知并掌握二次盐水精制操作要点。

◆ 能够进行二次盐水精制的开、停车操作及树脂塔再生的岗位操作。

【任务指导】

一、 二次盐水精制的操作要点

1. 除 ClO^- 的操作要点

① 首先加入需要量的 2/3 的水，并同时开动搅拌器。

② 加入需要量的氢氧化钠、亚硫酸钠。

③ 加水将药品调节到规定浓度，等全部溶解后停止搅拌。

④ 打开定量泵，根据盐水的流量和具体药品的浓度，调节药剂的加入量。

2. 过滤

(1) 过滤操作要点

① 将过滤初期质量不好的过滤盐水再送回澄清盐水罐进行原液循环。

② 将原液循环中的盐水进行过滤，过滤的盐水送往下一工序。

③ 向主体给料罐中加入悬浮液，搅拌一定时间后，再启动本体加料泵。

④ 以 SS：α-纤维素＝1：1 的量添加，这样就可以减缓压差的升高。

(2) 洗涤操作要点

对退出运转的过滤器进行洗涤 3 次。

① 一次洗涤

a. 将过滤器上部的排气口打开直到无液体流出。

b. 将所有出口阀关闭，将压缩空气入口阀打开，当表压到规定值时，关阀。

c. 快速打开下排阀，通过压缩空气将盐水通过过滤元件内侧向外侧迅速排出，将过滤元件进行洗涤，当液面下降到中间视孔后，将上部的排气阀打开，当液体排完后，关闭上泥浆阀和上部排气口阀。

② 二次洗涤

a. 将洗涤水入口阀打开，一次侧空气排放阀 a 有溢流后，维持一定的时间，然后将其关闭，打开上部的排气口阀，当确定有液体流出后，结束充液。

b. 同第一次洗涤一样进行充气加压。

c. 同第一次洗涤一样进行冲洗排放，但是在液面下降到中间的视孔后，将上泥浆阀关闭。因为剩余的液体再排放也不能起到洗涤的作用，这样还可以减少充液量。

③ 三次洗涤

a. 同第二次洗涤一样进行充液，但是一次侧空气排气阀为 b；

b. 同第一次洗涤一样进行充气加压；

c. 同第一次洗涤一样进行冲洗排放。

3. 中和的操作要点

① 自动控制 pH 值的调节。

② 进行过滤器切换时，如果是进行原液循环操作时必须停止盐酸的加入，如果是加入纯水可以不停止。

③ 维持盐酸的压力稳定在一定值。

④ 对中和后的 pH 应该定时进行分析测定，以检查自动调节系统的工作情况。

4. 二次精制的操作要点

① 控制盐水的温度在 60℃左右，控制盐水的 pH 值在 9 以上。

② 当塔入口处的钙、镁离子含量≥4mg/L 时，减少通液的时间，同时增加 1 号塔出口的钙、镁离子的分析次数。

③ 定期分析盐水中的 Sr^{2+} 和 SS 在一定的范围之内。

④ 对进入塔的盐水必须严格检测，保证其中不含有 ClO^-，否则会引起树脂的急剧劣化。

⑤ 每日对第一个塔出口的钙离子、镁离子进行一次分析，时间要在再生结束前不久进行取样，如果发现问题，要缩短通液时间，再找出原因。

⑥ 每周要定期对 2 号塔的出口盐水进行钙、镁离子进行分析 1 次以上。

⑦ 对树脂塔的压差要经常检查，当超过压差，就要进行强制再生，增加二次反洗强度促使破碎树脂逸出。

⑧ 为防止树脂的流失，进行再生的二次反洗时，反洗水要从塔顶逸出，树脂的飘逸高度应在塔上部视孔的中央，当高度超过基准时，就要减少反洗的数量。

⑨ 保证树脂塔出口的 pH 值，当再生结束时 pH 值暂时升到 10 以上也是正常的，因为塔内残留少许的 NaOH，这是再生正常的标志。

⑩ 当树脂塔初步运转时，要严格控制各种流量和液面的标定，做好记录，设定阀门的开度。需要时再进行微调。

二、二次盐水精制的开、停车操作

1. 准备工作

① 确定要加入的 Na_2SO_3、NaOH 和 HCl 溶液已经准备就绪；

② 确定所有阀门灵活，开关位置准确，各种仪表完好；

③ 保证二次盐水精制系统具备开车条件。

2. 开车

① 在供盐水之前，使离子交换树脂塔准备工作，同时将过滤盐水准备好（界外）。

② 当一次盐水罐中的盐水达到指定液位时，将盐水泵开启，通过盐水管线进行盐水循环，并准备进行一次精制盐水的接收，具体的步骤：

a. 将过滤盐水器的入口阀关闭；

b. 将一次盐水充入一次盐水罐，使一次盐水罐中的液位达到设定的液位值时，将盐水泵开动，使盐水通过盐水循环回路进行循环；

c. 当盐水罐的盐水液位达到设定值时，设液位控制值为自动。

③ 打开过滤器，同时使盐水从一次盐水罐通过泵进入盐水过滤器，过滤后的盐水送入过滤盐水罐。过滤器的开车一般为：

a. 先进行过滤通液，和正常通液操作一样；

b. 将药品的添加按常规操作进行。

④ 开启离子交换塔，当在过滤盐水罐中的盐水液位达到规定值后，将过滤盐水通过泵送入离子交换树脂塔进行二次精制，精制后的盐水进入精盐水罐，通过泵送入高位槽准备电解，离子交换塔的开车步骤如下。

a. 关闭所有液位的截止阀，将去往淡盐水罐的盐水管线上的旁通阀关闭。

b. 把盐水高位槽的流量控制阀设为手动状态，设定手动值为0%。并且盐水高位槽的流量控制阀的SV设定为85%。

c. 将过滤盐水罐的回流循环阀打开，同时开启过滤盐水泵，使排出阀仍保持关闭。

d. 缓慢开启排出阀，通过罐的回流阀调节排出压力到设定值。

e. 打开盐水罐流量控制阀，通过手动方式慢慢将其从0%开到35%，当它的压力值达到设定值时（90%），设为自动状态。

f. 将盐水高位槽设为手动模式并设手动值为0%，将盐水高位槽的SV设为规定值（仍为手动状态）。

g. 将精盐水罐泵出口回流阀打开，将精盐水泵的排放阀保持关闭。

h. 缓慢打开排出阀，通过调节罐的回流阀使排出压力达到设定值，打开盐水高位槽的流量控制阀。

i. 通过手动方式慢慢将盐水高位槽从0%开到35%，当它的PV值达到设定值时，设为自动状态。

3. 停车

一般只有当电解装置停车以后，才可以将盐水精制系统停车，停车步骤如下：

① 关闭电解部分；

② 通过手动将精盐水高位槽关闭，停止向电解槽供盐水；

③ 将过滤盐水泵（界区外）关闭；

④ 将淡盐水泵关闭；

⑤ 将一次盐水泵（界区外）关闭。

三、树脂塔再生的岗位操作

1. 再生准备

树脂进行再生以前必须对下面几项提前进行检查：

① 检查HCl、NaOH管线准备就绪；

② 检查纯水管线、排出管线和盐水填充管线就绪。

2. 再生操作

对于三塔串机运行的螯合树脂塔中的树脂再生操作需经过以下步骤。

① 程序切换；

② 排液：因盐水的相对密度大，树脂在洗涤初期会随盐水冲走，故盐水通过压缩空气排出。

③ 第一次返洗：为洗出沉积在树脂层顶部和内部的悬浮物和破碎树脂，将纯水从塔底

部接管按逆流方式通入，可使树脂层疏松。

④ 第一次鼓泡：当树脂完全浸在水中时，从塔底部通入空气使树脂层松散。

⑤ 静置：使浮动的树脂被沉降下来。

⑥ 第一次水洗：将适量的纯水从塔顶向下通入，可将树脂层中残留的盐分除去。

⑦ 第二次返洗：将适量的纯水从塔底向上通入，将树脂层顶部和内部的悬浮物和破碎树脂排出。

⑧ 静置：使浮动的树脂被沉静下来。

⑨ 加酸洗：31%的盐酸与纯水混合成4%的盐酸液从塔顶中部通入，将吸附物分离，从塔底排出。

⑩ 第二次水洗：继续通水，使在树脂层中存留的酸排出。

⑪ 排酸：通入压缩空气将塔内的酸性液体排出，有利于碱的反应。

⑫ 加碱洗：5% NaOH 从塔底逆流进入，使氢型树脂活化，转化成 Na 型，并从塔中部接管排出，这个过程树脂膨胀为最大状态。

⑬ 第三次水洗：在塔底部残留有一些 NaOH 再生液，为充分利用，在 NaOH 再生完成之后，从塔底通入纯水将其从塔中部排出。

⑭ 第二次鼓泡：将压缩空气从塔底吹入，促进碱和树脂的充分接触。

⑮ 静置：使浮动的树脂被沉降下来。

⑯ 排碱：为将塔内的碱液排出，从塔上部通入精制盐水，这个过程中树脂会产生收缩。

⑰ 第三次返洗：当碱液置换完后，为防止盐水结晶析出，将纯水从塔下部注入，将盐水进行稀释。

⑱ 第三次鼓泡：将压缩空气从塔底向上通入，使盐水与纯水混合，同时树脂表面平整。

⑲ 静置：使浮动的树脂被沉降下来。

⑳ 盐水填充：将精制后的盐水从塔顶向下通入。

㉑ 静置。

㉒ 运行。从塔顶通入盐水，精制后的盐水进入。

【任务训练】

1. 能分析并叙述二次盐水精制的操作要点。
2. 能说出二次盐水精制的岗位开、停车操作过程。
3. 能简述螯合树脂再生的操作过程。

知识链接

螯合树脂

螯合树脂（chelate resins），是一类能与金属离子形成多配位络合物的交联功能高分子材料。螯合树脂吸附金属离子的机理是树脂上的功能原子与金属离子发生配位反应，形成类似小分子螯合物的稳定结构，而离子交换树脂吸附的机理是静电作用。因此，与离子交换树脂相比，螯合树脂与金属离子的结合力更强，选择性也更高，可广泛应用于各种金属离子的回收分离、氨基酸的拆分以及湿法冶金、公害防治等方面。

1. 成分结构

螯合树脂是能从含有金属离子的溶液中以离子键或配位键的形式，有选择地螯合特定的金属离子的高分子化合物，属于功能高分子。该树脂以交联聚合物（如苯乙烯/二乙烯苯树脂）为骨架，连接以特殊功能基构成，螯合树脂一般通过高分子化学反应制得，也可将含有配位基的单体经聚合反应或共聚反应成为在高分子主链或侧链中含有配位基的树脂。

2. 应用领域

螯合树脂在湿法冶金、分析化学、海洋化学、药物、环境保护、地球化学、放射化学和催化等领域有广泛用途。除作为金属离子螯合剂外，也可作氧化、还原、水解、烯类加成聚合、氧化偶合聚合等反应的催化剂，以及用于氨基酸、肽的外消旋体的拆分。螯合树脂与金属离子结合形成络合物后，其力学、热、光、电磁等性能都有所改变。利用该性质，可将高分子螯合物制成耐高温材料、光敏高分子、耐紫外线剂、抗静电剂、导电材料、黏合剂及表面活性剂等树脂，是一类能与金属离子形成多配位络合物的交联功能高分子材料。与离子交换树脂相比，螯合树脂与金属离子的结合力更强，选择性也更高，可广泛应用于各种金属离子的回收分离、氨基酸的拆分以及湿法冶金、公害防治等方面。

3. 离子膜法制烧碱专用螯合树脂

为有效提高离子膜的使用效率和延长使用寿命，离子膜法制烧碱对盐水的纯净度有着更高的要求，传统的沉淀工艺很难使盐水中的有害离子达到要求，氨基螯合树脂可有效脱除盐水中有害离子 Ca^{2+}、Mg^{2+}、Sr^{2+} 等，使二次盐水完全满足离子膜工艺要求。参见表 2-6。

表 2-6 离子膜法制烧碱专用螯合树脂的类型及主要用途

型号	螯合树脂		
	全交换容量（干基）/(mmol/g)	含水量/%	主要用途
D401	1.95	52～58	离子交换膜制取高纯碱工业中食盐水二次精制，选择性吸附二价金属离子
D402	1.45	52～58	盐水的软化精制
D403	2.7	52～60	碱工业中食盐水二次精制，选择性吸附二价金属离子
D405	1.8	45～60	去除废水中各种形态的汞
D406	1.6	50～55	氟选择性树脂
D407	3.0	52～60	硝酸根选择性树脂

任务二　离子膜电解

子任务一　离子膜电解的原理

【任务描述】

◆ 能够掌握离子膜电解的生产原理和工艺流程。

【任务指导】

离子膜电解工艺就是由一次精盐水经过精制后，成为二次精盐水，达到电解的要求，然后将二次精盐水送至电解槽进行电解，从而制得烧碱、氯气、氢气的一个过程。

一、离子膜电解的生产任务

① 将已经合格的二次精制盐水送至电解槽，在电解槽内经通电电解，得到产品氢氧化钠，经过冷却、计量后送至成品槽；

② 电解得到的副产品氯气和氢气，分别送至氯处理系统和氢处理系统后，生产出相应

的氯、氢产品；

③ 食盐水经电解后流出的淡盐水，进入脱氯装置除去盐水中的游离氯，使游离氯含量达到标准，最后将脱氯合格后的淡盐水送回化盐工段再化盐使用。

二、 离子膜电解槽的生产原理

1. 离子膜电解槽的作用

离子膜制碱生产中的主要设备是离子膜电解槽，它的作用是将进入的合格二次精制盐水经过通电电解，生产出低盐、高纯、高浓度的氢氧化钠产品。同时还得到副产品氯气和氢气。

2. 离子膜电解的原理

离子膜电解就是用阳离子交换膜将电解槽隔成阳极室和阴极室，这层阳离子交换膜的膜体中含有活性基团，只允许钠离子穿过，而对氢氧根离子起阻止作用，同时还能阻止氯化钠的扩散，当电解槽通以直流电时，二次精制盐水进入电解槽阳极室，其中的 Cl^- 就在阳极室生成 Cl_2，而 H_2O 在阴极室生成 H_2 和 OH^-，Na^+ 穿过阳离子交换膜进入阴极与 OH^- 形成氢氧化钠产品（如图 2-7）。具体的化学反应方程式如下：

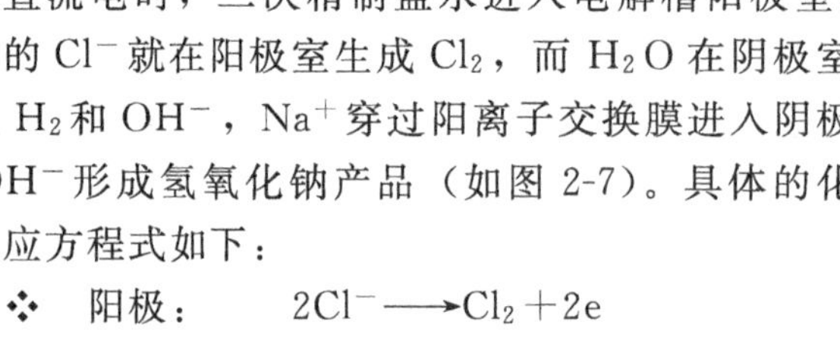

图 2-7 离子膜电解的原理

- 阳极： $2Cl^- \longrightarrow Cl_2 + 2e$
- 阴极： $2H_2O + 2e \longrightarrow 2OH^-$
- 方程式： $2NaCl + 2H_2O \longrightarrow 2NaOH + Cl_2\uparrow + H_2\uparrow$

三、 离子膜电解的工艺流程

离子膜电解槽有目前有单极式和复极式两种，这两种电解槽在结构上有一定的差别，但是电解的原理是相同的，整个流程如下。

一次盐水经过螯合树脂塔进行二次精制后，精制盐水通过泵从盐水罐送至精制盐水高位槽，（由蒸汽预热至 65～85℃），然后流入盐水酸化槽，在此处加入 31% HCl，使进电解槽的盐水 pH 值成为酸性盐水，控制盐水的 pH 在 3～5。最后依靠高位静压力将酸性盐水经管道送入电解槽。在电槽内发生电解反应：

$$2NaCl + 2H_2O \longrightarrow 2NaOH + Cl_2\uparrow + H_2\uparrow$$

在化学反应中生成的湿氯气，通过槽盖上的氯气连接管进入单列氯气管再进入氯气总管，进入氯气处理系统。

在化学反应中生成的湿氢气，通过阴极箱上部的氢气出口进入连接胶管，再送入单列氢气管，最后也汇集到氢气总管，进入氢气处理系统。

而没放电的 Na^+ 进入阴极与 OH^- 结合生成 NaOH，通过阴极箱下部出口的流出碱管、漏斗等进入到碱管，并汇集到电解液总管，流入地碱槽，通过送碱泵将电解液从地碱槽中抽出再经电磁流量计计量，最后送入电解液贮罐，部分产品送到蒸发工序进一步浓缩。

阳极侧经电解后的淡盐水流入贮槽，通过加酸并用 pH 自动调节计，调节 pH 值到 2 左右，以使其中的大部分氯酸盐和次氯酸盐分解，分解得到的氯气并入氯气总管，经过分解的淡盐水用泵送入脱氯塔，在塔内经脱氯后合格的淡盐水则用泵送回化盐工段再使用。

其工艺流程如图 2-8 所示。

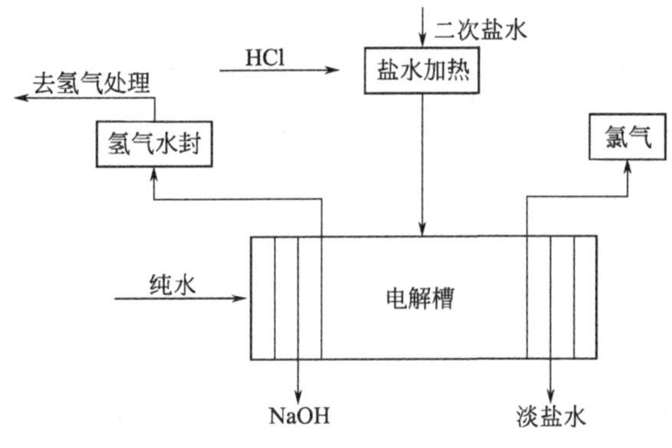

图 2-8　离子膜电解工艺流程

四、主要控制指标

进离子膜电解槽二次精制盐水质量指标见表 2-7，出离子膜电解槽的质量指标见表 2-8。

表 2-7　进离子膜电解槽二次精制盐水质量指标

名称	质量指标
NaCl	(305±5)g/L
Ca+Mg	≤20μg/kg（以 Ca 计算）
Sr^{2+}	≤0.1mg/kg
Ba^{2+}	≤0.1mg/kg
Fe^{3+}	≤0.1mg/kg
SiO_2	≤15mg/kg
ClO_3^-	≤10g/L
SO_4^{2-}	≤4g/L
SS	<1mg/kg（但不包括 Ca、Mg、Sr 的固态物质）
其他重金属总量	≤0.2mg/kg

表 2-8　出离子膜电解槽各物料质量指标

名称		质量指标
NaOH		(33±0.15)%
NaCl/NaOH		≤80mg/kg
H_2		≥99%
氯气	Cl_2	≥97%
	含 O_2	≤2.5%
	含 H_2	≤0.1%

续表

名称		质量指标
淡盐水	NaCl	(210±10)g/L
	pH	2～4
	ClO^-	<2g/L

【任务训练】

1. 简述离子膜电解槽的作用。
2. 请说出离子膜电解槽的生产原理。
3. 能够描述离子膜电解的工艺流程。

子任务二　离子膜电解槽

【任务描述】

◆ 熟悉各种离子膜电解槽的结构。

【任务指导】

目前离子膜电解槽主要有单极式和复极式两种，但两种电解槽的基本结构都是由阳极、阴极、离子膜和电解槽框等组成。现就两种电解槽的具体结构介绍如下。

1. 单极式离子膜电解槽

(1) MGC 离子膜电解槽

MGC 离子膜电解槽由下列部件组成：端板、连接拉杆、阳极盘、阴极盘、阴阳极电流分体器、金属槽框、连接铜排、离子膜等。MGC 离子膜电解槽的装配如图 2-9 所示，其结构如图 2-10 所示（该槽的有效电极面积为 $1.5m^2$）。

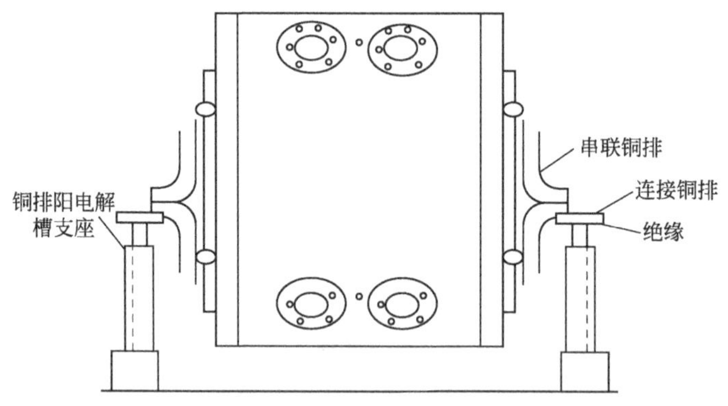

图 2-9　MGC 离子膜电解槽的装配

(2) AZEC-F 型离子膜电解槽

AZEC-F 型离子膜电解槽主要分为 F_1 和 F_2 两种，这种设备的特点是在结构上采用了更加结实的金属槽框，使得这种电解槽的板面积大，离子交换膜的利用率更高。该槽的有效电极面积一般为 $1.5 \sim 3m^2$。其结构如图 2-11 所示。

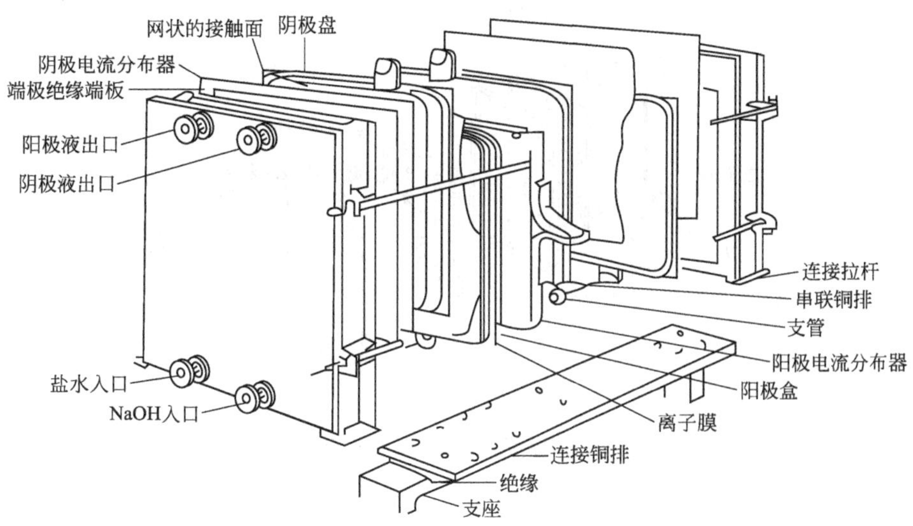

图 2-10 MGC 离子膜电解槽的结构

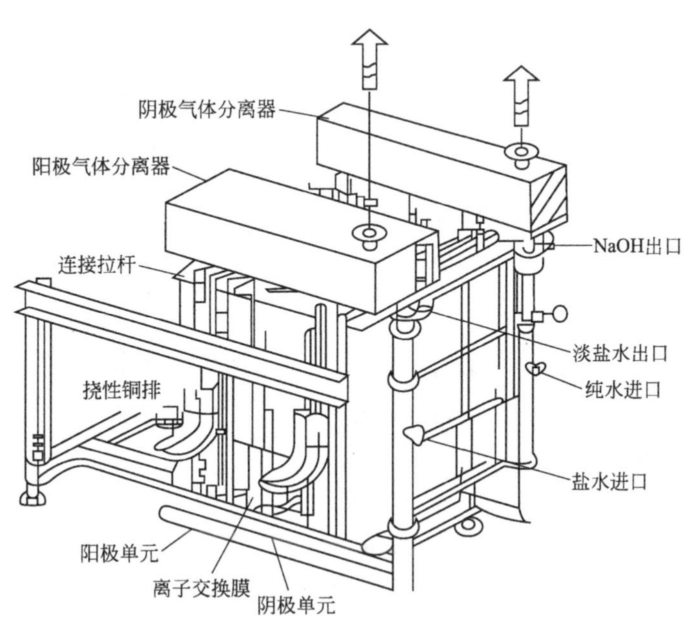

图 2-11 AZEC- F 型离子膜电解槽结构

(3) 迪诺拉 DD88 和 DD150 离子膜电解槽

迪诺拉 DD88 和 DD150 离子膜电解槽的结构是阳极和阴极采用了铸造金属元件，可使电流均匀传导到电极上，其次是采用了防腐衬里，可以防止铸造金属元件的腐蚀，同时用镍作为阴极液的防腐层，用钛板做阳极液的防腐层。一般该槽的有效电极面积为 0.9m^2 和 1.5m^2，其结构如图 2-12 所示。

(4) ICI 公司 FM21 离子膜电解槽

英国 ICI 公司生产的 FM21 离子膜单极电解槽是以槽框为金属结构，极片可重涂再使用，其电极有效面积为 0.21m^2，其结构如图 2-13 所示。

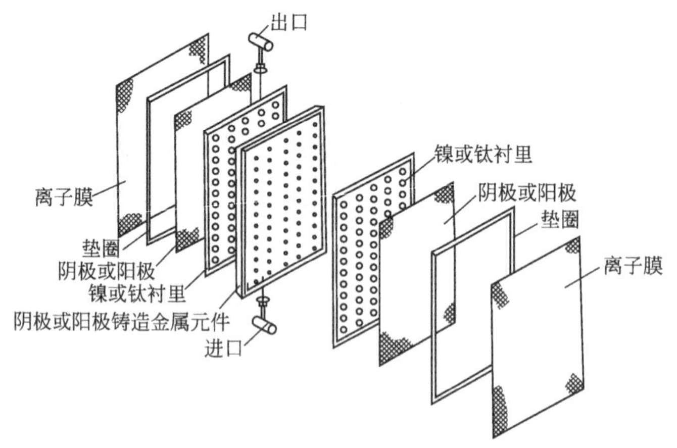

图 2-12　DD88 和 DD150 离子膜电解槽结构

2. 复极式离子膜电解槽

（1）日本旭化成复极槽

旭化成复极槽的外形像压滤机，它由许多单元槽串联组成。各个单元槽由下列主要部件组成：阳极、阴极、隔板、槽框等。各单元槽焊接串联，用钢钛复合板作为隔板，还有橡胶垫片、离子交换膜。整台电解槽通过油压系统进行压紧和松卸，一般该槽的有效电极面积为 $2.7m^2$。其结构如图 2-14 所示，每个单元槽结构如图 2-15 所示。

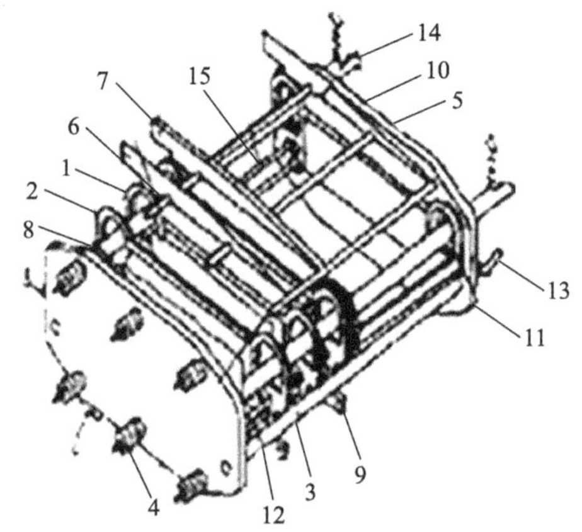

图 2-13　FM21 离子膜电解槽结构

1—阴极；2—阳极；3—支轨；4—台角（支角）5—端板；6—拉杆；7—导电铜板；8—膜；9—电极室；10—稀碱进口总管；11—浓碱氢气出口总管；12—阴极液平衡通道；13—盐水进口总管；14—淡盐水氯气出口总管；15—盐水平衡通道

（2）德国伍德离子膜复极槽

伍德离子膜复极槽同样是由许多单元槽组成的。整台电解槽是通过用螺栓将各单元槽紧固而无需油压系统装置，其有效电极面积一般为 $1\sim3m^2$，其结构如图 2-16 所示。各单元槽主要包括阳极、阴极、离子交换膜和垫片等，槽依靠四周法兰用螺栓压紧密封，其单元槽结构如图 2-17 所示。

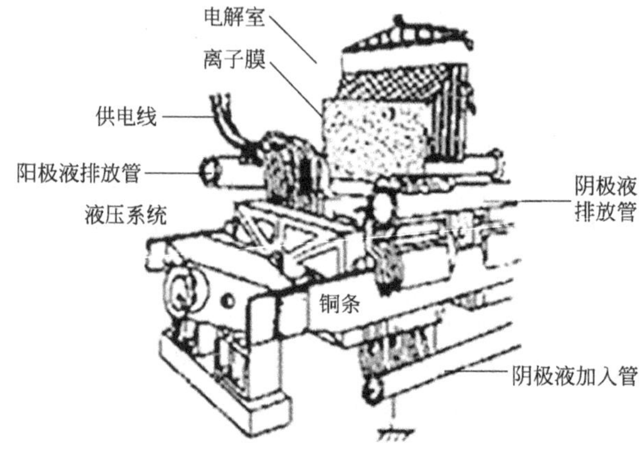

图 2-14　旭化成复极电解槽

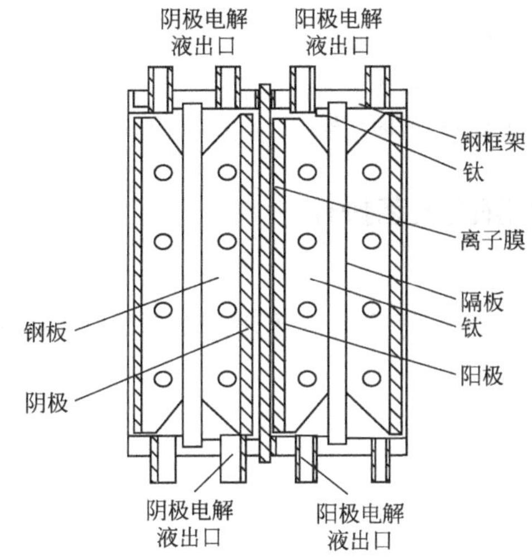

图 2-15　旭化成复极式单元槽结构

图 2-16　伍德复极电解槽结构

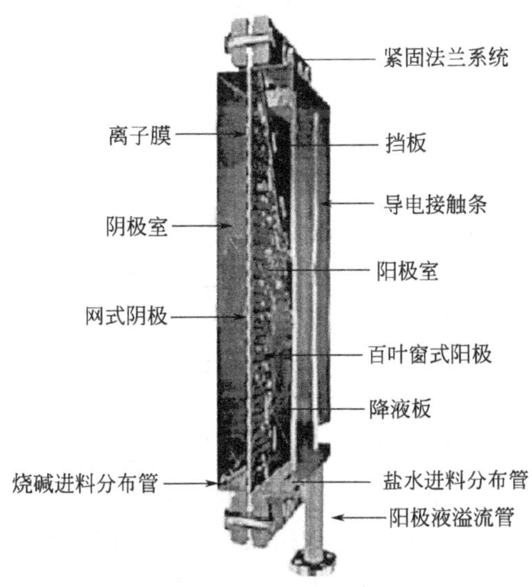

图 2-17　伍德电解槽剖面

【任务训练】

1. 能说出单极式 MGC 离子膜电解槽的结构。
2. 能描述出旭化成复极离子膜电解槽的结构。
3. 能够分析伍德离子膜复极式电解槽的结构。

子任务三　离子膜电解的工艺操作

【任务描述】

◆ 能够熟知离子膜电解的安全操作要点及开、停车的岗位操作。

【任务指导】

一、开、停车注意事项

电解工段的开车是当在电解槽中注入合格盐水后，开始通入直流电即开车，能连续不断生产出烧碱、氯气、氢气。但是在开、停车过程中如果操作不当，容易引发爆炸等事故，故必须严格按岗位操作规程进行。

1. 开车前准备

① 保证公用工程、水、电、气都已投入运行，且正常安全。

② 检查各仪表、仪器、报警联锁装置，保证正常可靠、可投入使用。

③ 确认系统氮气或集装氮气已准备就绪，可供使用。

④ 检查岗位必须具备的常用检修工具是否就绪，且环境整洁。

⑤ 确认各岗位的设备、所需原材料、化学药品已就绪，即可投入使用。

⑥ 确认检查各单台电解槽的盐水液位已加到高于阴极箱上法兰口 300mm 以上，同时检查未开车时的各列单台电解槽的液位。

⑦ 确认各管路系统及电解槽有否泄漏，如果发现要更换新电槽，保证电解槽有金属丝和结晶盐柱接地，如果没有要及时清理。

⑧ 确认电解槽的取样管、盐水加入管、压力表、氯气与氢气支管、串联导电铜排等配件已经正确安装完好，碱液断电器及碱液漏斗位置已对正且畅通无阻。

⑨ 大修和新设置的氢气管道要通入氮气进行置换，直到气体取样分析数据中的含氧量低于 1%时方可投入使用。

2. 开车

① 通电开车，马上将各电解槽碱液出口管橡皮封塞拔去，同时将盐水管阀门开启，密切注视各台电解槽的盐水液位变化，必须保持电解槽液位管中有液位，有时可多路进行注加盐水。

② 随时检查各台电解槽运行情况是否正常，包括液位、电解液流出量、氯气纯度及氯中含氧量、氯中含氢量等，如发现有异常情况产生，应立即采取应急措施并进行处理，及时通知班长及值班人员，必要时请电槽检修人员将不正常电槽停换。

③ 进行输氢开车，先将放水阀门打开，转动罗茨鼓风机使积水排出，循环回流阀门打开，启动罗茨鼓风机，将回流阀门关小，使鼓风机的电流在额定核准范围内，再打开进、出口阀门及氢气的放空阀门，进行输送氢气放空操作，操作过程中注意维持氢气的压力平稳正常，等氢气纯度分析值达 99%以上时，将放空阀门关闭同时打开送盐酸工段的氢气阀门。

④ 如直流电增加，要密切注意氢气的压力，及时调节罗茨鼓风机的回流阀及出口阀门的开度。

3. 正常停车

① 关闭电解槽的直流电后，立即用橡皮塞将碱液出口管封死，当电解槽的盐水液位上升到阴极箱上法兰 300mm 以上时，将盐水注入阀门关闭。

② 电解槽停车后，将各列电槽尾部数台电解槽的氯气压力表的连接橡皮塞全部拔出，使进入氯气支管的空气呈负压状态，通过置换，排除氯气管道中剩余的氯气。

③ 在停止供电的过程中，将输氢气的回流阀门逐渐开大，保持氢气输送压力正常，同时将其他用氢部门的阀门全部关闭，保证盐酸用氢气，当回流量增加到一定数量后，关闭输氢气进出口阀门，将输氢的电源停止，停止一切对外供氢活动。在停车操作过程中，严禁氢气系统成负压。在停车后严禁将任何直接放空阀门开启，防止空气进入氢气系统。

4. 紧急停车

① 当全部电解槽直流供电突然停止时，可根据停车时间的长短作出是否用橡皮塞封液碱出口管的决定。如果停车时间超过 15min，或电解槽的盐水液位在迅速下降，造成无法上调等情况时，可采取同正常停车相同的封槽处理操作。

② 将罗茨鼓风机的电源立即关掉并关闭备用氢部门的阀门，严防氢气系统产生负压，使大量空气进入氢气系统，从而引起爆炸等事故发生。

二、 安全操作要点

1. 保持氢气系统微正压操作

在电解槽正常运行及非正常状态下运行时均需要保护氢气系统微正压操作，这是一项十分重要的安全措施，其目的主要是为了防止氢气系统负压，吸入空气后产生爆炸，一般要控制电解槽的氢气压力在 0～50Pa。

在电解槽运行期间严禁将氢气直接排放在厂房内，否则会造成氢气在厂房内积聚产生安全隐患，如需排放氢气必须用管子引出在厂房外排放。氢气管道需要水封装置，在设备上要安装爆破片等，各种电器设备均应符合防爆要求。同时氢气系统还需设置消除静电装置，氢系统的总管应安装自动泄压装置，并定期进行检查，保证开闭灵活。氢气的放空管必须经过阻火器，另外在电解厂房应设有独立的避雷针，并应有防止感应雷的措施。

2. 严格控制在电解槽正常通电运行时及开停车期间的盐水液位

保证各电解槽的盐水液位绝对不低于阴极箱上的法兰口，可阻止阴极室产生的氢气渗透到阳极室的氯气中去而发生爆鸣事故。在电解槽运行期间要每半小时巡回检查一次盐水液位，并做到供直流电均衡稳定，盐水的供给连续稳定，维持氯气、氢气的压力平稳，不能发生忽高忽低的现象。

3. 电解槽的含氢量要低

阴极室电解的氢气有可能渗入阳极室中，使氯中含氢量升高发生爆炸，一般爆炸极限为 5.0%～87.5%。一般降低氯中含氢的措施是：对电解槽隔膜制作工艺严格要求，组装电解槽时要精心操作，防止将隔膜擦破；同时已制备好的隔膜应存放在干燥处，最长存放时间为 7 天，要防止隔膜返锈。入槽的盐水质量应符合工艺指标要求，尤其对铁含量要进行监控，防止三价铁离子进入电解槽造成氯中含氢量超标。对氯中含氢量分析时，所取的样品必须进行遮光，并及时进行分析。如果分析发现电解槽氯中的含氢量大于 1%，可采取提高电解槽盐水液面、增加短纤维石棉浆液、单槽氢气放空、将分析次数频率加强等措施。如处理后仍无效，单槽氯中含氢量大于 3%以上，就应进行紧急除槽处理。

4. 安全布置氯气管道

在电解中应设置事故氯处理吸收装置。在氯气输送中要安装止逆装置，设置两套电源，一套作为备用电源，将输氯的系统电源与电解槽的直流供电源联锁，确保安全，也可防止氯气外泄事故的发生。

氯气操作控制指标压力为 0～－50Pa，要微负压操作，可防止氯气向外泄漏。

5. 安全布置氢气管道

为防止氢气和空气混合气发生爆炸要对设备和管道进行严格密封。电解系统的氢气总管应安装自动泄压装置，同时将氢气的放空管道安装有阻火器，对电解及氢气系统的厂房必须采用避雷针，电解厂房的顶部结构不允许有通风死角区，并通风良好，可防氢气在厂房内积聚。对于使用氢气的部门，要对氢气管道安装水封、设置滴水表等，氢气系统（包括冷却与干燥设备）要装有爆破片等。

在设计氢气站时，应符合《石油化工企业设计防火规定》（GB 50160—2008）的甲类火灾危险性要求，所用的电器设备、所用的照明灯和行车应符合《爆炸和火灾危险环境电力装置设计规范》（GB 50058—1992）中 Q-1 级场所的防爆要求。

氢气输送系统应设置两套电源，其中一套为备用电源。

6. 检修中的安全要求

在氢气系统停车检修前，首先用盲板切断气源，在氢气管安装滴水表，并保持畅通，防止氢气的管道及设备有积液隔断。通入氮气进行彻底置换，等取样分析合格后方可办理动火手续，进行检修。

【任务训练】

1. 能讲述离子膜电解的开、停车操作。
2. 能说出离子膜电解的安全操作要点。

知识链接

隔膜法与离子膜法生产烧碱工艺对比分析

1. 隔膜法与离子膜法工艺路线比较

隔膜法与离子膜法主要工艺路线基本相同（如图 2-18、图 2-19 所示），均包含盐水精制、盐水电解、电解液蒸发、氯气处理、氢气处理及废气吸收工序。

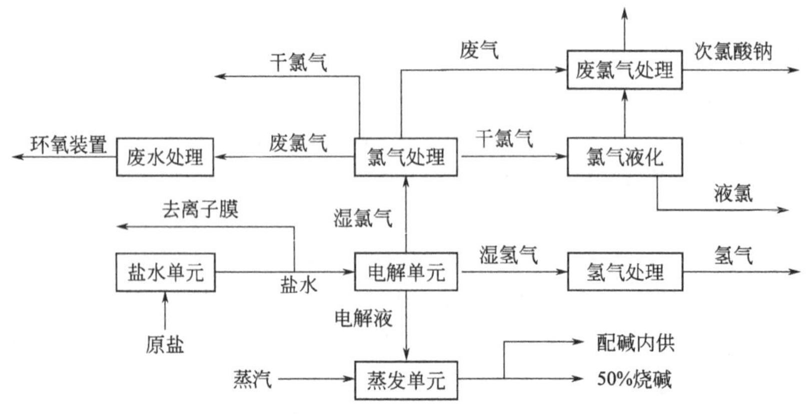

图 2-18 隔膜烧碱装置工艺流程

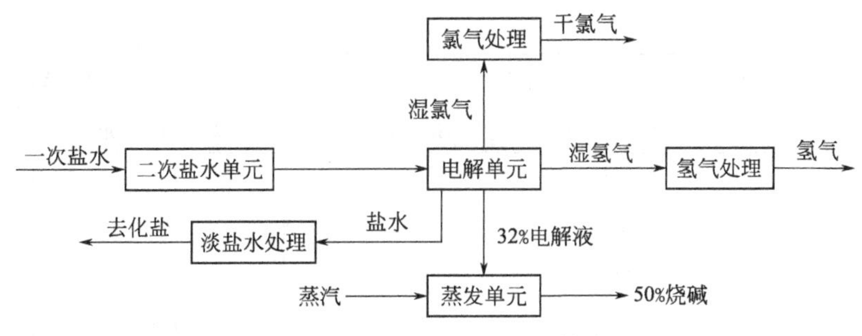

图 2-19　离子膜烧碱装置工艺流程

隔膜法与离子膜法主要区别有以下几点。

（1）盐水工序

离子膜电解槽对盐水质量要求较高，所需盐水需在隔膜法上槽盐水基础上进行二次精制，精制设备为碳素烧结管过滤器和螯合树脂塔，使固体悬浮物含量和钙镁阳离子总含量分别达到 1mg/L、20μg/L 以下，相应增加了设备投资和运行费用。

（2）电解工序

隔膜电解槽加入的只有一种物料，即精盐水从电解槽盖进入阳极室，经改性隔膜流入阴极室，经电解后在阴极室得到电解液和氢气，在阳极室得到氯气。而离子膜电解槽则是由阳极侧加入精制盐水，阴极侧加入高纯水，经电解后在阳极侧得到淡盐水和氯气，在阴极侧得到电解液和氢气。由于离子膜的高选择透过性，使其可以得到高纯度的电解液，其中氢氧化钠与氯化钠的含量分别为 32%、0.004%，该电解液可直接作为产品出售，而隔膜电解液中氢氧化钠与氯化钠的含量分别为 10.8%、16.4%，需进一步浓缩除盐。

（3）氯气、氢气处理工序

隔膜法与离子膜法氯气、氢气处理工序流程相似，氯气处理工序均包括氯气洗涤、冷却除雾、干燥、压缩；氢气处理均包括氢气洗涤、压缩、脱氧、干燥。只是离子膜法氯气、氢气处理设计紧凑，只用 3 个塔即可达到隔膜法 6 个塔所达到的效果。

（4）电解液蒸发工序

隔膜电解液氢氧化钠含量低而氯化钠含量高达 16.4%，因此隔膜蒸发采用流程复杂的四效逆流蒸发技术，且带有离心分盐设备及碱液析盐冷却器及过滤器，能耗高，操作难度大；隔膜装置一效蒸发器采用强制循环式，其内部碱液温度高达 162.5℃，氢氧化钠含量为 43.5%，并且由于蒸发过程产生约 10%的固体结晶盐，对加热室腐蚀、磨损严重（材质为纯镍），加热室平均寿命只有 3 年左右，由于其造价昂贵，大大增加了隔膜烧碱成本。而离子膜蒸发不需要分盐及过滤设备，只用三效或二效蒸发即可。

2. 隔膜法与离子膜法成品碱单位成本对比

表 2-9 为某氯碱厂隔膜法与离子膜法成品碱吨产品单位成本。

表 2-9　隔膜法与离子膜法成品碱吨产品单位成本对比

项目名称	隔膜法		离子膜法	
	单位成本/元	所占比重/%	单位成本/元	所占比重/%
原材料	327	22.5	378	30.4
直接材料	221	15.2	283	22.7
氯化钙	11	0.8		
碳酸钙	16	1.1	16	1.3
原盐	194	13.3	199	16
氯化钡			68	5.5

续表

项目名称	隔膜法		离子膜法	
	单位成本/元	所占比重/%	单位成本/元	所占比重/%
辅助材料	106	7.3	96	7.6
直接动力	1129	77.5	849	68.2
固定费用	172	11.8	191	15.4
装置成本	1628		1418	
副产品扣除成本	172	−11.8	173	−13.9
生产成本	1456		1245	

从表 2-9 看出，在两者成本构成中，原材料所占比例分别为 22.5%和 30.4%，直接燃料、动力所占比例分别为 77.5%和 68.2%。原材料和动力成本是构成成品碱生产成本的主要因素。在隔膜法中，脱除硫酸根使用的氯化钙价格较低，仅占总成本的 0.8%，而离子膜法脱除硫酸根使用价格较高的氯化钡，占总成本的 5.5%。隔膜法直接动力（主要是电和蒸汽）所占比重较离子膜法高出 9.3%，因此，随着电与蒸汽价格的上升，隔膜法成本有较大增加。离子膜法较隔膜法具有明显的成本优势，其吨产品生产成本较隔膜法低 15%左右。

3. 隔膜法与离子膜法烧碱产品质量对比

表 2-10 是某氯碱厂隔膜碱与离子膜碱产品分析指标。

表 2-10 某氯碱厂隔膜碱与离子膜碱产品分析指标

项目名称	隔膜碱	离子膜碱
NaOH/%	48.43	48.68
NaCl/%	1.5	0.007
Na_2CO_3/%	0.1	0.2
Fe_2O_3/%	≤0.003	≤0.004

从表 2-10 看出，离子膜碱中氯化钠含量大大低于隔膜碱，因此，离子膜碱适用于对杂质要求高的行业。

4. 隔膜法与离子膜法吨产品能耗比较

隔膜制碱装置能耗占氯碱厂的比重较大，约为 64%。近年来，围绕降低隔膜电耗做了大量工作，通过优化隔膜配方、提高吸附质量、对旧阳极片重涂及更新等措施，使隔膜电解槽直流电耗有大幅度降低。离子膜电解槽由于离子膜的特殊结构，使其具有更高的选择性，能够得到高纯度的电解液，不但降低了直流电耗，而且使电解液蒸发工序的蒸汽消耗大幅降低。表 2-11 给出 2007～2009 年隔膜与离子膜装置直流电单耗与综合能耗对比。

表 2-11 2007～2009 年吨产品直流电耗与综合能耗对比

时间	隔膜装置		离子膜装置	
	直流电耗/(kW·h)	综合能耗（标油）/kg	直流电耗/(kW·h)	综合能耗（标油）/kg
2007	2566	917	2295	726
2008	2544	907	2271	718
2009	2427	878	2266	723
平均	2512	901	2277	722

从表 2-11 看出，离子膜装置无论是电解槽直流电耗还是吨产品综合能耗，均明显低于隔膜装置。离子膜法能耗较低，比隔膜法吨产品综合能耗低 20%左右，具有明显的节能优势。

5. 运行安全性

隔膜法为较传统的工艺，运行安全性有着根本保障。离子膜法由于所用离子膜对上槽盐水质量要求较高，一旦出现失误，会对离子膜造成严重损害。为确保上槽盐水质量，离子膜装置增设盐水二次精制系统，使用碳素烧结管过滤器除去一次盐水的悬浮物，利用螯合树脂塔除去盐水中的金属阳离子。从数年的离子膜的运行情况看，离子膜装置运行安全性也是很可靠的。

离子膜法生产烧碱无论在工艺流程、生产成本、产品质量、能耗及清洁生产方面，均优于隔膜装置。随着技术的进步，离子膜法取代隔膜法是必然趋势。

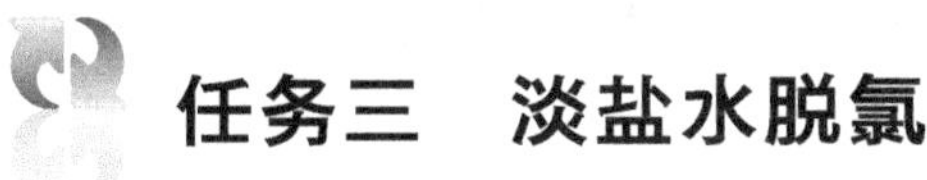

任务三　淡盐水脱氯

子任务一　淡盐水脱氯的工艺原理

【任务描述】

◆ 能够掌握淡盐水脱氯的目的和基本原理，能熟知氯酸盐分解的工艺原理。

【任务指导】

一、淡盐水脱氯的目的

淡盐水中的游离氯以两种形式存在：一是氯气在淡盐水中溶解为溶解氯；其溶解量与淡盐水的温度、浓度、溶液上部的氯气分压、溶液 pH 值等有关，近似遵循亨利定律 $c_i = kp_i$；淡盐水中溶解氯存在下列平衡：

$$Cl_2 + H_2O \longrightarrow HClO + HCl$$

$$HClO \longrightarrow H^+ + ClO^-$$

二是以 ClO^- 形式存在；由于电解过程中 OH^- 离子反渗透，通过离子膜到达阳极侧与 Cl_2 发生副反应生成 ClO^-：

$$2OH^- + Cl_2 \longrightarrow ClO^- + Cl^- + H_2O$$

这两部分量的总和，以氯气来计，称为游离氯。可见游离氯的产生来源于氯气在淡盐水中的溶解和电解过程中阳极侧发生的副反应。游离氯存在于盐水中，会腐蚀设备、管道，阻碍一次盐水精制沉淀物的形成，损坏二次盐水树脂塔中的树脂，危害极大，所以必须将淡盐水中的游离氯除去后，才能将其返回一次盐水再使用。

二、淡盐水脱氯的原理

脱除淡盐水中游离氯的方法有两种：物理脱氯和化学脱氯。目前，国内物理脱氯生产工艺主要有真空脱氯和空气吹除脱氯。实际生产中为提高脱氯技术经济效益，回收氯气，一般先采取物理脱氯法将大部分游离氯脱除后，再用化学脱氯法将剩余的游离氯除去。

从淡盐水中游离氯的两种存在形式可知：物理脱氯原理就是破坏化学平衡和相平衡关系，使平衡向着生成氯气的方向进行。破坏平衡关系的手段有：在一定的温度下增加溶液酸度和降低液体表面的氯气分压。

由于气相和液相之间存在着平衡，所以采用上述物理脱氯的手段不能将淡盐水中的游离氯百分之百地除去，剩余微量的游离氯（一般在 10～30mg/L）需添加还原性物质（一般用

8%～9%的亚硫酸钠溶液）使其发生氧化还原化学反应而将其彻底除去，这就是所谓的化学脱氯。化学反应如下：

$$Cl_2+2NaOH+Na_2SO_3 \longrightarrow 2NaCl+Na_2SO_4+H_2O$$

实际生产中很多氯碱化工厂往往是将真空脱氯法和化学脱氯法结合起来使用以达到脱氯的目的。因此我们就重点介绍真空脱氯法和化学脱氯法。

1. 真空脱氯法

在空气中使较高温度的淡盐水处于沸腾状态，产生水蒸气，利用生成的气泡带走氯气，这种脱氯方法叫做真空脱氯。

氯在水中有三种形式：Cl_2，HClO，ClO^-，这取决于 pH 值。氯在水中平衡与 pH 值的关系如图 2-20 所示。

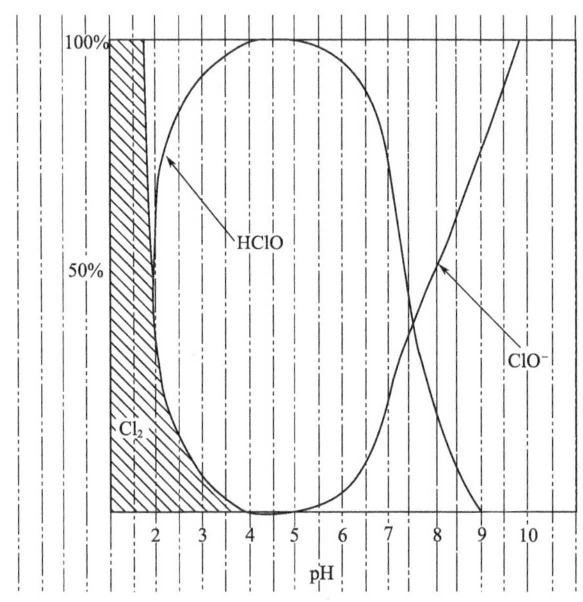

图 2-20　氯在水中平衡与 pH 值关系

在这三种形式中只有 Cl_2 是以气体形式溶于水中。因此淡盐水的 pH 值应小于 1.8。

从电解槽出来的淡盐水，加入适量的盐酸，将 pH 调整至 1.5±0.3，进入脱氯塔。由于脱氯塔的绝对压力为 250mmHg，使较高温度的淡盐水处于沸腾状态，产生蒸汽，利用生成的气泡带走氯气。

用真空脱氯的方法脱除的氯气纯度较高，可以直接并入氯气系统中。

2. 空气吹除脱氯法

将空气加压通入脱氯塔内，在填料表面空气和淡盐水接触脱氯，叫做空气吹除脱氯。

3. 化学脱氯法

经过真空脱氯后的淡盐水中还含有一小部分氯，一般加入 NaOH 使以 Cl_2 形式存在的游离氯转化为 ClO^-，再用还原性的化学试剂 Na_2SO_3 加以去除。

反应方程式如下：

$$Cl_2+2NaOH \longrightarrow NaClO+NaCl+H_2O$$

$$NaClO+Na_2SO_3 \longrightarrow Na_2SO_4+NaCl$$

总反应：$Cl_2+2NaOH+Na_2SO_3 \longrightarrow Na_2SO_4+NaCl+H_2O$

三、氯酸盐分解的原理

电解过程中，在电解槽槽温约 90℃时，电解槽阳极室内由于次氯酸根失去电子，并且部分氯气从阳极反渗透过来与氢氧根会发生反应，进而生成氯酸盐，具体反应如下：

$$6ClO^- +3H_2O-6e \longrightarrow 2ClO_3^- +4Cl^- +6H^+ +\frac{3}{2}O_2$$

$$3Cl_2+6NaOH \longrightarrow NaClO+5NaCl+3H_2O$$

盐水中氯酸盐含量偏高时，一部分氯酸盐将透过离子膜进入阴极室，造成碱中氯酸盐含量偏高，碱中氯酸盐将会在碱蒸发浓缩时，腐蚀蒸发工序设备与管道。另外，盐水中氯酸盐含量偏高时，在螯合树脂酸再生时会产生次氯酸，从而腐蚀损伤螯合树脂。所以必须将盐水中氯酸盐分解一部分，使其浓度维持在规定范围内。

氯酸盐分解反应中，加入过量的 31%（质量分数）盐酸，控制温度为 90℃左右、pH 值为 1.5 以下，反应方程式如下：

$$NaClO_3+6HCl \longrightarrow NaCl+3Cl_2+3H_2O$$

如果加入的盐酸量不够，将会发生下面的反应：

$$NaClO_3+2HCl \longrightarrow NaCl+ClO_2+\frac{1}{2}Cl_2+H_2O$$

该反应产生的混合气体会发生爆炸。

可见，氯酸盐分解时盐酸必须过量，才能使氯酸盐较好地分解。

【任务训练】

1. 试分析淡盐水脱氯的目的。
2. 能描述真空脱氯和化学脱氯的工艺原理。
3. 简述氯酸盐分解的工艺原理。

子任务二　淡盐水脱氯的工艺流程

【任务描述】

◆ 能够分析并描述空气吹除法脱氯工艺流程和真空脱氯工艺流程。

【任务指导】

电解后的淡盐水分两部分脱氯，一部分进入脱氯塔进行真空脱氯；另一部分淡盐水进入氯酸盐分解槽进行分解脱氯后，再送入脱氯塔进行真空脱氯。在进行脱氯以前，首先要经过氯酸盐分解反应器，进行氯酸盐的分解，以达到脱除氯酸盐的目的。氯酸盐分解的流程简述如下：

由淡盐水泵送来的淡盐水，经过氯酸盐分解反应器前的加热器加热到 90℃以后送到氯酸盐分解反应器，同时加入 31% HCl 把盐水的酸度值调整到 0.5（pH 值在 1 以下）。脱氯酸盐后的盐水送入脱氯塔顶部。

淡盐水脱氯有两种工艺路线。一种采用空气吹除法，该法脱氯效果欠佳，从淡盐水中分离出来的废氯气纯度低，无法汇入湿氯气总管送氯气处理工序，只能由烧碱液循环吸收，制成次氯酸钠溶液。另一种采用真空脱氯法，该法脱氯效果较好，通过蒸汽喷射器或真空泵提供的真空系统将含氯淡盐水中的游离氯抽出分离后进入湿氯气总管。建议采用真空法淡盐水脱氯工艺技术。

一、淡盐水空气吹除法脱氯

淡盐水空气吹除法脱氯的工艺流程如图 2-21 所示。

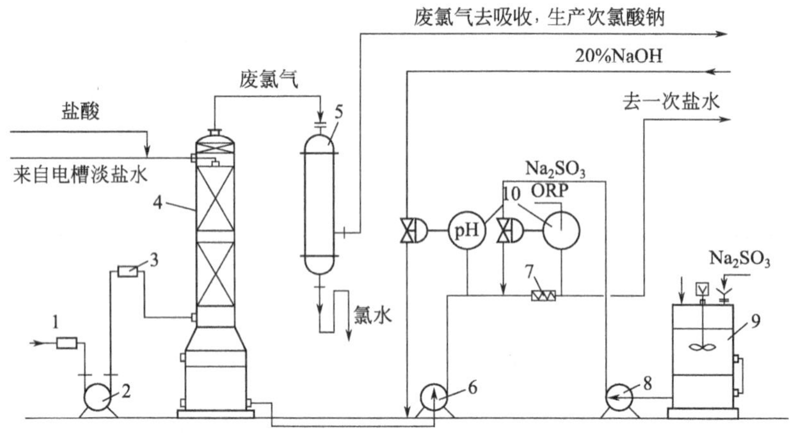

图 2-21　空气吹除法脱氯工艺流程简图

1—消音器；2—风机；3—空气过滤器；4—脱氯塔；5—废氯气冷却器；6—淡盐水泵；7—静态混合器；8—亚硫酸钠泵；9—亚硫酸钠配制槽；10—pH 计、氧化还原电位计在线分析仪表

工艺流程简述：来自电解工序的淡盐水（温度约 85℃，pH 值约 3，游离氯一般为 600～800mg/L）在进入脱氯塔前，定量加入盐酸，将其 pH 值调至 1.3～1.5，然后进入脱氯塔顶部；风机鼓入的空气（压力约 600mmH_2O，气量是淡盐水体积的 6～8 倍）由脱氯塔底部进入，在塔内填料表面淡盐水与空气逆流接触，逸出的湿氯气随空气从塔顶流出，淡盐水在此完成物理脱氯过程。湿氯气经废氯气冷却器冷却后，一般送去生产次氯酸钠（因吹脱出的氯气中含有大量空气，浓度较低，一般采用二级填料塔串联，用碱吸收）。

脱氯后的淡盐水含游离氯约 10～20mg/kg，自流到脱氯塔釜，其中的淡盐水由淡盐水泵抽送，在该泵的进口处先加入 NaOH 溶液调节 pH 值至 9～11（用 pH 计检测），然后在其出口处加入浓度约为 8%～9%（质量分数）的亚硫酸钠溶液进一步除去残余的游离氯（要求游离氯为零），并用氧化还原电位计检测（ORP<－50mV）其中的游离氯含量。为达到充分混合，在管路中设有静态混合器（或增设孔板）。淡盐水在此完成化学除氯过程；然后用淡盐水泵送至一次盐水工序回收循环使用。

在亚硫酸钠配制槽内配制浓度 8%～9%（质量分数）的亚硫酸钠溶液，并用亚硫酸钠泵将该溶液加入到淡盐水泵的出口管中。

二、淡盐水真空法脱氯生产的工艺流程

1. 淡盐水真空法脱氯工艺生产的工艺流程

淡盐水真空法脱氯工艺生产的工艺流程如图 2-22 所示。

来自电解工序的淡盐水（温度约 85℃，pH 值约 3，游离氯一般为 600～800mg/L）进入淡盐水受槽（或直接进入真空脱氯塔）后，由淡盐水泵加压输送；在进入真空脱氯塔前，定量加入盐酸，将其 pH 值调至 1.3～1.5；然后进入已处于真空状态（真空度 65～75kPa）的脱氯塔顶部，由上而下地流至塔内填料表面，析出的高温湿氯气经氯气冷却器冷却至

40℃以下后，由钛真空泵抽至气液分离器，分离出来的湿氯气由其顶部排出，并入电解氯气总管；淡盐水在此完成物理脱氯过程。

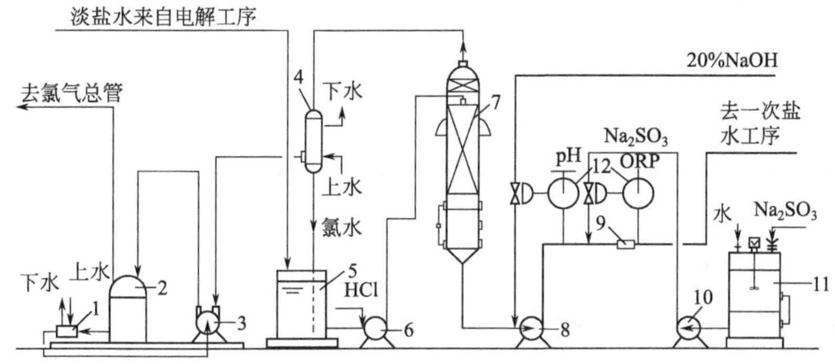

图 2-22 真空法脱氯工艺流程

1—氯水循环冷却器；2—汽水分离器；3—钛真空泵；4—氯气冷却器；
5—淡盐水受槽；6—淡盐水泵；7—真空脱氯塔；8—脱氯淡盐水泵；
9—静态混合器；10—亚硫酸钠泵；11—亚硫酸钠配制槽；
12—pH 计、氧化还原电位计在线分析仪表

脱氯后的淡盐水含游离氯约 30～50mg/kg 自流到真空脱氯塔釜，其中的淡盐水由脱氯淡盐水泵加压输送，在泵进口处先加入 NaOH 溶液调节淡盐水的 pH 值至 10～11（用 pH 计检测），然后在泵出口处加入浓度约为 8%～9%（质量分数）亚硫酸钠溶液进一步除去其中残余的游离氯（要求无游离氯），并用氧化还原电位计检测（ORP<－50mV）其中的游离氯含量。淡盐水在此完成化学脱氯过程，然后用脱氯淡盐水泵送至一次盐水工序回收循环使用。

在亚硫酸钠配制槽内配制浓度约 8%～9%（质量分数）的亚硫酸钠溶液，并用亚硫酸钠泵将该溶液加入到脱氯淡盐水泵的出口管中；为达到充分混合，在管路中设有静态混合器或其他形式的混合器。

脱氯塔内真空（真空度约为 65～75kPa）由钛真空泵（蒸汽喷射器或氯水喷射器）产生。为确保钛真空泵温度≤40℃，减少氯水的排放量，需用氯水循环冷却器对冷凝的氯水进行冷却后循环使用，多余的氯水经过气液分离器的液封管排出，去氯水收集装置。

2. 真空法脱氯生产过程中主要工艺控制指标

① 加酸后进脱氯塔淡盐水 pH 值 1.3～1.5；温度（80±5)℃；

② 脱氯塔真空度 65～75kPa；

③ 出脱氯塔淡盐水游离氯 30～50mg/L；

④ 加碱后淡盐水 pH 值 10～11；

⑤ 加亚硫酸钠后淡，盐水 ORP<－50mV 或无游离氯；

⑥ 亚硫酸钠溶液配制浓度 8%～9%（质量分数)；

⑦ 钛真空泵循环氯水温度≤40℃。

脱氯后返回淡盐水的指标见表 2-12。

表 2-12 脱氯后的淡盐水指标

名称	指标
NaCl	(210±5) g/L
SO_4^{2-}	≤7g/L

续表

名称	指标
Fe^{3+}	0.3mg/L
$NaClO_3$	4g/L
pH	9～11
游离氯	0

三、 淡盐水脱氯的主要设备

淡盐水脱氯的主要设备就是脱氯塔，脱氯塔的作用是将从离子膜电解槽流出的淡盐水中的游离氯（ClO^-）脱除掉，目的是：①减少对设备和管通的腐蚀；②减少对二次精制的碳素管和螯合树脂的危害；③减少对环境的污染（氯气泄出）；④回收氯气。

脱氯工艺主要有真空脱氯法和空气吹除脱氯法两种，这两种工艺所用的脱氯塔稍有不同。

（1）真空脱氯法所用的脱氯塔

真空脱氯即是应用在不同压力下氯气在盐水中有不同的溶解度的原理，使溶解在盐水中的氯气在减压情况脱除，一般借助于真空泵来完成。真空脱氯塔外壳为钛材，也可用钢衬橡胶材质，塔内装填有一定高度的填料层，物料由上向下喷淋，氯气经真空泵回收。其结构如图 2-23 所示。

（2）空气吹除法所用的脱氯塔

空气吹除即是用鼓风机送入空气，将淡盐水中氯气吹除。但因回收的氯气浓度小，还需用碱吸收做成次氯酸钠。该脱氯塔的外壳为钛材或钢衬橡胶。塔内装有一定高度的填料层，物料由上而下喷淋，空气由塔底向上送入，以达到脱氯的目的。该脱氯塔如图 2-24 所示。

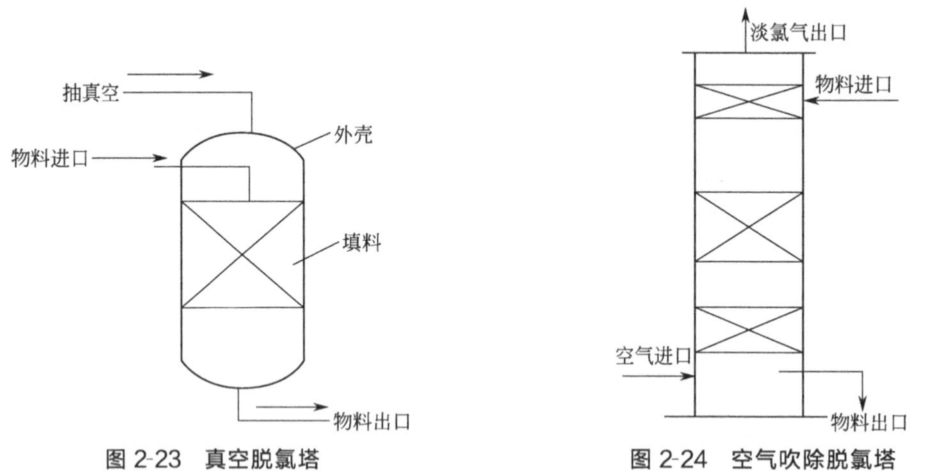

图 2-23 真空脱氯塔

图 2-24 空气吹除脱氯塔

化学药剂法即在含氯淡盐水中加入适量的还原剂以达到脱氯的目的。实际生产中通常将此方法与上述两种方法结合使用。

【任务训练】

1. 简述淡盐水真空法脱氯工艺的工艺流程。
2. 淡盐水脱氯工艺主要有真空脱氯法和空气吹除脱氯法，试分析这两种工艺有何不同。
3. 试分析脱氯塔的主要结构功能。

子任务三　淡盐水脱氯的岗位操作

【任务描述】

◆ 能完成淡盐水脱氯工艺的岗位操作。

【任务指导】

实际生产中很多氯碱化工厂往往是将真空脱氯法和化学脱氯法结合起来使用以达到脱氯的目的。本节所介绍的也是真空脱氯结合化学脱氯的岗位操作。

一、开车操作

1. 开启脱氯塔

当脱氯塔的盐水液位高于设定液位时，开启脱氯塔泵，然后开启脱氯真空系统。步骤如下。

① 打开脱氯塔液位控制截止阀，关闭旁路阀。

② 将脱氯塔的液位设定在规定位置（65%），并设定为自动状态。稍微开启脱氯塔泵出口线上至罐塔的循环阀。

③ 开启脱氯塔泵的进口阀，保持出口阀关闭。

④ 启动脱氯淡盐水泵，待压力稳定后慢慢开启出口阀。

⑤ 观察脱氯塔盐水液位，通过用指定阀自动控制液位为65%。

⑥ 供应冷却水到脱氯塔冷却器。

⑦ 开启真空系统。

⑧ 调节真空单元旁路阀，使真空度达68kPa。

⑨设定pH值和它的冷却器为规定的值，并把它置于自动，控制NaOH加入到淡盐水中的量。

注意：如果盐水中加入的HCl不足，脱氯效率将降低，Na_2SO_3消耗量将增大。

2. 开始化学脱氯

由脱氯塔脱氯后的淡盐水当中仍含有一小部分有效氯，会破坏盐水过滤器中的过滤元件，使离子交换树脂螯合能力被破坏。所以用Na_2SO_3溶液去除残留的有效氯。步骤如下。

① 确定亚硫酸钠按指定的浓度准备好。（Na_2SO_3浓度：8%～9%）

② 打开亚硫酸钠贮槽的上下连接阀。

③ 开启亚硫酸钠泵（界区外）。

④ 电解开始前大约30min，开启亚硫酸钠流量调节阀的截止阀，并调节Na_2SO_3的流量到设定值。

⑤ 电解开车后，脱氯开始稳定。随时观察电位值，调节Na_2SO_3的流量以控制电位在指定范围内（小于－50mV）。

⑥ 为了保证把残余的游离氯用化学的方法脱除掉，即使电位值小于－50mV，Na_2SO_3的每个电槽最小投料量也需要为20L/h。如果增加Na_2SO_3的流量也不下降到－50mV以下，检查淡盐水的pH值是否已经不符合要求。

二、停车操作

只有电解装置和盐水精制装置停车以后，脱氯部分才能停车。步骤如下。

① 确认电解装置停车和淡盐水泵关闭。

② 确认盐水精制装置关闭。

③ 手动关闭脱氯塔进口的 pH 值调节阀，停止向脱氯塔进口管线添加 HCl。

④ 手动关闭脱氯塔出口 pH 值调节阀，停止向脱氯塔出口管线添加 NaOH。

⑤ 关闭蒸汽喷射器。

⑥ 关闭脱氯塔泵。

⑦ 关闭亚硫酸钠流量调节阀，停止向回流盐水管线中添加亚硫酸钠。

三、正常操作要点

1. 检查真空单元操作条件

① 检测不正常的声音和噪声等。

② 通过调节脱氯塔进口真空泵阀门的开度大小，调节脱氯塔的真空度为－250mmHg（约－68kPa）。

2. 检查 pH 值，酸性

① 每星期检测进入脱氯塔盐水的酸性，通过改变脱氯塔进口 HCl 的流量来进行调节。

② 检测和调节脱氯盐水的 pH 值。

3. 测定并调节脱氯塔中盐水的液位。

4. 有效氯检测

① 每 4h 从化学脱氯的上游和下游脱氯盐水中取样。

② 分析样品的氯含量并确认在真空脱氯系统的出口检测没有氯。

③ 保持真空脱氯系统出口盐水的电位显示值比规定值（－50mV）低。

④ 通过观察真空脱氯系统出口盐水的电位显示值来推测剩余氯的含量，手动调节亚硫酸钠的流量。

【任务训练】

1. 试描述淡盐水脱氯的开、停车操作。
2. 试分析淡盐水脱氯工艺正常操作时的操作要点。

知识链接

游离氯含量的测定

1. 游离氯含量的测定原理

在酸性溶液中，游离氯和次氯酸钠能将碘离子氧化为碘，游离碘用硫代硫酸钠标准溶液滴定。反应式如下：

$$Cl_2 + 2KI = I_2 + 2KCl$$

$$NaClO + 2KI + 2CH_3COOH = NaCl + H_2O + 2CH_3COOK + I_2$$

$$I_2 + 2Na_2S_2O_3 = 2NaI + Na_2S_4O_6$$

2. 试剂和溶液

① 淀粉溶液 1%；② 碘化钾 溶液 10%；③ 乙酸溶液 30%；④ 硫代硫酸钠标准溶液 $c(Na_2S_2O_3)=$ 0.01mol/L；

3. 测定步骤

在 250mL 碘量瓶中加入 30%乙酸溶液 10mL、10%碘化钾溶液 10mL，再迅速加入冷至室温的试样

25mL，加盖摇匀。于暗处静置5min后，用0.01mol/L硫代硫酸钠标准溶液滴定，近终点时，溶液呈浅黄色，加入1%淀粉指示剂2mL，继续滴定至蓝色恰好消失为终点。同时做空白试验。

4. 计算方法

$$X = c(V_1 - V_2) \times 35.45\text{g/mol} \div 25\text{mL}$$

式中 V_1——硫代硫酸钠标准溶液的体积，mL；

V_2——空白试验硫代硫酸钠标准溶液的体积，mL；

c——硫代硫酸钠标准溶液物质的量浓度，mol/L。

任务四 常见故障及处理

【任务描述】

◆ 能熟知二次盐水精制过程中的常见故障及处理方法。

◆ 能熟知离子膜电解时出现的常见故障及处理方法。

【任务指导】

在进行二次盐水精制的过程中，对于其中盐水精制的质量和设备运行会出现各种现象和设备故障，同样在盐水进行离子膜法电解的时候也一样。这就要求我们知道一般会发生哪些现象和故障，产生的原因以及相应的解决方法。

一、二次盐水精制及淡盐水脱氯的常见故障及处理

二次盐水精制及淡盐水脱氯中的常见故障及处理见表2-13。

表2-13 二次盐水精制及淡盐水脱氯中的常见故障及处理

序号	常见故障	产生原因	处理方法
1	盐水供给中断	盐水供给泵坏，备用泵启动不了	定时进行巡回检查，保证备用泵的试运转良好
		突然停电	当突然停电时，应马上切换备用电；同时降低直流电的负荷，如果泵还无法启动，应该紧急停车
		在管道防腐衬里发生鼓泡，使流量与生产需要出现偏差	对离子膜法生产中的各防腐衬里应选择可靠、耐用的，并定期进行检查
		自控仪表失灵，可能出现假象	对自控仪表应每天巡回检查一次。发现失灵时应立即调至手动
2	脱氯后的淡盐水中含有效氯	脱氯不充分	① 检测并恢复盐水的脱氯部分 ② 向一次盐水加入亚硫酸钠，除去盐水精制系统中含的有效氯 ③ 将电解装置和去螯合树脂塔的盐水供应停止
3	过滤器的压差快速上升	盐水有质量问题	将一次盐水精制部分的分离SS的条件改善
		供应量不足	将供给流量调整到规定量
		进行的反洗不好	对下一次反洗的效果进行仔细测定

续表

序号	常见故障	产生原因	处理方法
4	过滤后的盐水中SS的含量高	再生效果不好	对下一次的再生条件仔细检查
		盐水的通过时间短	对过滤元件进行检查或直接切换到另一个过滤器
5	树脂塔再生后出口含有钙	再生不好	1. 对树脂塔的再生重新进行并密切观察 ① 树脂高度是否适当 ② 树脂位差是否合适 ③ 再生过程是否符合流程 ④ 通入的化学品流量和浓度是否正确 2. 定性分析连续再生后的树脂塔出口有没有钙
6	第一个树脂塔的出口含有钙	再生时间不够	对再生树脂塔密切观测同上项内容1
		树脂形成结块	如果需要对第一个树脂塔进行大流量反洗
		填充的树脂体积不够	将盐水的流量降到一半，并每2h对钙进行定性分析检测一次
7	第二个树脂塔出口的盐水pH低	供应HCl的管线泄漏	① 检测并更换泄漏阀 ② 检查盐酸通入阀是否阻塞
8	第一塔的通过压差大	树脂发生结块现象	① 检查是否需要实行反洗 ② 检测是否需要减少盐水的流量
9	离子交换塔的排液中H^+浓度的含量低	HCl的供应量不足	① 将PBS设为手动；进行HCl浓度的测定；进行HCl的流量的测定 ② 再次进行HCl的再生，再生完成后，使塔不经过“等待过程”而在线排液
10	二次精制盐水中含有的Ca^{2+}、Mg^{2+}等杂质含量超标	进树脂塔的过滤盐水中Ca^{2+}、Mg^{2+}等杂质含量超标，ClO^-带入，使树脂被氧化破坏，从而导致交换能力下降	严格控制过滤盐水的质量，不合格的盐水不能进入树脂塔，必要时可停车处理
		进树脂塔的过滤盐水的pH过碱或过酸性，温度偏低	校验pH计，对各自动调节阀检查，严格控制好pH值；当温度偏低时，可缩短树脂塔的运行时间，将设定值调整，可提前再生
		树脂塔中的树脂层高度不够，或树脂被污染结球	当树脂层的高度不够时，应在补充树脂并进行容量再生后再投入使用；当发现氧化污染时，可通过增加酸、碱再生的量使之恢复，但如污染严重不能恢复时，必须停下更换新树脂
		树脂塔再生过程不正常，再生时用的再生剂流量、浓度等不符合规定	如果再生过程发生异常，就对第一步进行检查并校验。对各自控制阀进行检查修整；对再生时使用的各再生剂流量、浓度严格按规定使用

二、电解工段常见故障及处理

电解工段常见故障及处理见表2-14。

表 2-14 电解工段常见故障及处理

常见故障	原因分析	直接处理方法	解决方案
在阳极液出口 pH 值高于 5	膜泄漏	如果观察到下面的现象电解槽停车 ① pH 值不断变化 ② 在软管出口阳极液颜色改变 ③ 槽电压异常低	① 进行膜试漏 ② 更换泄漏的膜 ③ 检查阴、阳极的损坏
电解槽波动	① 气体压力波动 ② 电解液压差波动 ③ 电解液流量波动	① 检查仪表：设置点是否正确；设置点和指示器的偏差；是否显示波动 ② 检查压差 ③ 检查盐水精制反应器的絮凝剂的流量； 检查电解液在软管的流量；检查流量计本身；检查供应盐水泵或阴极循环的气蚀	① 电解槽停车后，检查仪表，包括信号线 ② 控制絮凝剂的剂量流量正常小于 1ppm/m^3
电解槽膜压差读数波动	① 电流的短路 ② 通过膜的压差不足 ③连线不好或压差计的保险丝烧断 ④在一个或多个单元槽中的异常高压	① 检查外部材料或侧杠和槽的支架之间的电解液是否结晶 ② 检查电解槽的压差，如果压差太低，增加气体压差 ③ 电解槽停止工作 ④ 检查直流 DC 安培计的波动；检查在软管出口气体和液体的流量情况	① 停止电解槽后清洗槽子的外部 ② 检查压力控制器 ③ 拧紧接线的螺钉 ④ 换保险丝 ⑤ 检查槽和总管的内部是否有下列现象发生：软管堵塞；膜泄漏；阳极损坏；阴极损坏
槽电压比一般情况高 0.08V 或更多	① 管口堵塞 ② 膜损坏 ③ 电极损坏（阳极和阴极）	① 检查压差计和直流安培计的波动 ② 检查气体和液体在入口/出口软管的流动情况	① 清洗单元槽和总管的出，入口管 ② 换膜 ③ 用备用槽替换电极
槽电压比一般情况低 0.08V 或更多	膜泄漏	如果观察到下面的现象，电解槽停车： ① pH 值（阳极液出口）不时的变化 ② 在软管出口阳极液的颜色变化	① 进行膜泄漏试验 ② 更换泄漏的膜 ③ 检查阳极和阴极损坏
槽压迅速增加	① 电解液温度低 ② 阳极液浓度增加 ③ 由于整流器的故障引起过电流偏大 ④ 阴极液浓度的增加 ⑤ 膜的金属污染	① 检查阴极液出口温度 ② 确认液压在规定值 ③ 检查阳极液出口的 NaCl 浓度 ④ 检查直流安培计 ⑤ 电解槽停车 ⑥ 检查阴极液出口的 NaOH 浓度 ⑦ 检查阳极液的杂质如 Ca，Mg，Fe，Al，Ni，Si，I，Sr，Ba 等 ⑧ 检查分析记录	① 通知电气工程师 ② 调节补充水 ③ 报告和咨询管理员
软管的泄漏	① 软管螺母拉紧变松 ② 垫圈的老化 ③ 软管裂化出现针孔	① 电解槽停车 ② 排出电解液 ③ 洗槽	更换损坏部分

续表

常见故障	原因分析	直接处理方法	解决方案
槽垫圈泄漏	① 油压不足 ② 垫片的粘贴不良 ③ 垫片位置不良 ④ 槽框密封面上的裂化或针孔	① 检查油压，锁定或重新锁定电解槽。如果压力低，增加到规定值。但不要增加油压高于规定值 ② 停止电解槽 ③ 排出电解液 ④ 洗槽	① 校对油压分配器的压力表 ② 更换垫圈 ③ 修理损坏槽
H_2/Cl_2值增加	① 膜泄漏 ② 仪表故障	① 检查哪一台电解槽有膜泄漏的可能性。具体操作为：电解槽停车 ② 检查仪表	① 进行膜试漏 ② 更换泄漏的膜 ③ 检查阳极损坏
出口软管中阳极液颜色改变	① 膜泄漏 ② 染色软管（一些金属沉积在软管内）	① 检查和调查是否在槽的膜可能有泄漏 ② 电解槽停车	① 进行膜试漏 ② 更换泄漏的膜 ③ 检查阳极损坏 ④ 更换染色软管 但在装配程序期间不要使用染色软管

【任务训练】

1. 能对二次盐水精制及淡盐水脱氯中的常见故障进行分析并提出解决方法。
2. 能够对电解工段的常见故障进行分析并给出处理方法。

案例分析

【任务描述】

◆ 能对二次盐水精制及离子膜电解中的常见问题进行分析，找出发生的原因，并进行教训总结。

【任务指导】

因离子膜法烧碱技术属于20世纪80年代的新技术，在国内起步也比较晚，且大多生产装置的关键技术和设备也从国外引进，因此在发展初期发生了不少的典型事故案例，这也让我们得到了很多的教训。

一、着火案例

【案例1】事故名称：电槽着火。

发生日期：2000年某月某日。

发生单位：内蒙古某化工厂。

事故经过：工人在巡回检查时，发现盐水入槽阀门上的法兰垫圈处有泄漏，随即用扳手紧固，但没有将问题解决。于是进行抢修，当时由于该装置与隔膜法生产装置串联在一起，为了不影响生产，决定将阀门关闭并紧急更换垫床。由于对装置不够熟悉，对发生的问题估计不足，使不到1min即可处理完的问题，在处理过程中遇到了轻微触电，拖延了时间，造成电槽内脱液，阴、阳极短路引起着火。

原因分析：① 入槽盐水管衬的聚四氟乙烯处可能有裂纹；

② 在安装垫床时错用了橡胶材质，被电腐蚀，造成泄漏；

③ 对处理的估计不足，在触电后时间过长，造成电槽脱液；

④ 设计时，未按要求安装联锁装置，人工调度的停车速度慢。

教训总结：要加强巡回检查，加强细小问题的注意，应在紧急停车后再处理。

【案例 2】事故名称：氢气泵引着火。

发生日期：1978 年某月某日。

发生单位：湖北某厂。

事故经过：当氢气泵跳闸时，引起氯化氢的流量波动，使得盐酸合成炉中的氯氢比例失调，出现了氯过量，进行乙炔量调节时与来自混合器的氯化氢气体发生混合反应，导致着火，发生死 3 人，伤 1 人的事故。

原因分析：当氢气泵发生跳电时就会引起合成盐酸炉配比的失调，容易与混合器的氯化氢气体反应着火。

教训总结：操作工在工作时要具有强的责任心，严格控制盐酸合成炉中氯氢配比，对突发停电的情况要有事故应变能力。

【案例 3】事故名称：脱水引着火。

发生日期：1990 年某月某日。

发生单位：厦门某厂。

事故经过：当班的操作工在检查电解槽阳极的液位时不认真，致使修槽工在安装电解槽的石墨阳极板时出现偏移，由于石墨板的质量差，容易碎，造成炭板粉末堵塞电解槽造成脱水，使槽内出现短路，引起着火。

原因分析：首先是操作工工作不认真，没有很强的责任心；其次是电解槽的制造质量差，容易造成电解槽阳极液位严重失水，使电解槽内短路着火。

教训总结：企业要加强操作工的责任心教育，严格工艺操作纪律，提高操作技术，还要加强对石墨板和电解槽制作质量的检查。

【案例 4】事故名称：电解槽击穿。

发生日期：1983 年某月某日。

发生单位：上海某厂。

事故经过：当天生产中，发现入槽盐水总流量下降，于是决定开大控制阀的开度，随即电解槽的电压报警，于是又打开旁路阀以增大流量，发现流量仍未好转，才通知调度进行紧急停车，就在停车的同时，发现电解槽被电击穿。

原因分析：① 入槽盐水的总流量计检测输入信号可能异常；

② 入槽盐水的总管衬四氟衬里管（绕包）发生鼓泡，使管径的截面减小，影响了盐水流量。

教训总结：① 当时槽联报警已经二级报警，当有一级报警时就应该作紧急停车准备，发生二级报警，必须立即紧急停车；

② 设计时必须采用电压和供电的联锁系统，来确保生产安全；

③ 应将离子膜装置供电与隔膜法供电分开；

④ 对仪表检测系统进行定期检查；

⑤ 确认四氟衬里管的材质，要选择质量信誉好的产品，通常以挤压衬里为好。

二、爆炸案例

【案例 1】事故名称：电解槽爆炸。

发生日期：1970 年某月某日。

发生单位：山东某厂。

事故经过：电解槽的封料是用黄蜡油做的，这种材料较硬且封不严，致使盐水漏出造成电解槽的缺水，一名操作工发现后，就从液位管加盐水，在加盐水的过程中将隔膜冲破，使电槽内氯中含氢量增加，而他将液位管折起来观察液位时产生火花，从而引起氯氢混合气体的爆炸，该工人被当场炸死。

原因分析：① 当电解槽断盐水时，该操作工违反操作规程；

② 当电解槽隔膜被冲破时，引起氯气和氢气之间的互窜，聚集在氯中含氢量超过 3%，遇到火花时就会发生爆炸。

教训总结：① 企业加强对电解槽的制作质量及安装。对电解槽的隔膜要进行质量验收，不合格的就要返工。

② 组装电槽及补加盐水时均需十分注意，防止擦破隔膜，单台电解槽盐水流量特别大的时候，要及时作气体分析，以确定氯中含氢量是否有超标。如发现异常情况必须及时处理，当氯中含氢量超过 3%，而又经处理无效，就要立即停槽，千万不能麻痹大意。

③ 对新开电解槽要每半小时分析一次氯中的含氢量，必要时可增加分析次数。

【案例 2】事故名称：连锁爆炸。

发生日期：1985 年某月某日。

发生单位：浙江某厂。

事故经过：该厂使用的 X-2 型活尔斯立式电解槽隔膜疏松，从而造成了电槽流量过大，使阳极室液面难以控制，当通入直流电后，造成氯内含氢量过高，最终引起 12 台电解槽连锁爆炸。

原因分析：由于电解槽的隔膜的制作质量差，供电部门与电解工段没有联系好，当电解槽阳极室的液面尚未达到规定标线时，就开始送电运转，使氢气透过未液封的隔膜，造成氯内含氢量严重超标，才会引起爆炸。

教训总结：① 对电解槽隔膜吸附的制作质量要提高；

② 操作人员要严格执行工艺规程要求，其他的相关生产部门在开停车时要相互配合，当发现电解槽的阳极室液位未达标，就不得随便开车。

【案例 3】事故名称：氯气系统引起爆炸。

发生日期：1980 年某月某日。

发生单位：安徽某厂。

事故经过：该厂在年度大修后重新开车，发现电解等岗位操作不正常，电解槽的鹅颈管喷出碱液，于是将情况反映到调度，但未得到及时处理，从而引发了爆炸。造成 2 人死亡，损坏的设备共 10 台，经济损失 70 多万元的重大事故。

原因分析：大修后电解工段出现较大的正压（氢气抽不出去），将水封破坏，大量空气被吸入，使氢气大量进入氯系统（事故发生后，对部分电解槽取样分析，氯中含氢量高达 13%），当达到爆炸范围后，造成氯系统化学性爆炸事故，爆炸时喷出白色烟雾（盐酸雾）。

教训总结：① 严格执行操作规程和岗位巡回检查制度；

② 加强调度与各岗位之间的联系，对全厂紧急停车和事故处理要有相应规定；

③ 加强职工技术培训，要提高职工的技术素质和对异常工况的处理、应变能力。

【案例 4】事故名称：三氯化氮爆炸。

发生日期：1985 年某月某日。

发生单位：内蒙古某厂。

事故经过：进入电解的原料中含三氯化氮过高，氯气大量外泄，引发爆炸，造成 8 人死亡，39 人中毒的事故。

原因分析：主要原因是原料盐水含三氯化氮过高而引起。

教训总结：强化工人意识，要做到严格控制盐水质量指标，不合格盐水决不能进入电解槽。

【案例 5】事故名称：分离器爆炸。

发生日期：1975 年某月某日。

发生单位：山西某厂。

事故经过：当对氢气高压机进行检修试车，在气柜中残存的氢气进入高压机内，与氧气发生混合，引发爆炸，使得分离器被炸开，还造成了 1 人死亡的安全事故。

原因分析：气柜中残留的氢气进入高压机与氧气混合发生爆炸。

教训总结：① 检修时要将通路加盲板切断；

② 必须用氮气置换，当气体分析确认合格后再检修试车。

三、 其他案例

【案例 1】事故名称：触电。

发生日期：1970 年某月某日。

发生单位：河南某厂。

事故经过：一名工人发现电解槽盐水漏斗出现故障，于是他就踩在长凳上进行修理，四周没有采取安全措施，不慎从凳子上跌下，脚踩在了水沟里，而前胸则靠在了没有防护装置的电解槽联槽线上，不幸触电死亡。

原因分析：① 个人未采取安全措施，不慎滑倒；

② 电解槽也没有采取任何安全措施。

教训总结：① 对电解车间的设备进行日常维修等操作时，必须在周围采取必要的安全措施，并配备相应的后备救护措施；

② 企业应该对操作人员加强安全操作的学习，在修理或检修现场时必须有可靠的安全防范设施，树立安全第一的思想。

【案例 2】事故名称：铜排未连好造成停车。

发生日期：1980 年某月某日。

发生单位：江苏某厂。

事故经过：在电解的 1# 直流系统新上一台电解槽，修槽工工作工程中分工不明确，使现场装拆铜排的工作混乱，造成原有的跳槽铜排已拆除，而新上槽的连接铜排才搭上，且压板螺栓只穿上了而未把紧，但是修槽工们已相继离去，装槽时电解工段和电管组也没有专门人员在现场。完成后不久变电所发现 1# 直流系统的电流大幅度波动（范围超过 1000A），进行来回调节也无法稳定（此时外线电压及 2# 直流系统都较平稳）。后来就开始从电解厂房传出啪啪声，这时电解操作工才过去检查，发现新上槽的两条连接铜排的压板螺栓，一只已经烧得发红，而铜排的一头上下抖动发出啪啪声，并出现一道道弧光；另一只也已烧断，下面的压板和半截螺栓掉在地上，直流电流降至接近于零，在事后检查时看到，在铜排连接处的两个接触面上，已经被电弧烧出几处小坑。

原因分析：① 修槽工分工不明确，责任心差，上槽时未将新槽连接铜排的压板螺栓上紧，造成了螺栓已紧的假象。在未连好的铜排接头处，由于电阻大，发热多，使导电脂熔化流失很快，烧红压块螺栓且烧断，在没有烧断之前，铜排接头处的似连非连，使电流忽大忽小，发热也忽高忽低，再加上电磁场造成的吸力，致使铜排出现不停地伸缩抖动，并在与电槽铜排撞击时而发出啪啪声。在开合时大电流也使两块铜排间出现弧光。

② 上新槽时，无专人在场，也没人在上完后进行检查验收，遗留下隐患。

③ 当变电所发现 1# 直流电流有大幅度波动，并没有及时向有关部门反映，以至拖长时间使电解铜排的压块螺栓烧断。

教训总结：① 必须加强工人的安全技术教育和安全意识教育，增强职工的责任感；进一步完善企业的管理体制，在装拆槽时有专人负责，分工明确，责任到人，并作好记录。

② 当各岗位发现异常现象时必须马上报告调度室，以便能及时掌握情况并尽快处理。

③ 电解工段的事故危险性很大，应该为防火防爆工序，因为一旦碰上氢气，就可能出现更严重的燃烧爆炸事故。

【案例 3】事故名称：塑料焊枪致人死亡。

发生日期：1985 年某月某日。

发生单位：广西某厂。

事故经过：从烧碱车间派 2 名防腐工去电解工段进行焊塑料管。其中一名焊工用焊枪焊接电解液支管后，另一名焊工用此焊枪去焊盐水支管。当该焊工走出 3m 左右，站在准备好的两块砖上（地面有积水）准备焊接时，突然该焊工发出“呀”的一声就趴在盐水管上。其他人忙切断电源，但经抢救无效死亡。

原因分析：① 塑料焊枪经检查有漏电，焊枪外壳对地的电压达 237V；

② 地面有积水，却没有采取适当的隔离方法。

教训总结：① 经常对焊枪等进行绝缘测试，要保证符合要求；

② 对于可移动的电气工具要安装触电保安器。

小　　结

1. 盐水的二次精制是在一次精制的基础上，通过过滤使盐水中的悬浮物≤1mg/kg，再调节盐水的 pH 值，将合格的盐水通入螯合树脂塔进行吸附，进一步将盐水中 Ca^{2+}、Mg^{2+} 等离子浓度降至要求的范围，成为合格盐水后，送至离子膜电解槽。

2. 盐水二次精制的工艺过程主要包括盐水过滤工艺、盐酸中和工艺和螯合树脂吸附的工艺三部分。

3. 盐水二次精制的设备主要有盐水过滤器（应用最多的碳素烧结管过滤器）和螯合树脂塔。螯合树脂塔通常是二台或三台串联使用，以满足离子膜电解对盐水的要求。

4. 离子膜电解的任务：① 将合格的二次盐水在电解槽内经通电电解，得到产品 NaOH，经过冷却、计量后送至成品槽；② 将电解得到的 Cl_2 和 H_2，送至氯、氢处理系统；③ 将电解后流出的淡盐水，进入脱氯装置除去盐水中的游离氯，合格后将脱氯淡盐水送至化盐工段。

5. 离子膜电解是在电槽内发生电解反应：$2NaCl+2H_2O \longrightarrow 2NaOH+Cl_2\uparrow+H_2\uparrow$

6. 离子膜电解槽有单极式和复极式两种。两种电解槽的基本结构都是由阳极、阴极、离子膜和电解槽框等组成。

7. 淡盐水中的游离氯有两种存在形式：一是氯气在淡盐水中的溶解为溶解氯；二是以 ClO^- 形式存在。如果游离氯存在于盐水中，会腐蚀设备、管道，阻碍一次盐水精制沉淀物的形成，损坏二次盐水树脂塔中的树脂，危害极大，所以必须除去淡盐水中的游离氯。

8. 脱除淡盐水中游离氯的方法有两种：物理脱氯和化学脱氯。一般先采取物理脱氯法将大部分游离氯脱除后，再用化学脱氯法将剩余的游离氯除去。主要包括真空脱氯法、空气吹除脱氯法和化学脱氯法（加入 NaOH 和 Na_2SO_3）。在生产中很多氯碱厂是将物理脱氯法和化学脱氯法结合起来使用进行脱氯。

项目三　氯氢处理

学习目标

知识目标

★ 能够掌握氯气处理和氢气处理的工艺原理。

★ 能够分析和描述氯、氢处理的工艺流程。

★ 能够认识并说出氯、氢处理的主要设备及其工作原理。

能力目标

★ 能识读氯、氢处理的工艺流程图，并根据要求绘制工艺流程图。

★ 能完成氯气处理和氢气处理的岗位开、停车操作。

★ 能对氯气处理和氢气处理的常见故障进行分析并给出解决方案。

★ 能够学会独立思考和处理问题。

任务一　氯气处理

氯气（Cl_2）为黄绿色气体，熔点−102.00℃，沸点−33.7℃，相对密度2.49。易液化成深黄色的液体。易溶于水，溶于水后生成盐酸和次氯酸。氯气是强氧化剂，在光线的照射下与氢化合时会发生爆炸性的光化学反应，生成氯化氢，并放出大量的热。与一氧化碳作用生成毒性更大的光气。

氯气是化学工业中使用量最大，接触面最广泛的剧烈刺激性气体之一，它的毒性很大。工业卫生允许氯气的浓度≤1.0mg/m^3。当空气中氯气的浓度达1～6mg/m^{3}时，便能对人体产生明显的刺激作用；12mg/m^{3}即能在短时间内使人难以忍受；100～200mg/m^{3}持续半小时至一小时就会有使人死亡的危险；浓度高达2500～3000mg/m^{3}时，短时间内即可使人死亡。

氯气进入呼吸道后，能附在黏膜上引起肺水肿。部分与水作用形成氯酸及新生态的氧，前者对黏膜有灼伤和刺激作用，引起炎性肿胀、充血和坏死，后者对组织起强烈氧化作用。在高浓度时，氯气进入机体后，刺激呼吸中枢，能引起反射性心跳停顿，可出现“电击型”死亡。氯气的中毒形式分为四种。① 轻度中毒。一次吸入一、二口较高浓度的氯气，就有黏膜刺激症状。数小时后可逐渐转好，3～7天后症状消失；连续几小时吸入超过卫生允许浓度的2～3倍或5～6倍的含氯气体时，眼便流泪，并有异物感、咽喉干燥、胸闷。部分人还有失眠、胸痛、脉搏加快等现象。② 中度中毒。连续吸入高浓度的氯气几分钟到十几分钟，除轻度中毒症状外，并引起弥漫性支气管炎或支气管肺炎。③ 深度中毒。开始与中度中毒相同，以后出现中毒性水肿，甚至引起昏迷及休克，严重时可引起喉头和支气管痉挛和水肿，造成窒息等。④ 慢性中毒。眼黏膜刺激，流泪、结膜充血。呼吸道刺激，咳嗽、咽烧灼感、慢性支气管炎、肺气肿、肺硬化等。精神系统可出现神经衰弱综合征。消化系统表现为牙齿发黄无光泽，有时可引起齿龈炎、口腔炎、食欲不振、慢性胃肠炎等。皮肤刺激有皮肤烧灼感、发痒、痤疮样皮疹。

氯气中毒的急救与治疗：① 迅速将中毒者移至空气新鲜处，由于氯气中毒者呼吸比较困难，一般禁止进行人工呼吸，应给予吸入氧气；② 雾化吸入5%碳酸氢钠溶液；③ 用2%碳酸氢钠溶液或生理盐水洗眼、鼻和口；④ 严重者送医院急救治疗。

工业上氯气中毒的预防措施：① 因氯气接触广泛，毒性大，因此有关生产人员必须高度重视，要随时注意防止跑、冒现象；② 一切生产及应用氯气的设备和管道，应绝对密闭，并要有充分的措施防止氯气外逸；③ 凡有可能出现氯气外逸的生产设备周围或厂房，应装设抽风排气设备，以便一旦有氯气跑出，能及时排除；④ 排出的氯气应当用碱液吸收，达到工业卫生允许浓度方可排放；⑤ 各种设备管道、阀门、开关等，平时要有专人维护，使用一定时期后定期检修；⑥ 凡是呼吸系统、心血管以及眼、鼻、喉有病者，都不可参加氯作业。

子任务一　氯气处理的工艺原理

【任务描述】

◆ 能够熟知氯气处理的目的，能够掌握氯气处理的工艺原理。

【任务指导】

一、氯气处理的目的

由电解槽阳极析出的氯气温度可达90℃以上，并伴有饱和水蒸气且夹带盐雾等杂质，一般情况下每吨气相的湿含量可达0.3381t以上。这种湿氯气对钢铁及大多数金属有强烈的腐蚀作用；只有少量的贵、稀有金属或非金属材料在一定条件下才能抵抗湿氯气的腐蚀。因此给氯气的输送、使用、贮存等带来了极大的困难。但干燥的氯气对钢铁等常用材料的腐蚀作用在通常条件下是较小的，详见表3-1。

表3-1　氯气对碳钢的腐蚀速率

氯气含水分/%	腐蚀速率/(mm/年)	氯气含水分/%	腐蚀速率/(mm/年)
0.00567	0.0107	0.0870	0.114
0.01670	0.0457	0.1440	0.150
0.0206	0.0510	0.330	0.38
0.0283	0.0610		

所以将湿氯气脱水和干燥是生产和使用氯气的过程中所必需的。可见氯气处理的目的就是除去湿氯气中水分，使之成为含水量为0.01%以下的干燥氯气以适应各种需要。

二、湿氯气脱水的方法

氯气处理的核心任务便是脱水，脱水的方法一般有如下三种。

1. 冷却法

就是将氯气降低温度，从而达到降低氯气湿含量的目的，这种方法只消耗冷却水与冷冻水，本身不与其他介质接触，也不会混入其他介质，也称为冷冻干燥法。

2. 吸收法

吸收法脱出水分，即高温湿氯气在干燥塔中通过浓硫酸介质，一方面浓硫酸吸收了氯气中的水分，另一方面也降低了氯气的湿度，实现了氯气的干燥。该方法使用设备较多，工艺复杂，但水分脱出率高。

3. 冷却吸收法

冷却吸收法是综合上述两者之长，为各厂家广泛采用的方法，例如：第一阶段先用冷却法，将高温氯气的温度（80～90℃）降低到20℃左右，第二阶段用浓硫酸吸收残余水分，这样既减少了硫酸消耗，又保证了工艺指标，方法比较可靠。

三、氯气处理的工艺原理

氯气处理总的工艺可以概括为：将电解槽阳极析出的饱含水蒸气的高温湿氯气进行冷却除沫、干燥脱水、除雾净化，再压缩输送到各用氯部门。除此之外，为保证整个生产过程的绝对安全，还要加一个事故氯气的处理装置。

工艺中之所以要先冷却、再干燥，其原理如下。

湿氯气中饱和水蒸气含量与温度有着密切关系，详见表3-2。由表可见，在相同压力下，气相温度每下降10℃，湿氯气中含水量几乎减少近一半。若湿氯气温度由90℃下降至15℃，气相中的含水量可以脱除99.2%。因此通过冷却可以除去气相中绝大部分的水分，从而可以大大降低干燥负荷，同时也降低了硫酸作为吸收剂的用量，更可以大大减少硫酸吸收水分后所释放的热量。但气相温度不可降得过低，若低于10℃（如9.6℃），湿氯气易形成$Cl_2 \cdot 8H_2O$的氯水结晶体，从而使设备、管道结冰堵塞。经过冷却手段，氯气中的含水量降低了98%以上。然后将氯气中余下的水分用硫酸干燥脱除，最佳进干燥塔温度为11～14℃。

表3-2 不同温度下湿氯气中的湿含量

温度/℃	水蒸气分压/mmHg	湿含量/(g/m³)	湿含量/(g/kg)	温度/℃	水蒸气分压/mmHg	湿含量/(g/m³)	湿含量/(g/kg)
10	9.2	9.4	3.1	55	118.0	104	46.2
15	12.8	12.8	4.3	60	149.4	130	61.6
20	17.5	17.5	5.9	65	187.5	161	82.5
25	23.8	23.0	8.1	70	233.7	198	112
30	31.8	30.0	10.8	75	289.1	242	115
35	42.2	39.6	14.7	80	355.1	293	219
40	55.3	51.2	19.8	85	433.6	354	338
45	71.9	65.4	26.2	90	525.8	424	571
50	92.5	83.1	34.9	95	633.9	505	1278

四、氯气处理的工艺流程

根据氯气处理的工艺原理，我们知道氯气处理的工艺流程主要包括五部分，即冷却除沫、干燥脱水、除雾净化、压缩输送和事故氯气处理。由于不同的氯碱厂在氯气处理过程中对于冷却除沫、干燥脱水、压缩输送等工艺存在差异，因此这里我们列举其中一个常用的完整的氯气处理工艺流程供大家学习，工艺流程如图3-1所示。

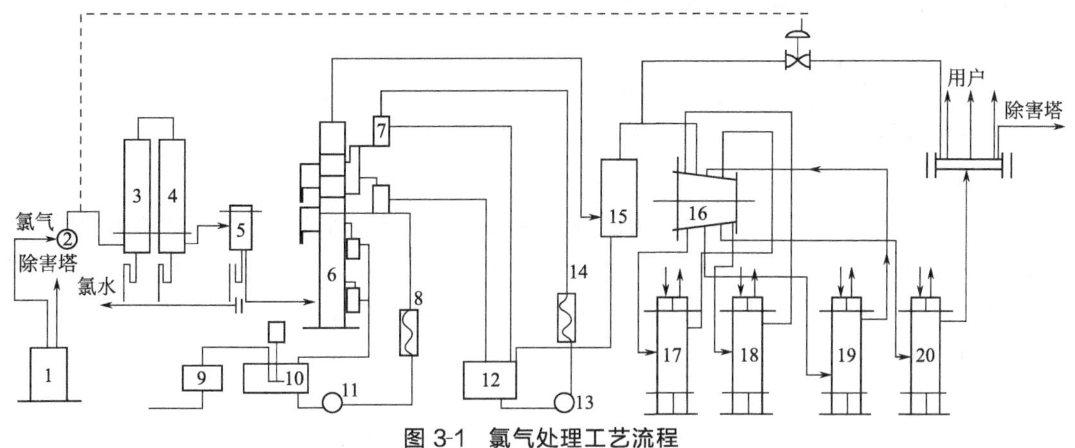

图 3-1 氯气处理工艺流程

1—湿氯气水封；2—湿氯气水缓冲器；3—工业水钛列管冷却管；4—盐水钛列管冷却器；5—水沫过滤器；6—泡沫干燥器；7—浓硫酸高位槽；8—稀硫酸冷却器；9—废硫酸贮槽；10—稀硫酸循环槽；11—稀硫酸循环泵；12—浓硫酸循环槽；13—浓硫酸循环泵；14—浓硫酸冷却器；15—酸雾过滤器；16—氯气离心式压缩机；17～20—Ⅰ～Ⅳ级氯气中间冷却器

来自电解槽阳极的高温湿氯气经湿氯气缓冲器的分配，进入工业水钛管冷却器，由工业水进行冷却，使气相温度降至40℃以下，再进入盐水钛管冷却器，用6～10℃的氯化钙溶液进行冷却，使气相温度降至12～14℃。经冷却后的气相进入水沫过滤器除去气相中夹带的游离水，再进入泡沫干燥塔。气相自下而上分别依次穿过五块塔板，与自上而下的硫酸在塔板上错流接触，进行吸收传质，气相中的水分被硫酸吸收掉，气相出泡沫干燥塔顶部时，已成为含湿量低于100mg/L的合格氯气。出泡沫塔的干燥氯气进入酸雾过滤器去除酸雾，再进入氯气离心式压缩机，经四段冷却达到常温，保持0.38MPa（表压）以下的排出压力，经分配送至各用氯部门。

【任务训练】

1. 为什么要进行氯气处理？处理的原理是什么？
2. 哪些方法可以用于湿氯气脱水。
3. 简述氯气处理的工艺流程，并绘制出流程简图。

子任务二　氯气冷却

【任务描述】

◆ 能够掌握氯气冷却的原理、方式和工艺流程。

◆ 能熟知氯气冷却的主要设备及其结构。

【任务指导】

一、氯气冷却的原理

从电解槽出来的湿氯气温度较高，几乎为水蒸气所饱和。湿氯气所带的水蒸气量与温度有关，温度越高所带的水蒸气量也越大，温度越低所带的水蒸气量则越小。因此，通过冷却降低湿氯气的温度、减少饱和蒸气分压，从而降低湿氯气的含水量。冷却过程中一定要控制冷却后氯气温度在12～14℃之间，如果温度太高，水分多，干燥耗酸量大；但温度太低，如在9.6℃时，湿氯气中的水蒸气会与氯气生成$Cl_2 \cdot 8H_2O$结晶，造成设备、管道的阻塞并损失氯气，还可能造成钛冷却器的燃烧。

二、氯气冷却的方式

氯气冷却方式主要分为直接冷却和间接冷却两种。

1. 直接冷却

直接冷却方式就是将电解槽阳极来的湿氯气直接通入氯气洗涤塔，采用工业冷却水或者冷却以后的含氯洗涤液与氯气进行气、液相的直接逆流接触，以达到降温、传质冷却，使气相的温度降低、并除去气相夹带的盐粒、杂质。在氯气洗涤塔中气、液相直接接触，既进行传热、又进行传质。

2. 间接冷却

间接冷却方式就是将来自电解槽阳极的高温湿氯气（或者是将直接洗涤冷却的湿氯气）直接引入列管式冷却器的管程或者壳程，用工业上水、冷冻淡水或冷冻氯化钙盐水对氯气进行间接传热冷却，达到使气相中所含的水蒸气冷凝下来的目的。这样的冷却方式，在氯碱生产中被普遍采用。

三、氯气冷却的工艺流程

氯气冷却的工艺流程一般有两种：一是采用两级间接冷却，将湿氯气冷却至12～14℃；二是采用直接冷却和间接冷却相结合，将湿氯气冷却至12～14℃。

1. 氯气两级间接冷却工艺流程

氯气两级间接冷却工艺通常适用于规模≤5万吨/年烧碱装置。工艺流程如图3-2所示，来自电解工序的高温湿氯气（约80℃）首先从Ⅰ级钛列管冷却器（立式）的上部封头进入，走管程；被走壳程的循环冷却水冷却至约50℃，然后由其下部封头氯气出口流出；其间冷凝下来的氯水经水封流出至氯水贮槽。从Ⅰ级钛列管冷却器流出的氯气进入由Ⅱ级钛列管冷却器（立式）的上部封头进入其管程，被走壳程的约8℃冷水冷却至12～14℃，然后由其下部封头流出至水雾捕集器，除去水雾后，进入干燥系统。其间冷凝下来的氯水经水封流出至氯水贮槽。

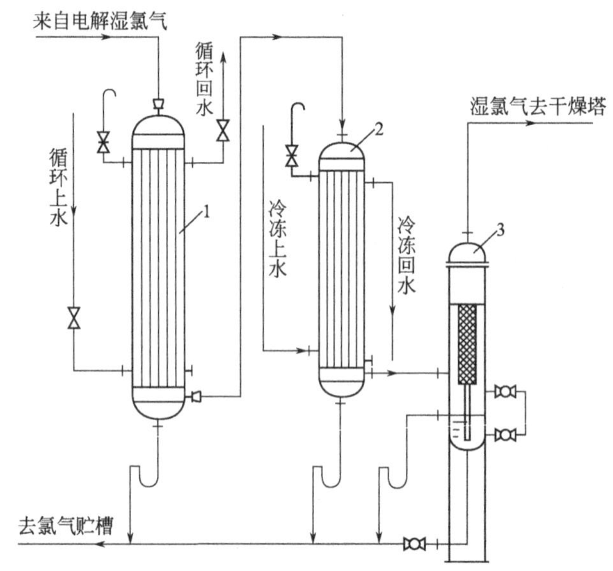

图3-2　氯气两级间接冷却工艺流程

1—Ⅰ级钛列管冷却器；2—Ⅱ级钛列管冷却器；3—水雾捕集器

2. 氯气直接冷却加间接冷却工艺流程

氯气直接冷却加间接冷却工艺通常适用于规模>5万吨/年烧碱装置。工艺流程如图3-3所示。来自电解工序的高温湿氯气（约90℃）由氯气洗涤塔底部进入，在塔内由下而上地与由塔顶进入的氯水充分接触，洗涤盐雾、交换热量，湿氯气被氯水洗涤冷却至约（40±5）℃后，从塔顶流出。氯水用氯水泵加压，并用氯水冷却器冷却循环使用，以确保循环使用的氯水进入氯水洗涤塔的温度在约30℃；多余的氯水由泵送至界外。

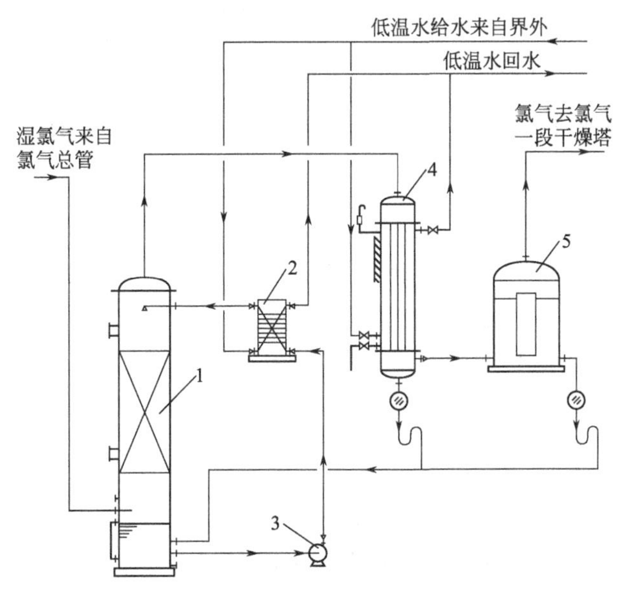

图3-3 氯气直接冷却加间接冷却工艺流程

1—氯气洗涤塔；2—氯水冷却器；3—氯水泵；4—钛列管冷却器；5—水雾捕集器

从氯气洗涤塔顶流出的湿氯气由钛列管冷却器的上部封头进入其管程，被走壳程的约8℃冷水冷却至12～14℃，然后由其下部封头流出至水雾捕集器，除去水雾后，进入干燥系统。其间冷凝下来的氯水经水封流出至氯水贮槽。

当生产规模较大，氯气压缩机采用大型离心式氯气压缩机，同时离子膜电解产生的氯气压力不足够高时，为满足大型进口氯气压力为正压的要求，在氯水洗涤塔出口处设置氯气鼓风机，将湿氯气加压为正压操作后，再进入钛管冷却器冷却然后进入干燥系统。如果离子膜电解产生的氯气压力足以克服整个氯处理系统的阻力降时，就不需要设置氯气鼓风机。

四、氯气冷却的主要设备

1. 湿氯气水封（又称安全水封、正水封）

其结构如图3-4所示。湿氯气安装于电解氯气总管的旁路上，一端与电解氯气总管相连，另一端与事故氯气处理塔相通，中间有隔板相隔，液封高度60mm。其作用是当氯气处理的负压系统因突发故障发生正压时，带压的事故氯气便将水封冲掉，向事故氯气处理塔泄压，用碱液进行吸收处理，以保护氯气负压系统的管道、设备，以及电解槽的安全。水封高度的确定应充分考虑系统所能承受的最大正压冲击。

2. 湿氯气缓冲器

湿氯气缓冲器是一个ϕ100mm的卧式圆筒体，其作用是将来自电解槽的湿氯气均匀分配给多台并联使用的工业水钛列管冷却器，其配出管应充分考虑气量的均布，并设置防爆膜，以确保系统安全，其结构如图 3-5 所示。

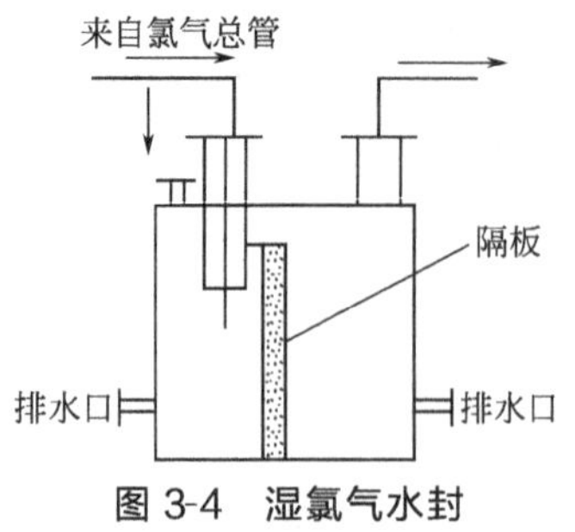

图 3-4 湿氯气水封

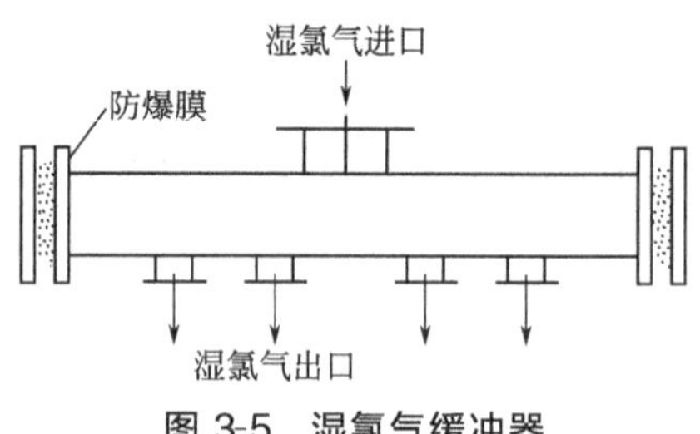

图 3-5 湿氯气缓冲器

3. 钛列管冷却器

钛列管冷却器由上封头（上端盖）、列管壳体及下封头（下端盖）三个部分组成，详见图 3-6。列管壳体由钛制列管束、折流挡板、定距杆、上下分布管板等构成。钛对湿氯气的抗腐蚀性能极好，钛列管传热效果也很好。一般将其制成浮头式结构，浮头处有填料函密封。在管程走气相湿氯气时，筒体外壳及折流挡板可用碳钢，上下封头可以用钛、钢衬胶或聚氯乙烯。在壳程走湿氯气时，筒体外壳、折流挡板，上下管板、列管束均需用钛材，而上下封头可采用聚氯乙烯、碳钢。这可视实际工艺之需而定。

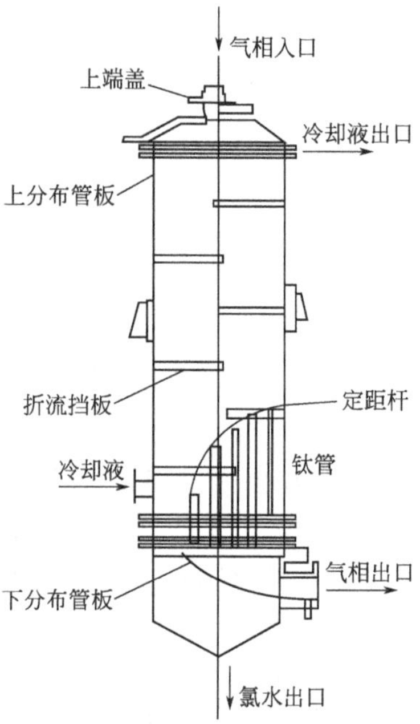

钛列管冷却器在Ⅰ段冷却时采用工业水作为冷却剂，Ⅱ段冷却时采用冷冻淡水或冷冻氯化钙溶液作为冷却剂。在实际生产过程中，气相湿氯气走壳程，传热系数可以提高较多；而气相湿氯气走管程，传热系数较低。但造价投资则前者高于后者。

钛列管冷却器的作用在于将电解来的湿氯气，在冷却器本体的管程或壳程中与冷却剂工业水或氯化钙溶液，经钛列管管壁进行间接的传热，移走气相中所带的热量，达到降低温度的目的，使气相中含水量大幅度减少。

图 3-6 钛列管冷却器

4. 水沫过滤器

水沫过滤器主要由上封头和过滤层筒体组成。过滤层筒体由上压盖、丝网过滤层（系丝网填料盘卷而成）、底板等构成。详见图 3-7 所示。整个设备用硬质聚氯乙烯制成，丝网可采用聚乙烯、金属丝（钛丝）等，其宽度为 150mm。水沫过滤器的作用在于通过丝网层捕集、过滤去除气相中夹带的游离水分，还可以降低用于干燥脱水的吸收剂硫酸的单耗，并有效地防止游离水随气相带入干燥塔。一般除沫效率可达 98%以上。

5. 氯气洗涤塔

氯气洗涤塔的结构如图 3-8 所示。一般塔体材质采用钢衬胶、钛或内衬酚醛环氧乙烯基树脂的玻璃钢或硬 PVC 玻璃钢增强；填料分上下两层或三层的填料塔结构，填料采用 PVC 材质的填料环或 CPVC 梅花环和瓷环混用。

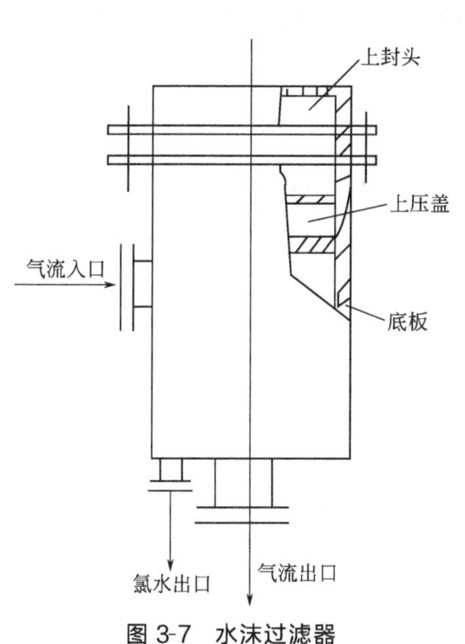

图 3-7　水沫过滤器

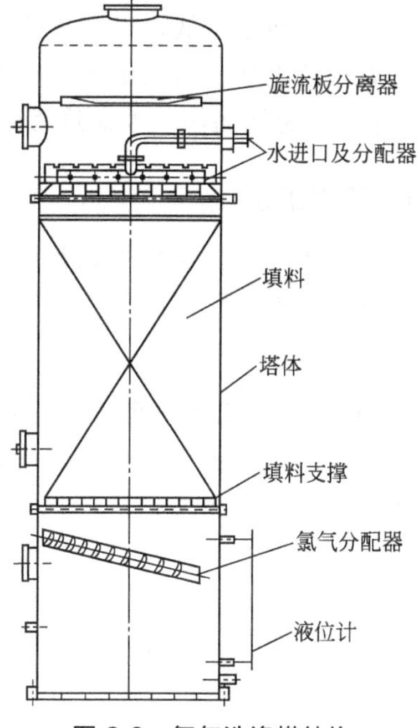

图 3-8　氯气洗涤塔结构

【任务训练】

1. 哪些方式可用于氯气冷却？氯气冷却的原理是什么？
2. 简述氯气冷却的两种工艺流程，绘制出流程简图。
3. 说出在氯气冷却中的主要设备。

子任务三　氯气的干燥

【任务描述】

◆ 能掌握氯气干燥的原理和工艺流程，能说出氯气干燥的主要设备。

【任务指导】

一、氯气干燥的原理

氯气干燥的原理一般是以硫酸与湿氯气接触后，氯气中的水分被硫酸吸收而实现的。硫酸吸收水的速率方程式为：

$$G_A = K \times F \times (p_{H_2O} - p_{H_2O}^*)$$

式中，K 为吸收系数；F 为吸收面积；p_{H_2O} 为湿氯气中饱和水蒸气分压；$p_{H_2O}^*$ 为硫酸液面上方饱和水蒸气分压。

湿氯气经冷却后，当进入干燥塔的温度一定时，氯气中饱和水蒸气分压 p_{H_2O} 也是一定的；对于给定的干燥塔，在其吸收面积不变的情况下，硫酸吸收水的速率 G_A 主要取决于吸收推动力（$p_{H_2O} - p_{H_2O}^*$）；因此，降低 $p_{H_2O}^*$ 会提高硫酸吸收水的速率 G_A。

提高硫酸浓度、降低硫酸温度都能降低硫酸液面上饱和水蒸气分压 $p_{H_2O}^*$，是提高硫酸吸收水的速率 G_A 的有效途径。

为了使氯中的含水量小于 50mg/L，进入干燥塔的浓硫酸浓度应为 98%，且温度应尽量低，但也不要使酸温过低，以防止硫酸溶液生成 $H_2SO_4 \cdot 2H_2O$，$H_2SO_4 \cdot H_2O$ 等结晶，造成设备和管道的阻塞，影响生产。硫酸吸水是放热反应，故干燥用的硫酸要进行冷却，一般采用 8℃水冷却进塔硫酸，控制进塔酸温度在约 20℃。

二、氯气干燥工艺

氯气干燥工艺最常用的有两种：一是“填料＋筛板”二合一塔工艺；二是“一级填料塔”和“填料＋泡罩”二级复合塔组合，形成两级干燥工艺。下面针对这两种流程做详细的介绍。

1. “填料＋筛板” 二合一塔干燥工艺流程

氯气“填料＋筛板”二合一塔干燥工艺，干燥后氯气含水约 300mg/L，可满足氯气压缩采用纳氏泵的含水要求。

工艺流程如图 3-9 所示，从水雾捕集器来的湿氯气由“填料＋筛板”二合一干燥塔底部的填料层下部进入，并由下而上地经过塔内的填料段和筛板段，与塔内由上而下的硫酸充分接触而被干燥，氯气由塔顶流出至酸雾捕集器去除其中的酸雾后，进入氯气压缩系统。

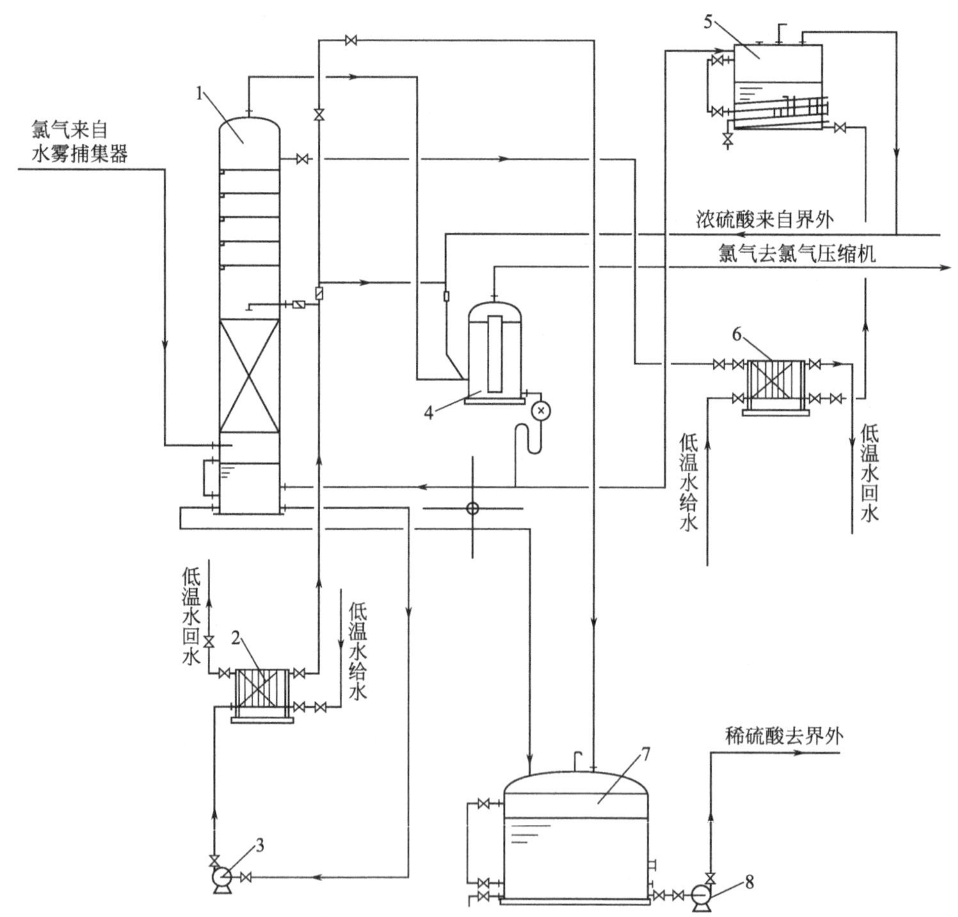

图 3-9 “填料+ 筛板” 二合一塔干燥工艺流程

1—氯气“填料＋筛板”二合一干燥塔；2—硫酸冷却器；3—硫酸循环泵；4—酸雾捕集器；5—95%酸高位槽；6—浓硫酸冷却器；7—稀硫酸贮槽；8—稀硫酸泵

进入“填料＋筛板”二合一干燥塔上部浓度约 95％（质量分数）的硫酸来自 95％酸高位槽，并经 95％酸冷却器冷却；该高位槽中 95％硫酸来自液环式氯气压缩机（纳氏泵）定期更换的泵酸。

进入“填料＋筛板”二合一干燥塔填料段的硫酸来自上部泡沫段，并用硫酸循环泵和硫酸冷却器（8℃±3℃冷水）冷却循环使用，控制其进塔温度在约 20℃；当其浓度降至约 75％（质量分数）时或塔釜液位达到一定高度时，将其用泵送至稀硫酸贮槽，然后用稀硫酸泵送至界外。

2. “一级填料塔”和“填料＋泡罩”二级复合塔组合的两级干燥工艺流程

氯气“一级填料塔”和“填料＋泡罩”二级复合塔组合的两级干燥工艺，干燥后氯气含水量≤100mg/kg，可以满足氯气压缩采用离心式压缩机（小型透平机）的含水要求，工艺流程如图 3-10 所示。

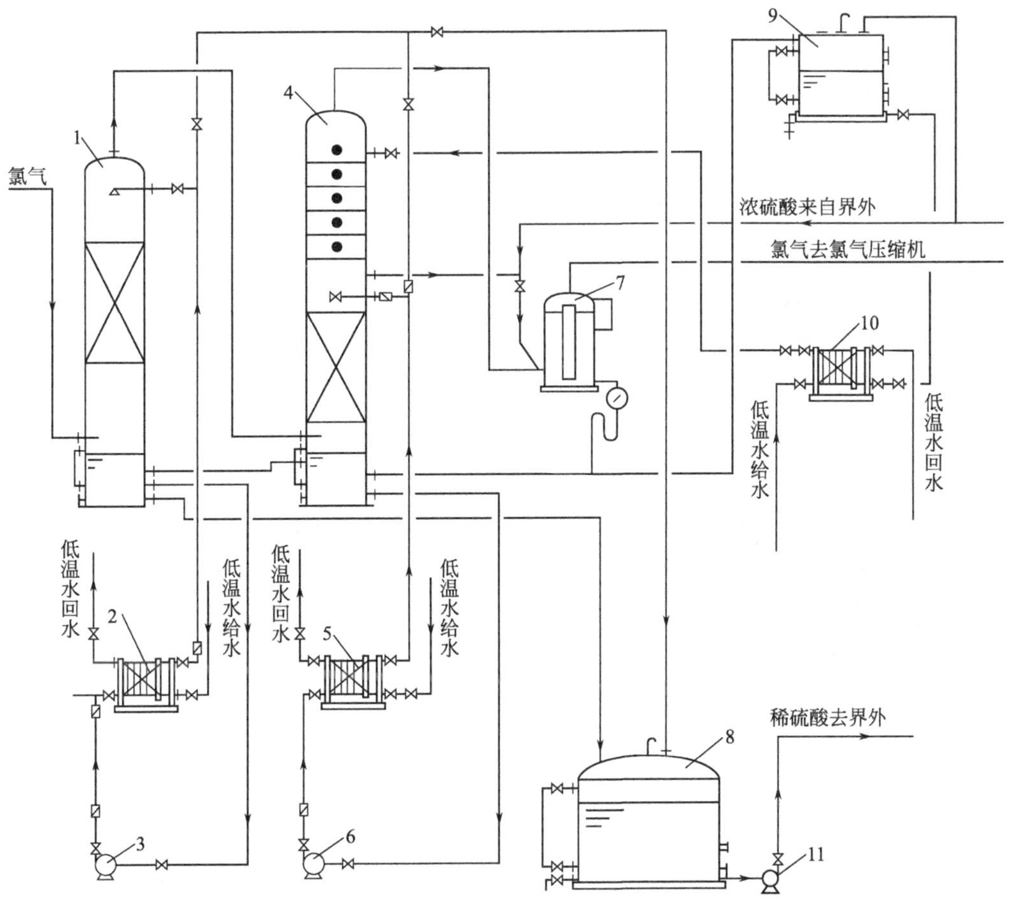

图 3-10 “一级填料塔”和“填料＋泡罩”二级复合塔两级干燥工艺流程

1—氯气“一级填料塔”；2——一级塔硫酸冷却器；3——一级塔硫酸循环泵；4—“填料＋泡罩”二级复合塔；5—二级塔硫酸冷却器；6—二级塔硫酸循环泵；7—酸雾捕集器；8—稀硫酸贮槽；9—98％酸高位槽；10—浓硫酸冷却器；11—稀硫酸泵

从水雾捕集器来的湿氯气由“一级填料塔”底部进入，并由下而上地经过塔内的填料层，与塔内由上而下的硫酸充分接触而被干燥，氯气由塔顶流出后从“填料＋泡罩”二级复合塔底部进入，并由下而上地经过塔内填料层和各块塔板，在填料和塔板上的泡罩内与塔内由上而下的硫酸充分接触而被干燥，氯气由塔顶流出，经酸雾捕集器除去酸雾后，得到含水量≤100mg/kg 的干燥氯气；然后进入氯气压缩系统。

进入“填料＋泡罩”二级复合塔泡罩段上部的 98%（质量分数）硫酸来自 98%（质量分数）酸高位槽，在泡罩段一次通过；98%（质量分数）硫酸从浓硫酸贮槽用浓硫酸泵输送供给。

由“填料＋泡罩”二级复合塔泡罩段下来的硫酸供其填料段使用，并用二级塔硫酸循环泵和二级塔硫酸循环冷却器（8℃±3℃冷水）冷却循环使用，控制其进塔温度在约 20℃；当其浓度降至约 88%（质量分数）时或塔液位达到一定高度时，溢流至“一级填料塔”硫酸进口。来自“填料＋泡罩”二级复合塔填料段的硫酸浓度约 88%（质量分数），进入“一级填料塔”底部，并采用一级塔硫酸循环泵和一级塔硫酸冷却器（8℃±3℃冷水）冷却后循环使用，控制其进塔温度在约 20℃；当其浓度降至约 75%（质量分数）时或塔液位达到一定高度时，用泵将其送至稀硫酸贮槽，然后包装外卖。

三、氯气干燥的主要设备

1. 填料干燥塔

氯气填料干燥塔结构与氯气洗涤塔相似，填料也采用瓷环加 PVC 花形环或塑料短阶梯环，塔体材质采用硬 PVC/FRP，结构如图 3-11 所示。

2. “填料＋筛板”二合一干燥塔

氯气“填料＋筛板”二合一干燥塔一般由下部填料段和上部筛板段组成，下部填料段的材质一般采用钢衬瓷板或硬 PVC/FRP，上部筛板段材质一般采用硬 PVC 或硬 PVC/FRP，结构如图 3-12 所示。

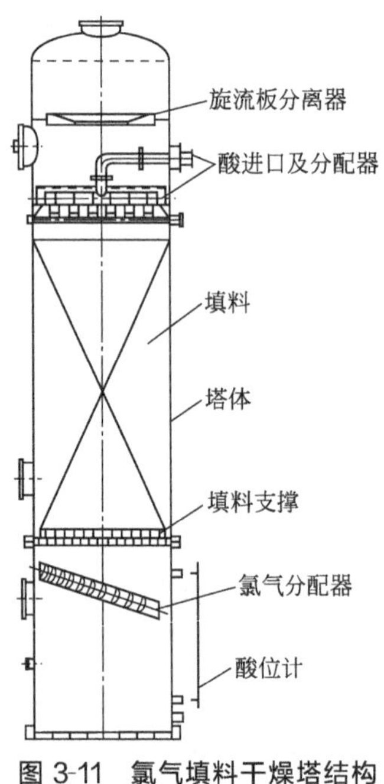

图 3-11　氯气填料干燥塔结构

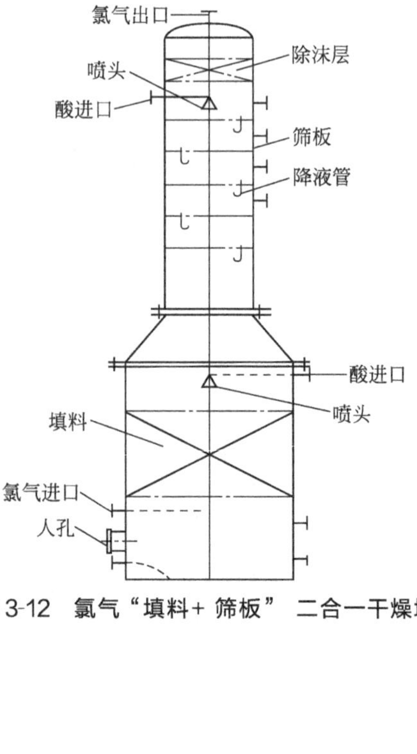

氯气出口
除沫层
喷头
酸进口
筛板
降液管
酸进口
喷头
填料
氯气进口
人孔

图 3-12　氯气“填料＋筛板”二合一干燥塔

3. 泡罩干燥塔

氯气泡罩干燥塔塔体材料一般采用硬 PVC/FRP，设有五层塔板，最下一层的浓酸采取强制循环（配循环酸泵和冷却器），顶层塔板上加设有旋流板，可以增强气液分离，减少硫酸液滴被氯气带出的数量。每层塔板上按一定的排列方式组装一定数量的泡罩。结构如图 3-13所示。

4. “填料＋泡罩” 二合一干燥塔

氯气“填料＋泡罩”二合一干燥塔一般由下部填料段和上部泡罩段组成，塔体材质一般采用硬 PVC/FRP，结构如图 3-14 所示。

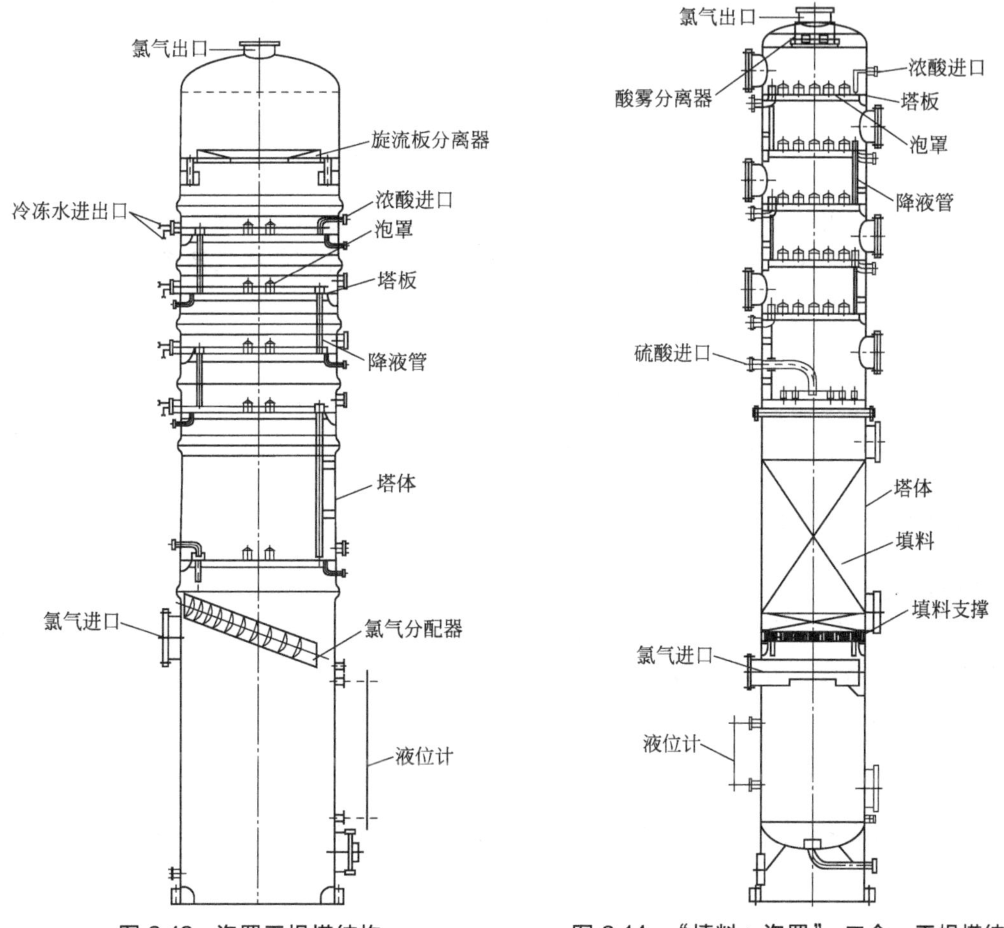

图 3-13 泡罩干燥塔结构　　图 3-14 “填料+ 泡罩” 二合一干燥塔结构

5. 酸雾捕集器

酸雾捕集器又称酸雾过滤器或网筒式酸雾自净过滤器，它由圆筒形筒体与上下封头和滤筒组成。结构如图 3-15 所示。圆筒体的外壳由碳钢制作，上下封头及滤筒也可由碳钢制作。滤筒由内层、玻璃纤维层及外层构成。内外层采用金属网。玻璃纤维层采用氟硅油处理浸渍过的长丝玻璃棉，具有十分良好的憎水疏酸性能和自净酸雾之能力，玻璃纤维过滤层的厚度及填充密度均取决于输送气量、气流通过的阻力以及除去酸雾的效率，一般要求其除酸雾效率在 98%以上。为防止气流再夹带，排净口应定期排放。

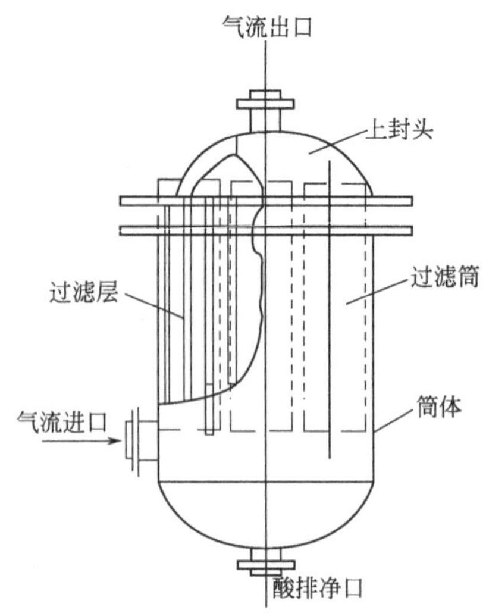

图 3-15　网筒式酸雾自净过滤器

酸雾过滤器作用是将气相夹带的大小不等的酸雾液滴用截留、碰撞、捕集、过滤的形式除去，使气相得以净化，确保进入氯气离心式压缩机流道、叶道的氯气洁净，不结污垢，从而确保输送气体负荷适应生产的需要。

【任务训练】

1. 氯气干燥的原理是什么？
2. 简述氯气干燥的两种工艺流程，绘制出流程简图。
3. 说出在氯气干燥中用到的主要设备名称及结构。

子任务四　氯气的压缩输送

【任务描述】

◆ 氯气压缩的工艺原理、工艺流程。

◆ 在氯气压缩输送中用到的主要设备。

【任务指导】

一、氯气压缩的任务

用氯气压缩机将经过冷却干燥的氯气增压后送出界区至各用户，并保持电解槽阳极室压力稳定。

二、氯气的压缩方式

氯气的压缩方式一般有三种：一是采用液环式氯气压缩机（纳氏泵）；二是采用离心式氯气压缩机（即小型透平机）；三是采用大型离心式氯气压缩机（即大型透平机）。

1. 液环式氯气压缩机的工艺流程

工艺流程如图 3-16 所示。来自氯气干燥系统并经酸雾捕集器除去酸雾的含水量约 300mg/kg 的干燥氯气，与循环酸一起进入氯气压缩机加压，并与循环酸一起排出至硫酸分离器进行分离，氯气由其顶部排出，至酸雾分离器除去酸雾后，进入氯气缓冲罐，再经氯气分配台向下游用户分配。

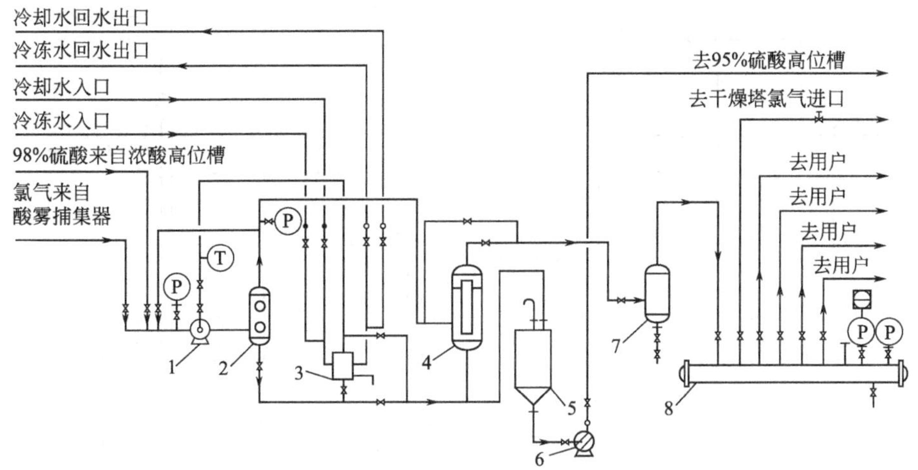

图 3-16 液环式氯气压缩机（纳氏泵）工艺流程

1—液环式氯气压缩机（纳氏泵）；2—硫酸分离器；3—泵酸冷却器；4—酸雾捕集器；
5—中间酸贮槽；6—中间酸泵；7—氯气缓冲罐；8—氯气分配台

为确保氯气系统的压力稳定，可以通过设置两个回流调节氯气的方式来实现：一是在压缩机的出口管路和进口管路之间设置回流（俗称小回流）；二是在氯气分配台设置一路回流，回流至干燥塔氯气进口处（俗称大回流）。

经硫酸分离器分离出来的泵酸进入泵酸冷却器进行循环冷却（设置一级或二级，分别采用循环水和约 8℃冷水），保持酸温在约 20℃，并用 98%硫酸定期更换，确保泵酸浓度在 95%（质量分数）左右。更换出来的约 95%（质量分数）硫酸进入 95%（质量分数）高位槽，供干燥塔使用。

2. 离心式氯气压缩机（小型透平机）工艺流程

工艺流程如图 3-17 所示。来自氯气干燥系统并经酸雾捕集器除去酸雾的含水量约 100 mg/kg 的干燥氯气，进入离心式氯气压缩机（国产小型透平机）经二段压缩，使其压力升至 0.26～0.45MPa。压缩过程会使氯气温度上升，经过一级压缩后，需用一段氯气冷却器将氯气温度冷却至 30～40℃，再进入第二级压缩；第二级压缩后，经二段氯气冷却器冷却后进入氯气分配台向下游用户分配。

为确保氯气系统的压力稳定，通过设置回流调节氯气的方式来实现；为防止高压侧氯气在异常情况下窜回至低压侧，还需设置氯气防窜回自动控制功能。

3. 大型离心式氯气压缩机（大型透平机）工艺流程

工艺流程如图 3-18 所示。来自氯气干燥系统并经酸雾捕集器除去酸雾的含水量约 50mg/kg 的干燥氯气，进入大型离心式氯气压缩机第一级进口，经四级压缩，使其压力升至 0.45～1.20MPa（可根据下游氯产品用氯压力要求，选择出口压力）。压缩过程中，氯气温度上升，配备各级中间冷却器和后冷却器将每级氯气进口温度和最终出口温度冷却至约 45℃，然后进入氯气分配台向下游用户分配。

各级冷却器所用循环水均由独立设置的循环水系统提供，以防止氯气冷却器泄漏时，水进入氯气侧，造成压缩机损坏；另各循环水回路上均设置 pH 计随时监测回水 pH 值。

为确保氯气系统的压力稳定，通过设置回流调节氯气的方式来实现，为防止高压侧氯气在异常情况下窜回至低压侧，还需设置氯气防窜回自动控制功能。

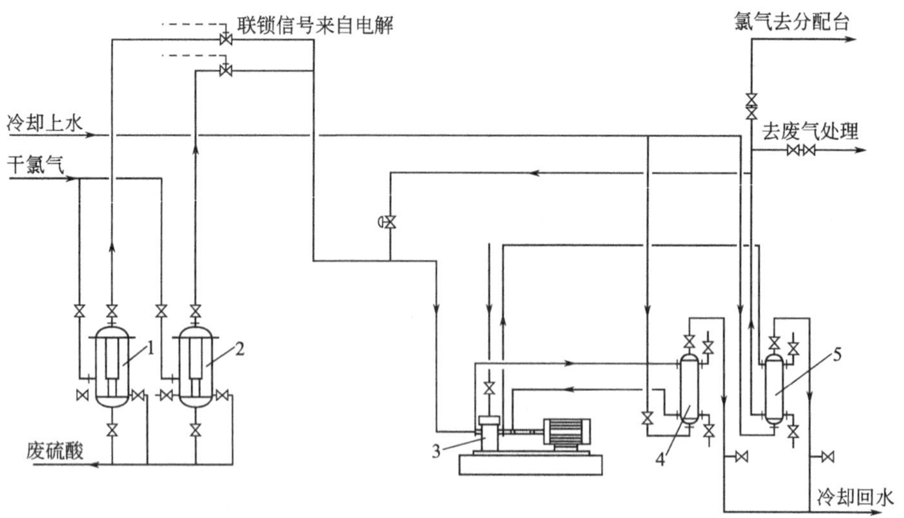

图 3-17 离心式氯气压缩机（小型透平机）工艺流程

1，2—酸雾捕集器；3—离心式氯气压缩机；4—一段氯气冷却器；5—二段氯气冷却器

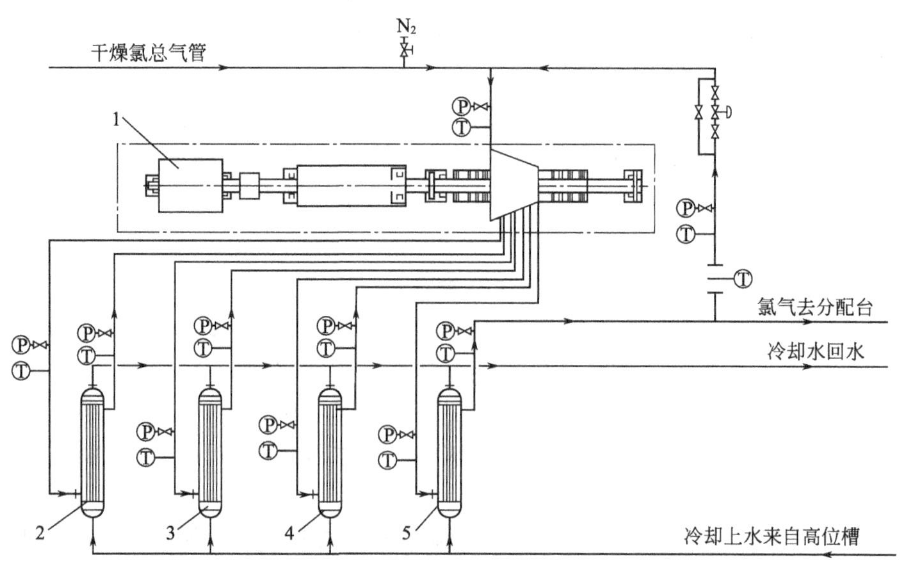

图 3-18 大型离心式氯气压缩机（大型透平机）工艺流程

1—大型离心式氯气压缩机；2—一段氯气冷却器；3—二段氯气冷却器；4—三段氯气冷却器；5—后氯气冷却器

三、氯气压缩的主要设备

目前氯气输送设备有两种形式，一种是液环泵，另一种是离心式压缩机。液环泵对氯气含水量要求不苛刻，但动力消耗大，输送量小，出口氯气压力低，适用于生产规模在 5 万吨/年烧碱能力以下的氯气输送。离心式压缩机具有输送量大、排气压力较高、运转平衡、得以改善工作环境等优点。该设备能量消耗与同气量液环泵相比节电 50%，但要求氯气中含水量＜100mg/kg，适用 5 万吨/年烧碱规模以上的装置输送氯气。

1. 液环式氯气压缩机（纳氏泵）

纳氏泵是一种液环式气体压缩机，它外壳略似椭圆形，内装有一个旋转叶轮，壳体与叶轮之间贮存适量液体（氯气压缩用浓硫酸），叶轮旋转时，其叶轮带动此液体一起运动，由于离心力作用，液体被抛向壳体形成椭圆形液环，由于在运动中各个角度上的液体量是相同的，所以在椭圆长轴方向，使气体容积增大，作为气体吸入的地方，而在短轴方向，由于气体体积缩小，气体被压缩并排出。其工作原理如图 3-19 所示。

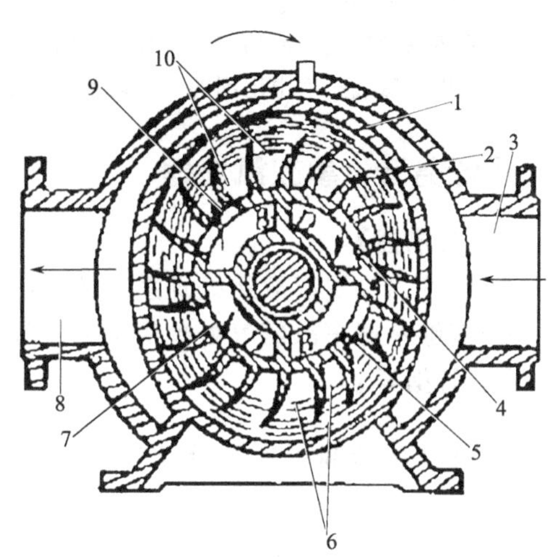

图 3-19　纳氏泵工作原理

1—壳体；2—叶轮（转子）；3—吸入接管；4—上排气口；5—下吸气口；6—下工作室；7—下排气口；8—排气接管；9—上吸气口；10—上工作室

纳氏泵运行中不单纯是对氯气的压缩，而是硫酸和氯气一起压缩，消耗的机械能部分使用在硫酸的吸入与排出过程中，所以功率消耗大。

2. 氯气离心式压缩机

氯气离心式压缩机又称氯气透平压缩机，它主要由主机系统、润滑油系统、密封气系统、仪表电气自控联锁系统、事故氯气处理系统等组成，简称其为机组。如图 3-20 所示。

氯气透平式压缩机是一种具有蜗轮的多级离心式压缩机，借助叶轮高速旋转产生的离心力使气体压缩，其作用与输送液体的离心泵相似。它与传统的纳氏泵相比能耗低，而且运转平稳，具有单机输送能力大、输出压力高的特点；另外，压缩过程中各级氯气温度均较高，需设级间氯气冷却器进行冷却；对进入压缩机的氯气含水量及其他杂质要求也相应严格。

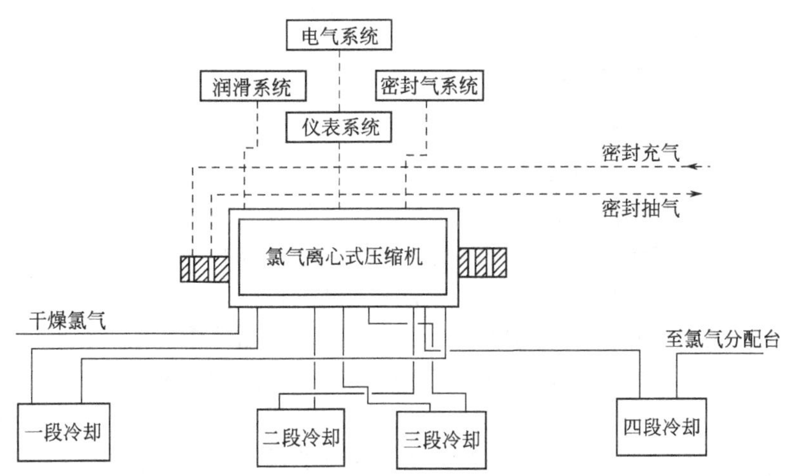

图 3-20　氯气离心式压缩机组构成

例如：国产氯气离心式压缩机，型号为 LLY-1-4-60-3700，为单机壳、单吸入、双支承、四段压缩的结构。整个主机由转子与固定元件组成，转动部分由叶轮、主轴、联轴器、推力盘组成；固定元件由机壳、扩压器、气密装置、排气蜗壳、轴承等组成。机组工作转速 10407r/min，是由 985r/min 的电机通过 XR 行星式增速箱获得，润滑系统采用强制供油润滑，轴承采用了动压轴承，端面密封则采用抽、充气相结合的梳齿型迷宫密封。

【任务训练】

1. 氯气压缩的任务是什么？
2. 简述三种氯气压缩的工艺流程，绘制出流程简图。
3. 说出在氯气压缩中用到的主要设备名称及结构。

子任务五　事故氯处理

【任务描述】

◆ 能说出设置事故氯处理系统的原因。

◆ 能够掌握事故氯气处理的工艺流程。

【任务指导】

一、设置“事故氯处理”系统的原因

氯气是一种具有窒息性的剧毒气体，如果发生事故或出现全厂突然停电等意外，很容易造成氯气外逸，不仅危害人体、威胁人的生命，还会严重污染环境。事故氯处理系统是氯气处理工艺中的应急处理系统，其原作用是当遇到系统停车、各类事故和全厂突然停电后用碱液吸收氯气系统内的氯气，以防氯气外泄。因此事故氯处理系统是确保整个氯气处理工序、电解槽生产系统以及整个氯气管网系统安全运行的有效措施。

本工序采用烧碱吸收法处理氯气并生产次氯酸钠成品。反应原理如下：

$$Cl_2 + 2NaOH \longrightarrow NaClO + NaCl + H_2O + 25.31kcal/mol$$

由于反应是放热反应，所以必须及时移走反应热。否则会使吸收液温度上升，发生下面的副反应：

$$3NaClO \longrightarrow NaClO_3 + 2NaCl$$

由上式可见，使产品保持一定的过碱量可以抑制副反应的进行。

二、事故氯处理系统的工艺流程

事故氯处理的工艺流程如图 3-21 所示。

电解开停车时产生的氯气和发生各种事故状态下外溢的氯气一并进入一级废氯吸收塔的下部，与经过循环液冷却器后的循环液逆流接触，进行吸收反应。未反应完的含氯尾气从一级废氯气吸收塔顶部出来再进入二级废氯气吸收塔下部，与预先配置好的约 15％碱液反应，进一步除去其中的氯气，达到环保排放标准的尾气经风机排入大气中。

从一级废氯气吸收塔底部出来的吸收液流入一级碱液循环槽，由一级碱液循环泵送出经一级碱液冷却器冷却后返回吸收塔，与氯气继续反应，直到循环液中有效氯≥10％，然后进行循环槽切换，即当一台循环槽的吸收液有效氯≥10％后即停止循环，立即改用另一台循环槽的吸收液继续循环吸收氯气；接着将有效氯≥10％的循环槽的吸收液通过成品次钠泵送至罐区，再向循环槽中补充新的碱液，准备下一次切换使用。

从二级废氯气吸收塔底部出来的吸收液流入二级碱液循环槽，由二级碱液循环泵送出经二级碱液冷却器冷却后返回二级废氯气吸收塔，与含氯尾气继续反应，当循环液中 NaOH 含量小于 9.15％后，需进行二级碱液循环槽的切换，接着将 NaOH 含量小于 9.15％的二级碱液循环槽的吸收液送至一级碱液循环槽，再向二级碱液循环槽中加入由碱液配制槽经碱液配制泵，送来配制成的 15％碱液，准备下一次切换使用。

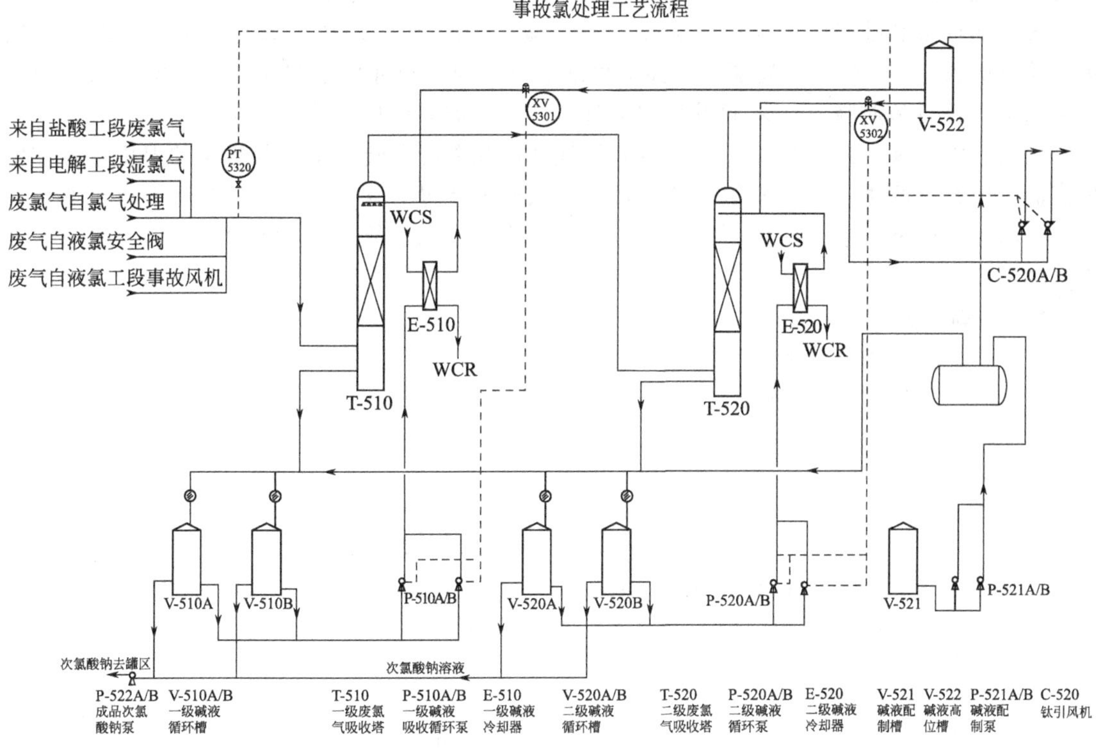

图 3-21 事故氯处理工艺流程

当遇到紧急情况或一级碱液吸收塔和二级碱液吸收塔任意一台吸收塔出现过氯情况下，立即打开碱液高位槽进一级和二级任意一台吸收塔的阀门，进行吸收废氯气。

整个氯气处理工序设置了两套事故氯气处理装置。一套设置在电解槽出口，与湿氯气水封相连，流程如图 3-22 所示。

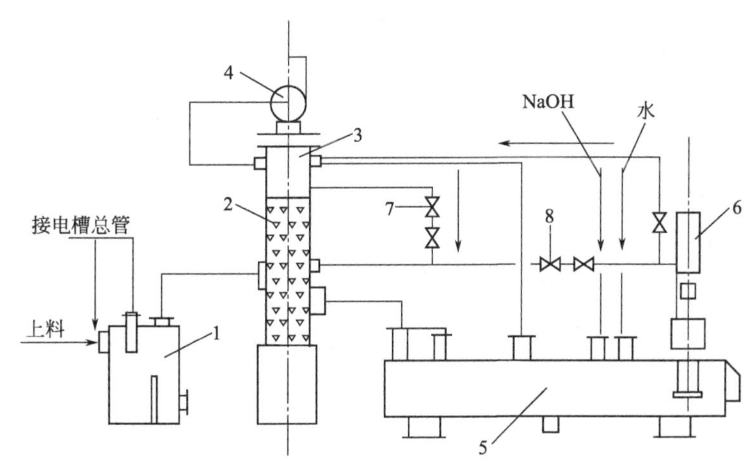

图 3-22 电解槽出口事故氯气处理装置

1—湿氯气水封；2—吸收塔；3—NaOH 高位槽；4—鼓风机；
5—NaOH 循环泵；6—液下泵；7—截止阀；8—止逆阀

另一套设置在氯气离心式压缩机出口，与机组排气管相连。设置在电解槽出口的事故氯气处理装置的运转启动与电槽出口总管的压力联锁，即当电解槽总管刚呈正压时，该处理装置的碱液循环泵和抽吸的鼓风机便自动开启。碱液（配制成16%～20%浓度）经泵6压缩进入喷淋吸收塔2，在不同高度的截面上喷淋而下，与正压冲破水封1进入喷淋吸收塔由下而上的氯气进行传质吸收，未能吸收的不含氯的尾气被鼓风机4抽吸放空。

设置在氯气离心式压缩机出口的事故氯气处理装置的运转启动，与机组的停机信号和电槽直流供电系统联锁，即当机组因故停机时，该处理装置的碱液循环泵及抽吸鼓风机便自动开启，将氯气管网（输出）中倒回的氯气经排气管抽吸入事故氯气喷淋吸收塔进行吸收，惰性气体放空。

【任务训练】

1. 为什么要进行事故氯处理，处理的原理是什么？
2. 简述氯气氯处理的工艺流程。

知识链接

降低氯气处理中浓硫酸消耗的措施

在氯碱生产的氯气处理过程中，浓硫酸消耗量的多少直接关系着生产成本，并影响着氯气压缩设备的使用寿命。目前，影响浓硫酸消耗量的主要因素包括：氯处理工艺流程、入塔氯气温度、入塔浓硫酸温度及纯度等。为降低浓硫酸消耗量，可从以下几方面采取措施进行处理。

1. 氯处理工艺流程方面

氯处理的传统工艺流程是：来自电解工序的85℃左右氯气先经过洗涤塔，除去盐杂质及80% 以上的水分，并降温至45℃左右；接着经过钛管冷却器、水雾捕集器进一步除去盐雾和水分，此时氯中含水量已经除去98%以上；再经过各类干燥塔、酸雾捕集器、各类氯气压缩机，然后经分配台输送至各用氯单元。国内干燥塔的组合流程主要有3种：单塔流程、双塔流程、三塔流程。

经过考察、借鉴，决定氯处理系统改造中采用双塔流程，即填料塔和泡罩塔组合。这样能发挥填料塔操作弹性大和泡罩塔处理量大、干燥效率高的优势，处理1t氯消耗浓硫酸约25kg左右。

2. 入干燥塔氯气温度方面

控制入干燥塔氯气温度，实际上就是严格控制出钛管冷却器的氯气温度。有效地控制钛冷却器的氯气出口温度，是提高干燥效率、降低酸耗的关键。

在钛管冷却过程中，氯气温度降低，氯气中的水蒸气冷凝形成冷凝液（含有盐杂质）排出系统。被冷却的氯气再经水雾捕集器，其内含的盐雾自身扩散与纤维表面碰撞，并吸附在纤维表面，进而形成大液滴，在重力作用下，液滴流至水雾捕集器底部冷凝液收集管道后，排出系统。实践证明，入干燥塔的氯气温度要控制在12～15℃，才能保证进入干燥塔时，氯中的水已经除去98%以上，大大降低浓硫酸消耗。

3. 入干燥塔浓硫酸温度方面

硫酸干燥氯气的过程实际是传质传热过程，水从氯气中扩散到硫酸中。传质推动力是氯气中的水蒸气分压与硫酸液面上水蒸气分压的差。氯气中水蒸气分压一定的情况下，浓硫酸液面上的水蒸气分压越低，传质推动力越大，越有利于传质。浓度一定时，浓硫酸液面上水蒸气分压的大小取决于浓硫酸的温度。然而，浓硫酸吸水过程是放热过程，浓硫酸循环吸水后温度必定会升高；因此，必须降低入干燥塔的硫酸温度。

实践证明，浓硫酸温度控制在12～15℃，是控制氯气干燥率的必要条件。特别是最后一塔浓硫酸入塔温度，因为氯中含水量取决于最后一塔浓硫酸液面上水蒸气的分压。

4. 入干燥塔浓硫酸质量方面

浓硫酸生产过程中，很难避免杂质的产生。杂质会沉积在填料塔、泡罩塔、管线中，造成阻塞，导致干燥塔阻力降升高，氯中含水量增多，最终导致浓硫酸消耗量增大。经实践证明，入塔浓硫酸质量应符合以下指标：

纯度 ≥98%；透明度 ≥50 mm；灰分 ≤0.03%；含铁量 ≤0.01%。

以上内容是以往的一些生产经验，在具体生产中随时会遇到各种各样的新问题，这就需要我们及时发现问题并找出原因、进而能够得到合理的解决。

任务二　氢气处理

氢气（H_2）是一种无色、无臭、无味的气体，密度很小，在标准状态下为 0.089g/m^3，等于空气的 1/14.38，在所有的气体中最轻，故容易在设备的最高处聚积，应注意防爆。

氢气在氧气中的爆炸极限为 5%～95%，在空气中的爆炸极限为 4.1%～74.2%。氢气与氯气混合后有可能发生燃烧及爆炸，遇到明火、电火花、电磁辐射、强烈震动极易产生燃烧、爆炸事故。因此，在生产和使用氢气过程中应注意以下几点。

① 禁止明火；禁止产生电火花、静电火花；禁止吸烟；禁止与热表面接触。

② 密闭氢气系统，不得泄漏氢气，氢气厂房应有通风设施。

③ 氢气系统的电器（电气）设施、照明设施均应采用防爆等级。

④ 手机、对讲机等有较强电磁辐射的通信工具进入现场应关机。

⑤ 氢气发生着火，如对周围环境无危害，让其自燃完毕。如氢气系统发生爆炸，应尽快充入氮气并切断氢气输送系统，防止回火，工作人员应尽快用干粉灭火器、泡沫灭火器等消防设备将火扑灭，不可使用水灭火。

子任务一　氢气处理的工艺原理

【任务描述】

◆ 能知道氢气处理的工艺原理。

【任务指导】

氢气处理工序的工艺原理：从电解槽出来的氢气，含有饱和水蒸气，同时还带有碱的雾沫，所以在生产过程中进行冷却和洗涤，冷却后的氢气由氢气压缩机压缩到一定压力后经氢气分配站送到氢气柜及各用氢部门。

为了保持电解槽阴极室内的压力稳定，并使其不在氢气系统内呈现负压，保证空气不被吸入而造成危险，所以在氢处理应设有电槽氢气压力调节装置及自动放空装置。

因此本工序的任务可概括为：对电解送来的高温湿氢气进行洗涤、冷却和加压，并保证电解氢气总管压力稳定。

【任务训练】

1. 请说出在生产和使用氢气过程中的注意事项。
2. 简述氢气处理的工艺原理。

子任务二　氢气处理的工艺流程

【任务描述】

◆ 能够熟知氢气处理的工艺流程。

【任务指导】

一、氢气处理的工艺流程

目前，国内离子膜烧碱生产装置中的氢气处理工序典型工艺流程一般有三种：①冷却、压缩；②冷却、压缩、冷却；③冷却、压缩、干燥（或在冷却后干燥）。这三种工艺流程一般根据生产规模和下游产品对氢气含水量以及压力的要求不同而选择。

1. 氢气冷却、压缩工艺流程

工艺流程如图 3-23 所示。来自电解工序的高温氢气（约 80℃）经安全水封进入氢气冷却塔（洗氢桶）底部，冷却水由塔上部进入进行直接喷淋，使氢气温度降至约 35℃，并洗涤所夹带的碱雾；从塔顶排出的氢气经氢气泵（水环式压缩机）压缩至一定压力后，排至气水分离器将夹带水分离，从气水分离器顶部排出的氢气依次进入氢气水雾捕集器和氢气缓冲罐，然后进入氢气分配台向下游用户分配。

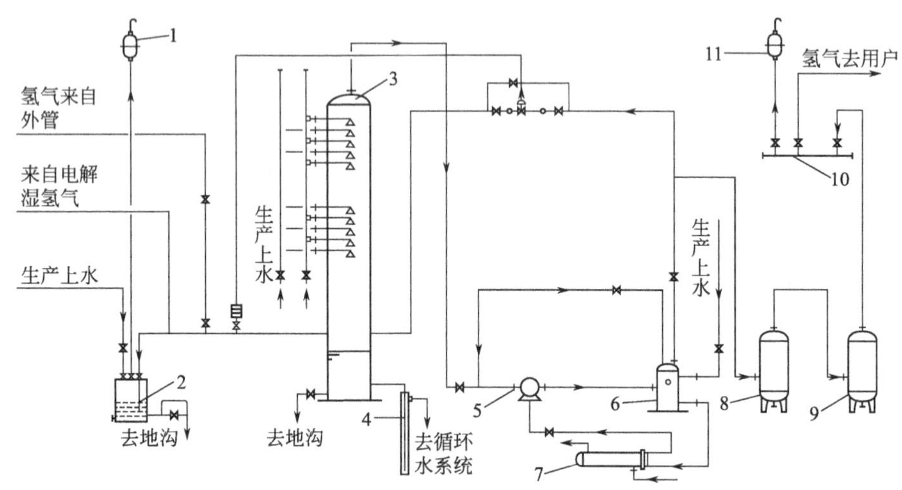

图 3-23　氢气冷却、压缩工艺流程

1—氢气阻火器；2—氢气安全水封；3—氢气冷却塔；4—水封罐；5—氢气泵；6—气水分离器；7—氢气泵水冷却器；8—水雾捕集器；9—氢气缓冲罐；10—氢气分配台；11—氢气阻火器

2. 氢气冷却、压缩、冷却工艺流程

工艺流程如图 3-24 所示。来自电解工序的高温氢气（约 80℃）经安全水封进入氢气冷却塔（洗氢桶）底部，冷却水由塔上部进入直接喷淋，使氢气温度降至约 35℃，并洗涤所夹带的碱雾。从塔顶排出的氢气进入氢气泵（水环式压缩机），压缩至一定压力（0.05～0.10MPa）后，经水气分离器将夹带水分离；从水气分离器顶部排出的氢气因压缩而温度升高，使得其含水量上升，因此采用列管式换热器（8℃水）将氢气温度冷却至约 15℃，以降低氢气中含水量。然后依次进入氢气水雾捕集器和氢气缓冲罐，再进入氢气分配台，向下游用户分配。

3. 氢气冷却、压缩、干燥工艺流程

工艺流程如图 3-25 所示。来自电解工序的高温氢气（约 80℃）经安全水封进入氢气冷却塔（洗氢桶或填料塔）底部，冷却水由塔上部进入直接喷淋，使氢气温度降至约 35℃，并洗涤所夹带的碱雾；从塔顶排出的氢气进入氢气泵（水环式压缩机）压缩至一定压力后，排至气水分离器将夹带水分离；从气水分离器顶部排出的氢气因压缩而温度升高，使得其含水量上升；采用氢气冷却器（列管式）将氢气温度冷却至约 15℃，然后经水雾捕集器将水雾除去后，经氢气缓冲罐进入氢气干燥塔，在塔内用固碱进一步吸收氢气中的水分；干燥后的氢气［含水量≤2%（质量分数）］进入氢气分配台，由此向下游用户分配。

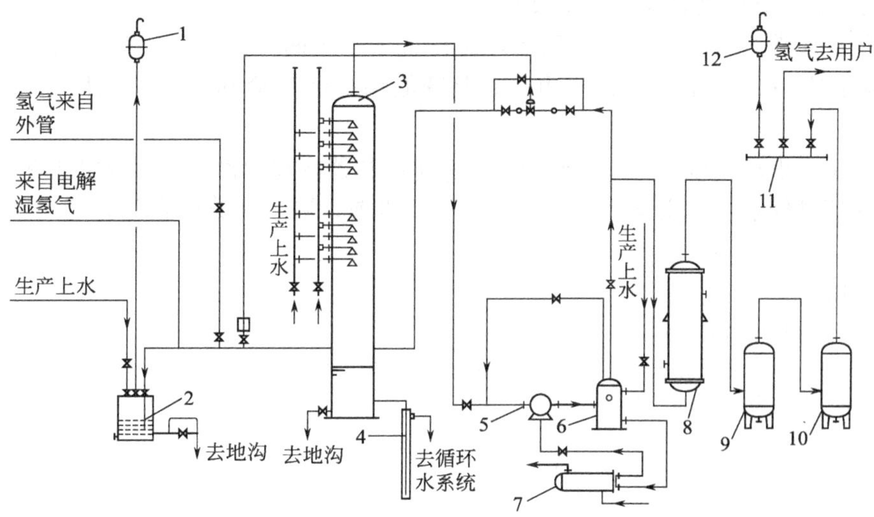

图 3-24　氢气冷却、压缩、冷却工艺流程

1，12—氢气阻火器；2—氢气安全水封；3—氢气冷却塔；4—水封罐；5—氢气泵；6—气水分离器；7—氢气泵水冷却器；8—氢气冷却器；9—水雾捕集器；10—氢气缓冲罐；11—氢气分配台

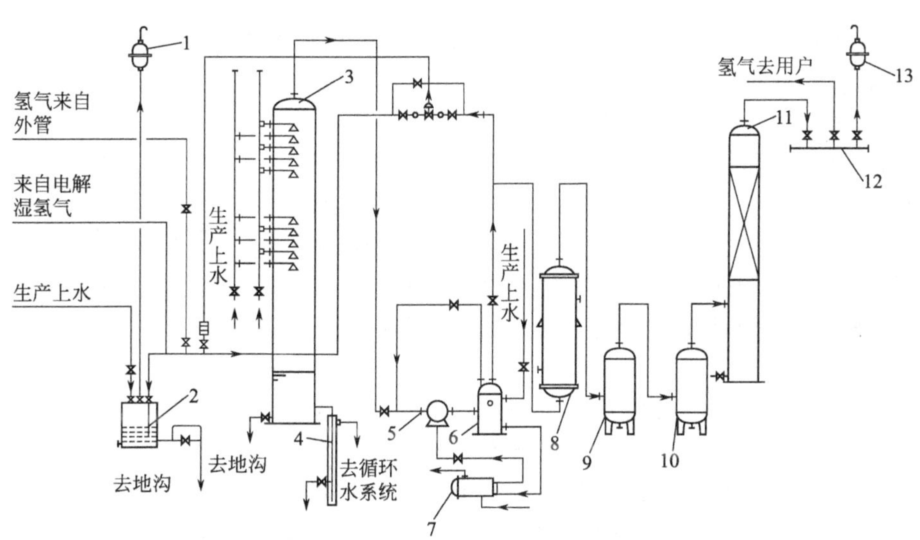

图 3-25　氢气冷却、压缩、干燥工艺流程

1，13—氢气阻火器；2—氢气安全水封；3—氢气冷却塔；4—水封罐；5—氢气泵；6—气水分离器；7—氢气泵水冷却器；8—氢气冷却器；9—水雾捕集器；10—氢气缓冲罐；11—氢气干燥器；12—氢气分配台

干燥塔内的固碱要定期或根据干燥后氢气中的含水量来确定是否更换补充；吸收水分后产生的碱液回收利用。

二、三种工艺流程的共同点

① 为确保氢气系统的压力稳定，通过设置回流调节氢气的方式来实现；并在氢气冷却

塔前和氢气分配台分别设置氢气安全放空。

② 氢气冷却塔如用软水作冷却用水，需设置软水中间冷却器和循环泵闭路冷却循环，当水中含碱量达一定浓度时回收利用；如此既能保证洗涤冷却效果又能回收碱，减少碱损失。

③ 氢气泵（水环式压缩机）用水经氢气泵水冷却器冷却后循环使用或定期更换。

④ 为保证氢气系统的安全生产，在氢气冷却塔前、塔后和分配台等各管路上，设置充氮置换系统。

【任务训练】

1. 进行氢气处理的目的是什么？
2. 简述出三种氢气处理的工艺流程，能绘制出至少一种流程简图。
3. 能说出三种氢气处理的工艺的共同点。

子任务三　氢气处理的主要设备

【任务描述】

◆ 能够认识和熟知氢气处理的主要设备及其结构。

【任务指导】

一、液环式输送机

常用的为水环泵，工作原理与氯压机相类似。其结构如图 3-26 所示。水环泵的结构简单，主要由机体和轴封组成。机体的主件有：主体、端盖、左右定子、叶轮和轴。当叶轮旋转时，水被叶片带动旋转，由于离心力的作用，水被抛至壳体内壁，形成一层接近等厚度的椭圆形水环，致使椭圆形水环与叶轮轮毂之间形成月牙形空间，该月牙形空间被叶片分成一个个不同容积的工作室。气体从入口轴向吸入定子，径向进入工作室。工作室的容积随叶轮的旋转周期性变化，完成气体的吸入与压缩排放。

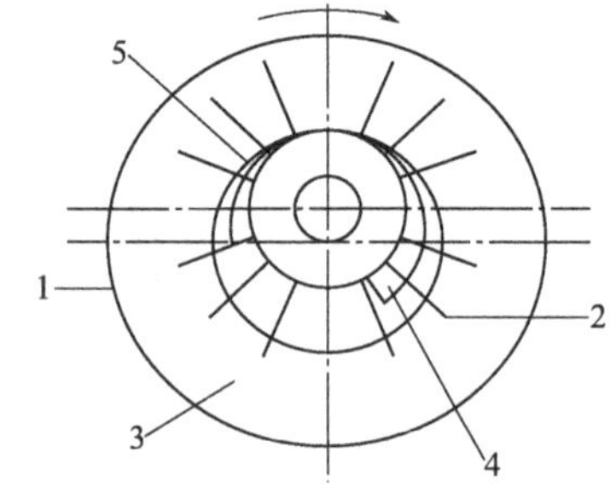

图 3-26　水环真空泵

1—外壳；2—叶片；3—水环；4—进出口；5—排气口

液环泵在运行过程中，气体从排气口排出时，必然会带走一定的液体。因此，要不断地向液环泵内补充工作液体，以保持良好的液环形状。唯一影响液环形状与厚度的因素即为补充液体量。补充液体量的多少直接影响泵的工作效率及排气量，过大，会使电机电流突然升高，气体排量减小；过小，会使泵体发热，甚至导致压缩区和排气连通，从而使排气压力和排气量迅速降低。

由此可见，对于配置已定的氢气压缩装置，控制好补充液体量是至关重要的。实际生产中是以控制液环泵配套的汽水分离器液面（与泵轴中心线在同一水平位置）来实现对补充液体量的控制。

一般情况下进气温度和闭路用水温度的偏高都会导致水环泵温度升高（一般要求控制在约 35℃），既影响输送能力，又影响氢气含水量。泵的组装质量也会影响输送能力。

用氯压机也可作为输氢设备，一般地说，输氢压力比输氯压力要低，这样可用旧输氯机（即压力达不到要求者）作为输氢机之用，其好处是具有通用性。如果新氯压机作为输氢机用时，还可以加速（如由 735r/min 提高到 975r/min）。这是由于输氯以相对密度 1.83 的硫酸做液环，而输氢时却以水作为液环之用的缘故。

二、罗茨鼓风机

这类设备的结构如图 3-27 所示，罗茨鼓风机一般采用卧式，在机体内通过同步齿轮的作用，使两转子相对地呈反方向旋转，鉴于叶轮相互之间和叶轮与机体之间具有适当的工作间隙，以致构成进气腔与排气腔相互隔绝（存在泄漏），借助于叶轮旋转将机体内的气体由进气腔推送至排气腔后排出机体。

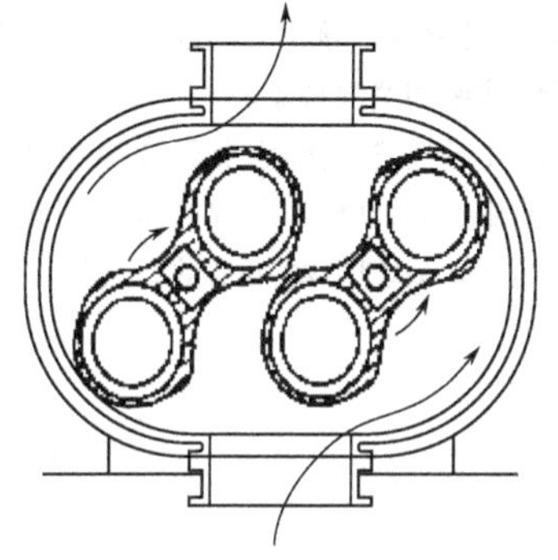

图 3-27 罗茨鼓风机

罗茨鼓风机属于容积式风机，出口阀不能完全关闭，采用旁路调节流量，操作温度不超过 85℃，以防转子因热膨胀而卡住，出口压强（表压）不超过 80kPa，如果出口压强太高，则泄漏量增加，效率降低。

罗茨鼓风机的工作特点是排气大、均匀，稳定、动力消耗少；不足之处是输送压力不高，噪声大。这种输氢设备，用于生产盐酸，则它的工作压力足够，如果用于生产 PVC，则感压力不足。

【任务训练】

1. 请描述水环泵的主要结构和工作原理。
2. 简述罗茨风机的特点。

知识链接

解决硬水地区氢气喷淋冷却塔内管道堵塞的方法

目前，国内各厂采用的氢气喷淋冷却塔通常有三层喷淋分布器，在分布器上开有直径为 1.5～3mm 的众多小孔，冷却水从分布器的小孔喷射出来直接和高温湿氢气接触，通过热交换降温，大部分水蒸气变成冷凝水，和冷却水一起由塔下部流出，湿氢气冷却后从塔顶流出。绝大多数氯碱厂的氢气喷淋冷却塔的冷却水采用井水，极少采用循环水作冷却水。在硬水地区，即便用井水作冷却水，运行约半年多时间，氢气喷淋冷却塔内的分布器管道和小孔大部分堵塞，不得不停车清洗。

为了防止堵塞设备和保障生产正常运行，石家庄某化工厂把氢气喷淋冷却塔中氢气冷凝水，建成独立的冷却循环系统，循环使用冷却水，其流程如图 3-28 所示。

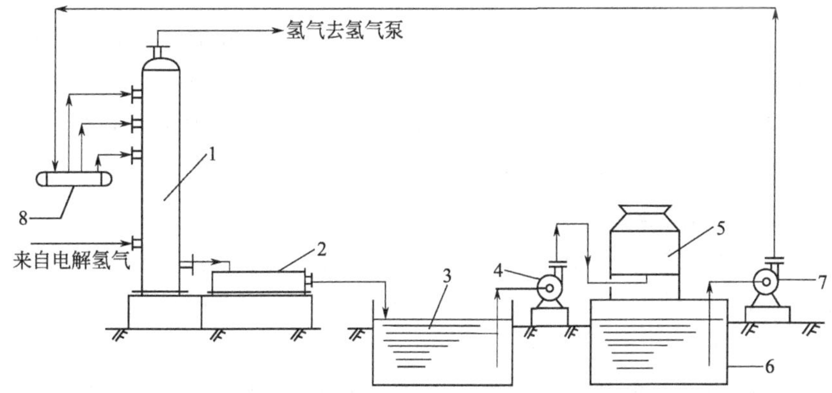

图 3-28 氢气冷凝水循环利用流程

1—氢气喷淋冷却塔；2—水封槽；3—热水池；4—水泵；
5—凉水塔；6—凉水循环池；7—水泵

循环冷却水进入氢气喷淋冷却塔1中，和其冷凝下来的水从氢气喷淋冷却塔1出来经水封槽2流进热水池3，用泵4将热水打到凉水塔5冷却，流进凉水循环池6，由泵7将凉水循环池6中冷却水经水分配台8送进氢气喷淋冷却塔中。这样不停地循环使用。

刚开车时，先将热水池和凉水循环池用井水充满，视贮水池容量和井水硬度确定加否阻垢剂。经过长时间生产运行，热水池和凉水循环池中不用补加井水，循环冷却水经多次化验，其总硬度为1～2mg当量/L，碱度为80mg当量/L。该化工厂经过三年多的实际运转，每年停电大修时，打开氢气喷淋冷却塔的人孔检查，没有发现任何结垢和堵塞现象。

由于湿氢气中水蒸气在氢气喷淋冷却塔中冷凝成水，这样水池中的循环水逐渐增多，可定时用泵将循环池中的冷却水输送到盐水工序化盐用，也可以作为整流、氯乙烯转化器及合成氯、化氢炉等的软化水综合利用，达到节约用水的目的。

任务三　氯氢处理的岗位操作

【任务描述】

◆ 能够进行氯、氢处理开停车岗位操作。

◆ 能够熟知氯、氢处理的操作注意事项。

【任务指导】

实际生产中由于各氯碱厂在氯气处理工艺和氢气处理工艺都不尽相同，具体的开、停车操作步骤也就不相同。这里只介绍一些普遍的岗位操作步骤。

一、开车前的准备工作

1. 氯气处理系统开车前的准备工作

① 开车前对整个处理系统详细检查。检查设备、管道是否畅通和有无泄漏；阀门、仪表及其他零部件是否齐全、完好、可用；与电解、液氯、盐酸等工序取得联系；氯气尾气处理系统，吸收碱要满罐，碱池要满烧碱；开动尾气吸收液循环泵，做好接收废气的准备。

② 请示调度准备开车。酸贮罐、硫酸高位槽，要满硫酸；开氯水循环水泵、泡罩填料塔硫酸循环泵；开泡罩塔加酸阀及各冷却器冷却水阀。

③ 检查电机、机体、阀门、螺丝、盘车检查是否正常。开油冷却水和中间冷却器冷却水；检查油箱油位是否符合要求，若油温度低于25℃，应使用电加热器通电加热，当油箱油温高于35℃时电加热器断电停止加温；检查透平机各仪器仪表是否齐全、完好；启动辅助油泵，运转5min，供油压调到≥0.10MPa，开车后调至正常值。

2. 氢气处理系统开车前的准备工作

① 联系电解调度室进行开车准备，检查管路、阀门、滴水管、泵等是否完好齐全。

② 开氢气喷淋塔冷却水、做好接收氢气的准备。

3. 5℃水机组开车操作

检查5℃水机组设备、管路、阀门及电器是否完好，灵活好用；开氟利昂冷却水，开5℃水机组和5℃水泵，往各冷却器供5℃水。

二、 开车操作

1. 透平机开车操作

关闭透平机入口阀、去液氯工序氯气阀及废氯出口阀；全开透平机回流阀，启动透平机；当电解开始送电时，三人同时操作：一人缓慢开启透平机入口阀，一人调节回流阀，把电解槽压力控制在规定范围内，另一人缓慢开启废气出口阀，控制废气出口压力为0.1MPa左右；当原氯纯度≥70%时，关闭废气出口阀，同时打开去液氯工序氯气阀；透平机运转正常后，打开回流自控阀，缓慢关闭透平机回流阀，转入正常操作；调节密封气压力，此压力应比吸入口压力高0.01～0.02MPa。

2. 氢气处理开车操作

打开罗茨风机入口阀、出口阀、回流阀及系统回流阀，启动罗茨风机；电解开始时缓慢关闭罗茨风机回流阀；根据需要再适当关闭系统回流阀，控制电解槽压力为0～50Pa，罗茨风机的出口压力在0.03～0.035MPa范围内，等氢气纯度合格后送盐酸工序。

三、 停车操作

1. 氯气处理系统停车操作

① 接到停车通知，马上做好停车准备。逐步打开透平机回流阀直至全开，同时打开废气出口阀，然后关闭去液氯阀门，根据停车时间或检修情况决定电解至氯氢工序氯系统置换时间，置换完毕后打开一级入口空气充气阀，关闭透平机入口阀，进一步彻底置换机组系统内的剩余 Cl_2。

② 停主机电机，备用油泵继续运行30min后停；向主机系统充入干燥氮气保护；打开油冷却器及中间冷却器的放水阀，放净冷却水。

③ 当遇到下列情况：氯处理系统突然停交流电；氯压机和电器严重损坏，无法维持正常生产；氯气大量外溢；外工序或本工序出现事故，造成氯处理系统爆炸，氯气外溢时氯氢处理工序当班班长有权作紧急停车处理，处理步骤：按响警铃通知氯化氢停合成炉；整流室停直流电；停合成炉要在停直流电前；马上关原氯分配台去液氯阀门，开废气阀，处理系统内废气，查找事故原因。

2. 氢气处理系统停车操作

停氢气泵前联系用氢单位，通知调度安排，停止供氢。电解降电流过程中，逐步打开罗茨风机回流阀，打开放空阀，关闭去盐酸氢气阀，对氢气系统进行氮气置换后停罗茨风机。打开冷却器系统放水阀放净冷却水。

四、 正常运行中的操作注意事项

1. 氯气压缩机正常倒泵操作

正常生产中，当正在运转的透平机因故障需停机检修时，必须先按开氯压机的程序，启动备用氯压机；调解正常后，两人配合，在正常电解系统压力不变的情况下，关闭停泵入口，开新泵入口；待停泵入口全部关严后，按停车程序停车检修。

通过压力调整控制调节阀的开启度来保持电槽压力平稳。特别是在开停车，停送电时尤为重要。电槽正压时关闭一点调节阀，减少氯气的回流量；而当负压大时，则应开大调节阀，增加氯气的回流量；在突然停直流电时，应马上全部打开调节阀，在泵入口调节电解氯总管压力呈微负压，防止空气被大量抽入影响氯气纯度。氯压调节十分重要。用手动调节时，必须专人负责。

2. 氢气压力的调整

保持微正压，必须认真按操作说明进行。

五、巡回检查

每 15min 巡回检查一次，每小时按操作记录要求记录一次。

每小时记录项目有：冷却塔进出氯气温度，干燥塔出口氯气温度和出口氯气真空度，干燥塔出酸比重；总管氯气压力，原氯压力，氯压机的运转电流，主机温度；每班记录一次耗酸量和耗碱量，每日记录一次耗水量，每周记录一次氯中含水量。

巡回检查冷却塔，氢气、氯气管道是否有堵塞现象，并及时处理，畅通无漏；检查干燥塔的下酸是否正常，及时调节处理；检查干燥塔的硫酸浓度降低情况，若低于规定标准时，应及时调整酸流量；检查电动机和其他运转设备运转情况，如有不正常，应立即和电工、保全工取得联系，及时检查处理；检查氯压机的机械密封情况，出现故障时需及时查明原因处理；检查密封气压力是否控制在规定范围内；检查油温、油压及过滤器前后压差是否正常，发现问题及时处理；检查氯气纯度，氯气中含氢、氯中含水，若不符合要求，及时和化验室联系，做出处理。

【任务训练】

1. 请说出氯气处理系统开车前的准备工作。
2. 简述氢气处理系统的停车操作步骤。
3. 试分析并说出氯气处理系统的停车操作过程。
4. 描述出氯气压缩机正常倒泵操作的注意事项。

任务四　氯氢处理的常见故障及排除方法

【任务描述】

◆ 能对氯氢处理系统的常见故障进行分析并提出处理方案。

【任务指导】

氯气处理的常见故障及排除方法见表 3-3，氢气处理的常见故障及排除方法见表 3-4，事故氯处理的常见故障及排除方法见表 3-5。

表 3-3　氯气处理的常见故障及排除方法

序号	故障现象	产生原因	处理方法
1	冷却、干燥正压增大	压缩机前系统堵塞	找出并清洗堵塞物
		压缩机入口阀门阀芯脱落	修理气体入口阀门
		氯压机电压过低，启动跳闸或超负荷熔断保险	检查电气设备
		用气部门突然停止或减少用量	报告调度室及时平衡处理

续表

序号	故障现象	产生原因	处理方法
2	冷却、干燥压力减小	电解负荷突然降低，压缩机抽力大	开大气体回流阀，调节压缩机出口阀门
		测压管道内存有液体或堵塞，使得阻力增大	排除液体或堵塞物
3	冷却压力增大、干燥压力减小	氯气冷却器内氯气温度低于10℃，形成氯的水合物结晶，堵塞管道和压力表	提高氯气冷却器出口温度至10℃以上（或停开冷却水）
4	氯气中的含水超过规定指标	干燥硫酸浓度过稀或酸不干净	检查硫酸浓度和纯度，及时更换
		加酸量过小或断酸	注意调节酸量
		酸温高	降低酸温
		进塔氯气温度高含水量大	加强氯气冷却
		分析或取样有误差	重新分析
5	氯气冷却器冷凝氯水多，长流不断	冷却器列管损坏，水进入列管	停车拆修冷却器
6	停车后氯气管道爆炸	因氯气含水多，停车后未能将此氯气排除，则氯气与金属发生作用放出氢气，氢气积累过多使氯内含氢高，或氯中含氢积累，形成爆炸	停车时间过长，应将湿氯气排净
7	填料干燥塔氯气出口压力异常降低	填料太碎或太紧	换填料或重新装填料
8	氯气洗涤塔或干燥塔发生气泛	气量大，而加入的氯水量或硫酸量太小	加大氯水量或硫酸量
9	氯气洗涤塔或干燥塔发生液泛	加入的氯水量或硫酸量太大	减少氯水或硫酸加入量
10	氯气洗涤塔出口氯气温度高	气体短路	重新装填料
		加入的氯水温度高	开大氯水冷却器循环水量
		加入的氯水量小	加大氯水量

表 3-4　氢气处理的常见故障及排除方法

序号	故障现象	产生原因	处理措施
1	氢气压力不稳定	管道、设备积水	除积水
2	氢气进氢气压缩机温度高	循环水流量小	调节循环水量

表 3-5　事故氯处理的常见故障及排除方法

序号	故障名称	产生原因	处理方法
1	碱液配制槽出口碱液浓度高	原料碱液和生产上水比例不适	1. 减少原料碱液量 2. 增加生产上水加入量

续表

序号	故障名称	产生原因	处理方法
2	碱液配制槽出口碱液浓度低	原料碱液和生产上水比例不适	① 增加原料碱液量 ② 减少生产上水加入量
3	冷却器出口循环液温度高	冷却器所用循环上水量少	增大冷冻上水水量
		压力不够	联系升高循环上水压力
		换热器有污垢影响换热效果	及时清理换热器内的污垢
4	循环液中逸出氯气	循环液中过碱量小	切换循环槽
		有效氯分解	检查冷却系统
5	大量氯气外逸	无过碱量	立即换新循环液或碱液
		阀门管道泄漏	用氨水检查管道阀门并采取措施
		循环泵跳闸	重新开启循环泵
6	反应温度上升	循环液中含碱量小	启用新的循环液
		冷却器冷却效果差	检查冷却器或加大循环水量
7	循环液中，析盐量多	氯气温度过高	控制循环液温度在指标内
		过碱量太低	切换循环槽
		碱液浓度太高	控制配碱浓度在15%
8	循环液变棕红色	原料碱含铁量高	检查原料碱含铁量
		循环液温度太高，引起次氯酸钠分解	控制循环液温度

【任务训练】

1. 在氯、氢气处理过程中有哪些常见故障，能说出其原因及处理方法。
2. 对于在事故氯处理中的常见故障，简述其原因及处理方法。

案例分析

氯气处理工序是个事故多发部门，现收集有关的典型案例介绍如下。

【案例1】事故名称：干燥塔爆炸。

发生日期：1987年7月某日。

发生单位：某电化厂。

事故经过：该电化厂进行化工试车。试车进程中，发现氯气洗涤塔后的钛鼓风机回流控制阀有故障。仪表检修人员在修理检查时，未联系操作人员，在检查修理过程中，误致该回流控制阀自动关闭，造成电解槽出口氯气总管负压骤升，达6.87kPa左右。不久氯气干燥塔顶及进酸管炸裂，进塔硫酸似喷泉一般，同时电槽数列发生爆鸣，电槽盖顶开，氯气外逸，使化工试车被迫中止。

原因分析：电解槽出口氯气总管负压日常应控制在0.15～0.50kPa之间。在钛鼓风机回流控制阀检修时，该阀自动关闭，导致氯气总管负压大增，使电解槽隔膜损坏，大量阴极氢气抽吸入氯系统，使氯内含氢增加，达到爆炸极限，导致爆炸发生。而干燥塔材质薄弱，成为泄压突破口。

教训总结：① 严格控制电槽出口氯气总管负压 0.15～0.5kPa；

② 严格控制氯内含氢≤0.6%；

③ 检修回流自控阀前必须打开手控回流阀，以作调节负压之用；

④ 维修有专人监护。

【案例 2】事故名称：氯气离心式压缩机叶轮腐蚀。

发生日期：1980 年某月某日。

发生单位：上海某厂。

事故经过：该氯碱厂 A# 氯气离心式压缩机组正满负荷运行。班长在巡回检查中发现其中一台中间冷却器出水管有氯气味；操作控制室内，机组各级压力比显示异常。在请示调度后，立即实施全厂紧急停车。停车后，打开主机汽缸盖检查，其中二级叶轮已腐蚀掉大半，其余级叶轮受到不同程度的腐蚀，该机转子报废。中间冷却器Ⅰ级有数十根列管漏。用了数十天修复。后单独用 B 机组组织全厂开车。

原因分析：氯气离心式压缩机叶轮腐蚀主要是中间冷却器列管泄漏所致。Ⅰ级中间冷却器液相水压力 0.05MPa，而Ⅰ级气相氯气压力仅为 0.04MPa 定右。在中间冷却器列管因材质等原因发生泄漏，就会使冷却水进入气相，由于叶轮之抽吸带至其余各级，使叶轮腐蚀掉，从而使整台转子报废。另外在实施停机后（紧急停车）才关闭冷却水，为此紧急减量（主机自身回流打开）时气相压力更低，冷却水就更会进入气相，造成腐蚀加剧。

教训总结：中间冷却器泄漏是威胁机组安全运行的重大隐患，国内外都为此付出过代价。防止冷却器泄漏要做到以下几点。

① 严格按照操作规程作业，中间冷却器的液相压力不得大于气相压力，一旦发生中间冷却器泄漏，只会使气体逸入液相，而不会发生冷却水进入气相。

② 发现中间冷却器泄漏，应立即关闭该冷却器的进水阀门，以进一步降低液相压力，并放掉冷却器内剩水，再实施停车作业。

③ 每小时用比色分析仪逐台检测一次冷却水中微量氯含量，一旦发现微量氯含量增加，马上确证哪一台中间冷却器泄漏，以便尽快处理。

④ 提高中间冷却器制作质量，并实施水质处理或防腐蚀处理，以达到阻垢缓蚀的作用。

【案例 3】事故名称：“氯火”事故。

发生日期：1989 年 某月某日。

发生单位：上海某厂。

事故经过：该氯碱厂氯气离心式压缩机组大修后进行化工试车。在空气试车过程中，各级参数正常，仅发现 3# 机进口气相温度偏高，而 2# 机出口气相温度正常。当班班长亲自检查，Ⅱ级出口中间冷却器进、出水阀门均开启，进水压力 0. 09MPa，放出发生底部水，发现有点热，认为是水供给不足。通知调度后，总水压 0.2MPa（上升），但该中间冷却器仍未见好转，以为仪表失灵，不影响化工试车。在通氯运行后，3# 机进口气相温度直线上升，超过 100℃ 报警。再检查冷却水还是老样子，但 2# 中间冷却器筒体发烫。在联系停车时，3# 机进口气相温度已骤升超过 200℃，最高达 270℃。紧急停车。经开机盖检查，发现 2# 机叶轮烧掉大半，该级流道颜色部分深暗，2# 冷却器筒体油漆全烧掉。此乃“氯火”事故。

原因分析：从整个事故发生过程仅数分钟的事实来看，这次事故实属突发性故障。事后疑点全在冷却水断水上。尽管冷却水系统未见异常。但将 2# 中间冷却器进出口冷却水阀门拆下检查，发现 2# 中间冷却器进水闸门阀芯脱落。外表看该阀门芯连杆露出很长，似乎已开足，其实阀芯落在下面未打开，造成 2# 中间冷却器断水，其底部放出水是中间冷却器的剩水。通氯后 3# 机气相温度骤升，氯气温度升至 149℃，就会与铁反应燃烧，造成“氯火”现象发生。

教训总结：① 在开车前的检查中要确认各个阀门是否真正开启，可以由手感觉出来；

② 在各级中间冷却器进、出口管上补取样口，这样可确保检查有效；

③ 在温度报警后立即紧急停车，以缩短时间，确保氯气温度不会达到着火点。

【案例 4】事故名称：钛列管冷却器烧坏。

发生日期：1990 年 8 月 9 日。

发生单位：某树脂厂。

事故经过：该树脂厂对氯气处理工序进行全面改造，尤其冷却系统由原来的二级冷却改为三级冷却。流程开车不足十天，便发生第三级全钛冷却器严重腐蚀，90%的钛列管冷却器的钛管烧坏，其中 50%左右被蚀严重，28 根已被烧穿。上管板有点蚀情况，列管段离上管板 200mm 以内均被腐蚀，并以 30～120mm 之间较为严重，有几根被蚀严重，局部已成蓝灰色。

原因分析：事故发生后，作了金相和电镜分析，腐蚀区有氯元素存在，尤以蓝灰色处为甚。钛管呈蓝灰色，说明此处经高温，并不可能是电化腐蚀，而被蚀区金相结构未遭破坏，只可能是化学腐蚀，是钛与氯气反应形成的化学腐蚀。发生这种情况只可能是局部区域水蒸气被脱掉，破坏了饱和度，使这区域氯气成为干氯气；另外此局部区域温度升高，才具备了反应条件。

教训总结：① 该冷却器氯气走壳程，上管板处有死角，可能产生氯内氢的积聚，结构不太合理；

② 该冷却器试车时，既没有开启冷冻水，又没有开自来水，在开车前应先开冷却水；

③ 工艺布局不合理，第三级氯气温度已不高，安排全钛冷却器有所不妥。

【案例 5】事故名称：中冷器列管腐蚀。

发生日期：1993 年 1 月 19 日。

发生单位：天津某厂。

事故经过：19 日 15 时 45 分中班接班后 2# 氯压机组运转正常，各项控制指标均符工艺要求。16 时 50 分中冷器下水 pH 值由 8.5 下降到 7.1，当班值岗人员认为中冷器下水 pH 下降原因可能是周围大气中含氯浓度高溶解至循环水中所致，但也不排除中冷器漏，氯气跑到循环水中，因此采取加大往循环水池中补充水量的措施，用以置换 pH 值低的循环水。但经 30min 的置换，循环水的 pH 值并没有上升，反而下降至 6.5。鉴于此，对机组各级中冷器下水和循环水池的水取样滴入药液均呈红色，并有絮状物沉淀（平时用比色法分析水中游离氯含量，当时此仪器坏了），说明循环水池中的水和各级中冷器下水含氯大大超标。18 时 15 分再次取样分析，发现三级中冷器下水有明显氯气味，从而判断三级中冷器已漏。于是同调度及有关岗位联系，氯压机停车处理。18 时 20 分纳氏泵与Ⅱ型泵并网，氯压机氯气往纳氏泵切换，并注意氯压机各级出口压力，停下循环水泵并排掉中冷器中冷却水，18 时 30 分切换完毕，空气运转 10min 后停主机。

翌日 8 时打开三级中冷器氯气进口，发现三级中冷器氯气进口管及三级中冷器气相中潮湿，证明三级中冷器确实漏了，同时也说明二级中冷器气相中有水。此时怀疑机中进水，但将一级进口加空气管法兰断开后，未发现积水。当时欲将一冷、二冷、四冷氯气进口管断开，检查是否有水，保全工说没有问题，就没有进行此项工作。将 3# 中冷器换新后进行空气运转约 10min，循环水变黄（在空气运转前已将循环水池的水用清水置换完毕），余者正常。后将循环水再次置换变清，为稳妥起见，夜间不通氯，在空气运转期间与仪表联系做含水分析，因含水分析仪有问题，故未做。

19 日 9 时通氯主机电流波动，主机声音不正常，停机。将四台中冷器氯气进口打开皆有大量水，打开机盖后，发现各级叶轮腐蚀严重，尤以二级叶轮为最。后将四台中冷器全部试漏检查。仅 2# 中冷器未漏，余者皆漏。

原因分析：

(1) 冷器漏的原因

① 置于循环水池上的次氯酸钠罐中的次氯酸钠，曾多次溢流至循环水池中，次氯酸钠是强氧化物，从管内腐蚀列管（水走管内）。

② 1 月 18 日 14 时 10 分，钛管（氯气处理工序）加酸管冻，用蒸汽吹化，蒸汽冷凝水顺着电缆流进配电室，造成钛管电气系统掉闸，后经抢修于 14 时 45 分送电开车。在长达 35min 时间里，电槽出来的湿氯气未经冷却、干燥直接进到氯压机中（一级进口温度 48℃，出口 11℃），造成氯压机和中冷器严重腐蚀。

③ 2# 机在运转过程中，中冷器两次停水（一次换水泵出口阀门，一次换 1# 机中冷器阀门），使中冷器氯气进出口温度升高。

④ 1# 中冷器已使用三年以上。

(2) 三台中冷器（1#、3#、4#）是何时漏的

① 1# 中冷器是最先漏的，因为钛管停车高温湿氯气首先进一级，然后进 1# 中冷器，经冷却后的水蒸气冷凝成水，与氯气反应生成 HCl 和 HClO，造成对 1# 中冷器的严重腐蚀。二级叶轮腐蚀最严重也证明了这一论点。因为该厂进中冷器冷却水压约 0.04MPa，一级出口氯气压力为 0.03～0.04MPa，1# 中冷器漏后水要进到氯气中，故对二级叶轮造成严重腐蚀。

1# 中冷器漏是不易被发现的，因为水要进到氯气中，氯气很少跑到水中，但要仔细分析观察还是能检查出 1# 中冷器下水 pH 值和游离氯变化的，特别是该厂 1# 中冷器气相与液相压力相近的情况下，水能跑到氯气中，氯气也能跑到水中，故 1# 中冷器列管遭到里外腐蚀。

② 3# 中冷器漏容易被发现，因为三级出口氯气压力较高，加之该厂三级中冷器曾漏过多次。

③ 2# 机空气运转时该厂与仪表联系要做一级出口含水分析，但仪表单位认为不能做，若能做，也能判断中冷器是否漏。

④ 发现 3# 中冷器漏，打开其氯气进口管有水，就要全面检查四台中冷器是否漏。

⑤ 空气运转 10min 后，发现冷却器下水变黄，也说明中冷器漏，不要继续空气运转。

⑥ 通氯主机电流波动，主机声音不正常，是中冷器及机里有水受阻所致。

⑦ 4# 中冷器排水有气，说明该中冷器已漏。

教训总结：① 钛管（氯气处理系统）掉闸超 5min，切换纳氏泵，然后进行空气运转，待钛管生产恢复正常后再进行正常输氯操作。

② 氯压机通氯前进行空气运转，空气含水和一级进口含水合格后，方可进行通氯运转。

③ 每班要密切注视冷却器下水 pH 值的变化，若冷却器下水 pH 值达到 7.5，要每小时

对每台中冷器下水含游离氯分析一次，当其游离氯达到3mg/L时，要停中冷器和主机。

④ 中冷器使用一年后不管是否漏要进行检查。

⑤ 氯压机运转中发现一台中冷器漏，余者均要检查试漏。

【案例6】事故名称：氯压机叶轮腐蚀。

发生日期：1993年2月6日。

发生单位；天津某厂。

事故经过：1月20日1#氯压机空气运转后通氯转入正常运转，当时除三级出口温度稍高外，余者皆为正常。2月4日14时发现各级出口温度皆有上升，以三级出口温度最为严重，但各级出口压力正常。2月5日零时主机电流由49A突降至40A，一级进口真空度也由20.58kPa降至17.64kPa。2月6日零时20分发现主机电流降至35A，三级出口温度高达108℃，四级出口温度103℃，主机声音不正常，立即切换，1时50分停机，开盖检查发现，三、四级叶轮腐蚀穿孔。

原因分析：

(1) 有水进入1#氯压机系统

以往打开机盖或中冷器检查，仅看到有白色粉末，非常干燥。而这次打开1#氯压机机盖发现有潮湿的痕迹。另外，4#中冷器底部有黄色的结晶物，经分析为$FeCl_2$和$FeCl_3$，而只有在系统有水情况下与氯气生成盐酸再与铁反应才会生成$FeCl_2$，再进一步氯化生成$FeCl_3$。Fe与Cl_2直接反应生成$FeCl_3$必须在550℃高温条件下进行，而这种条件不具备（三级出口最高温度为108℃），故无水进到1#氯压机系统，就不会有$FeCl_3$生成。

① 2#氯压机中冷器漏，停机后，换好3#中冷器进行空气运转长达20多个小时，冷却水经已漏的中冷器（1#中冷器和4#中冷器）再通过回流管进到2#氯压机一级进口管，当开2#氯压机通氯几分钟，水就通过2#氯压机氯气进口阀门进到氯气进口总管，在开1#氯压机时，氯气总管中的水就与氯气一起进到1#氯压机中；

② 2月5日检修循环泵一天，2月1～5日填料塔酸浓度一直在93%以上（接近93%），也使人怀疑酸循环泵是否上酸，这样氯气含水就会超标（当时氯气含水分析仪坏了，不能提供数据）；

③ 氯压机两端与抽气室连接小管因抽气室旁路阀门不严往内进湿空气（空气运转时）。

(2) 湿氯气腐蚀管道、设备

钛管掉闸35min湿氯气腐蚀管道、设备，其腐蚀物（$FeCl_2$和$FeCl_3$）进1#氯压机堵塞三、四级叶轮及其通道（因三、四级叶轮和其通道窄小），流速加大，阻力升高，温度升高。

教训总结：①绝对禁止湿氯气进到氯压机系统中，一旦发生湿氯气进到氯压机中，腐蚀管道与设备，必须清除其腐蚀物，以防堵塞氯压机叶轮及其通道。

② 氯压机各级出口温度，只要有一级达到或超过100℃就要立即停机。

③ 加强氯气含水分析仪的管理，必须做到每时每刻都有氯气含水的读数，一旦发现氯气含水超过100mg/L，就要在氯气冷却、干燥系统找原因，发现问题及时解决，直至含水合格为止。

④ 氯压机系统严禁进水，一旦发现进水，必须清洗干燥后方可开车，若该机（进水机）氯气进口阀门动了，氯气总管也必须检查是否有水，若有水，必须清洗干燥之。

⑤ 氯压机两端与抽气室相连小管要用塑料软管引出，其端头要封好，以防抽气室旁路阀门不严往机内进湿空气。

【案例 7】事故名称：氯压机轴位移高停机。

发生日期：1993 年 2 月 23 日。

发生单位：天津某厂。

事故经过：2 月 19 日 1# 氯压机空气运转 2h 后从一级出口取样做氯气含水分析，含水在 400mg/L，并有下降趋势，故通氯运转，温度、压力皆正常，只是轴位移上升太快，一般以每班 0.08mm 的速度升高。直到 2 月 23 日，轴位移高达 0.82mm，停机，开盖检查，叶轮及其通道皆很干净，靠马达齿封严重变形，止推瓦块磨损约 0.5mm，止推盘磨损约 0.1～0.2mm。

原因分析：① 轴位移上升太快是油内有杂质；

② 靠马达齿封严重变形是因为齿封未刮即组装；

③ 检修更换新的备件未经检查调试。

教训总结：① 氯压机使用循环油必须经过过滤合格方可使用；

② 更换新的备件均需检查加工调试后安装。

【案例 8】事故名称：氯气干燥系统爆炸。

发生日期：1992 年 1 月 1 日。

发生单位：河北某厂。

事故经过：该厂氯气干燥系统于当天 10 时 50 分发生爆炸，造成紧急停车。Ⅰ钛、Ⅱ钛连接管，Ⅱ钛出口管、旋液分离器出口、干燥塔、出口缓冲罐等全部炸坏。

原因分析：

(1) 电解工序来的原氯含氢高

该厂开车以来，电解工序来的原氯含氢一直偏高。工艺规程要求单槽氯中含氢≤0.8%，但实际生产中，氯内含氢均在 2.0%以上，氯总管取样分析超标，合成用尾氯含氢曾高达 13.4%。正值尾氯含氢高峰期间，合成炉经常回火，最多每天可达 5～6 次。回火严重时，液氯工段尾气分配台有爆鸣声。为此，分厂多次要求电解、氯处理工序密切配合，严格执行操作规程，控制氯含氢指标，以防更大事故发生。1991 年 6 月之后，氯中含氢曾有所下降，但下降幅度不大，始终不能保持单槽氯内含氢在 0.8%以下。要求电解氯气压力在 0～－100Pa 还能勉强达到，而氢气压力很少达到 0～100Pa（一般都在 200～500Pa）。有时氢气压力还要高。加上电解槽隔膜吸附质量和精盐水质量差等原因，该厂氯中含氢一直居高不下。1992 年 1 月 1 日 8 时接班后，测定电解氯中含氢为 2.4%。

(2) 出Ⅱ钛氯气温度低

因Ⅱ钛出口测温点采用玻璃棒温度计测温，无法找到原始数据，只能依据资料分析。估计温度低于 10℃（当温度为 10℃时，导致氯气与钛反应，引起燃烧）。

另外，钛材在湿氯气中耐腐蚀，而在干氯气中不但不耐腐蚀，反而易于着火燃烧，甚至爆炸。从这次爆炸分析认为，出Ⅱ钛氯气温度低于 10℃（安全温度为 12℃），使得氯气与钛发生反应而燃烧，加上氯中含氢高，故导致事故发生。

(3) 操作工粗心大意

操作工粗心大意，未严格按操作规程进行操作，未严格控制工艺指标。

教训总结：① 严格控制单槽氯中含氢量 ≤0.8%，应换下的电槽一定及时更换；

② 氯气系统严禁有明火；

③ Ⅱ钛出口温度应采用热电偶控制在安全温度之内，最好安装温度警报器；

④ 加强巡回检查电解槽盐水液面，及时排除管道积水，保持管路畅通；

⑤ 提高操作工的技术素质，严格执行操作规程，严格控制工艺指标。

【案例 9】事故名称：氯气干燥系统爆炸。

发生日期：1989 年 5 月 24 日。

发生单位：天津某厂。

事故经过：当天零时 40 分，操作工分析氯气纯度为 93.1%，总管氯中含氢为 0.027%，氢气纯度为 95.4%。2 时 10 分操作记录：氯气泵出口压力为 6.8×10^4Pa，输送压力为 6.8×10^4Pa。操作工发现氯气总管压力（调节）为 294～392Pa，泵出口压力和输出压力突然下降，当即判断 2# 泵坏，但还未来得及启动备用泵，氯系统就爆炸了。这次爆炸使 3 台氯气冷却塔（ϕ500～2400mm）、1 台泡沫干燥塔、1 台气酸分离器（PVC）、一套氯气泵联轴器及氯系统管道遭不同程度损坏。

原因分析：氯气、氢气干燥工序是在一个工段进行操作的，而氯气、氢气是手动调节，压力上下波动很大。爆炸后查看现场发现，氯气泵联轴器断成两节。衬里是用 ϕ25mm 聚丙烯材质。联轴器断后电机运转正常，泵停止转动。由于氯气压力突然减小，氢气压力还是 5.9kPa，此时合成炉内压差很大，在灯头处就形成了循环系统，为此氢气就窜入了氯气系统。这些未及时判断出，泵停止转动，也就没有关闭出口阀门，1min 后大量氢气顺利通过阀门与氯气混合，并达到爆炸极限（$H_2/Cl_2>15\%$）。氯气、氢气干燥工序是物理变化过程。干燥后的氯气含水量<0.03%（当 H_2/Cl_2 为 7%～15%时，体积增大，压力升高，气体流速加快，约 100m/s），因管道是硬聚氯乙烯材质，所以易产生静电火花，给系统爆炸起了导火索的作用。另外，由于氢气大量涌向氯系统，使 H_2/Cl_2 达到 15%～83%，即使没有外加火源（明火和静电火花）也会发生爆炸。

教训总结：① 发现其中一台泵出现故障，应马上关闭事故泵出口，再启动备用泵；

②氯化氢合成炉有大量氯气并看不见火焰时，马上将氯气、氢气排放空，按停炉处理；

③ 新购进氯气泵联轴器更换铸铁材料；

④ 进一步完善岗位责任制及操作规程。

【案例 10】事故名称：尾气处理塔爆炸。

发生日期：1993 年 4 月 16 日。

发生单位：四川某厂。

事故经过：当天 1 时 15 分，中控分析工到液化岗位做第一次尾气取样分析：Cl_2 53.0%，H_2 6.0%，即报告岗位主操作工注意处理。主操作工亦于分析后，先后采取了两次开大尾气分配台进口阀门、开了少许干燥氯补充阀门和控制氯气压力稳定等处理措施。3 时 50 分左右，合成盐酸岗位操作班长发现燃烧器发烫，即告总厂调度室，调度室同意停车，并通知尾气岗位开车处理。4 时左右，尾气 1 号塔投运。4 时 05 分后，中控分析工到液化做第二次尾气取样分析，结果为：Cl_2 60.0%，H_2 7.0%。这时液化操作工又再次作了开大尾气分配台进口阀门的处理，但效果不好。4 时 40 分，尾气岗位 1 号塔发生爆炸，当时岗位操作工到液化岗位电告调度室，调度值班员指令另开一台。操作工回答："不能开，如果再开，可能还要爆。"总厂调度员认为理由不充分，仍令他开 2 号备用塔，岗位工将 2 号备用塔开起后，在返回液化岗位途中发现氯气冷凝器顶部冒烟，他呼喊液化岗位的其他 4 人，这 4 人刚跑出气液分离器出口阀门处就发生爆炸了。与此同时，尾气 2 号塔也爆炸了。尾气、液化岗位爆炸后，电解、氯氢岗位立即进行了紧急停车处理。4 时 45 分左右，当氯氢岗位在进行停车处理时，该岗位的部分塑料容器、管道又发生了爆炸。这次事故使 2 名操作工被溅出的硫酸灼伤。由于爆炸，氯气外泄，一人中度中毒。相邻车间操作工戴上氧气呼吸器到岗位做停车处理时，因未打开氧气阀造成缺氧窒息死亡。

原因分析：此次事故的主要原因是岗位操作工责任心不强，在生产出现异常（尾氯含氢严重超标）的情况下，不联系，不汇报，执行工艺纪律不严，处理事故措施不力所造成。

① 液化岗位操作人员通过两次取样分析获知尾氯含氢严重超标后，只采取了适当开大尾气分配台进口阀门和干燥氯气补充阀（此阀在 3 时 55 分左右关闭）的措施，而没有再采取其他更有效的措施，并在 1 时 15 分至 4 时 05 分之间，也没有通知分析工再次取样分析。因此，致使尾氯中含氢不仅没有降低，反而有所上升。

② 从 1 时 15 分第一次取样分析到 4 时 05 分第二次取样分析，时间长达 3 小时，液化操作人员中没有任何人将尾氯含氢严重超标的情况报告值班长及总厂调度室，而且从第二次取样分析的数据证明其处理措施无效的情况下，也未及时报告。

③ 值班长和车间值班员在合成盐酸停车后和液化气液分离器出口阀门爆炸前均先后去过液化岗位，他们既没有发现该岗位尾氯含严重超标的问题，也没协助其采取有效的处理措施。

④ 总厂当班调度员在尾气 1 号塔爆炸后，指挥不明确，未及时提醒操作工有关的注意事项。

教训总结：① 在全厂范围内进行安全教育，全面检查，从严要求，整顿劳动纪律和工艺纪律，加强安全规章制度教育；

② 事故暴露了管理上的薄弱环节，重新修订完善管理制度和规程指标，强化生产调度指挥，加强重要工艺指标的监督检查；

③ 开展安全培训教育，举办各专业培训班，开展岗位技能练兵，提高全厂职工的安全素质；

④ 制定事故的应急处理措施及方案。

【案例 11】事故名称：氯气管路破裂跑氯。

发生日期：1979 年 7 月 1 日。

发生单位：安徽某厂。

事故经过：该厂预冷器通往贮槽的 $\phi 45 \times 3.5$m 的无缝钢管有一处被腐蚀穿孔，于 7 月 1 日 15 时 05 分补焊好，经试压、试漏合格后交付生产使用。操作工于 3 时 45 分打开预冷器节流阀，3 时 50 分左右突然听到轰的一声响，钢管焊接处的上部破裂，氯气外泄。操作工立即冲上前去关闭了节流阀，跑氯约 2min。事故 7 人中毒受轻伤，237 亩农作物受害。

原因分析：由于氯气中含水偏高，管路使用两年，补焊两次，管路强度已减低，不能承受原来氯气压力，造成管路破裂而跑氯。

教训总结：加强工艺技术管理，严格控制氯气中含水量。

【案例 12】事故名称：事故氯处理装置跑氯。

发生日期：1989 年 7 月某日。

发生单位：内蒙古某厂。

事故经过：某厂在高温季节曾发生两次跑氯事故。一次是生产过程中，从处理装置中跑氯，造成 8 人不同程度的氯气吸入。第二次跑氯是全厂大修后开车处理淡氯气时跑氯，有二人氯气吸入。

原因分析：① 事故氯处理装置是一组由喷淋塔、尾气鼓风机、贮槽、泵组成的吸收系统。事故氯气通过该系统，用 20% 碱液循环吸收而达到阻止氯气排放大气。吸收后的碱液生成 NaClO 作副产品。处理氯气量则受设备大小和反应条件限制。如果处理时间过长，碱液浓度偏淡或呈中性，即可能跑氯。

② 氯和碱的反应，是放热反应，在处理过程中热量不能及时移走，温度上升较快。一旦上升到 60℃ 以上时，即使碱浓度较高亦不能吸收，且生成的 NaClO 亦能分解。

③ 吸收液始终在碱性状态下进行反应，当反应液偏酸性，则已生成的 NaClO 将全部分解放出氯气（俗称过氯）。

④ 碱液与氯反应除生成 NaClO 外，尚有部分 NaCl 生成。由于吸收塔系喷淋塔，喷嘴一旦受堵，影响吸收效果，进塔后的氯气就从尾气鼓风机跑出（碱液浓度偏高含盐亦高）。

⑤ 凡属碱吸收处理氯气或制取次氯酸钠的塔组，都应注意上述内容（包括石灰乳吸收氯气）。

教训总结：(1) 为防止事故状态氯的及时处理，应考虑与氯压机运转、电解系统管网联锁。

(2) 处理装置始终处在戒备状态，要求像对待关键设备一样，每天对该装置必须进行试运转，确保良好状态，应确保：① 喷嘴无堵塞现象，可从流量上测知；② 碱液浓度不能高，更不能偏低，保持在 12%～20%。③ 在处理氯气时要控制温度或尾气出口含氯量（可考虑用微量氯监察仪加以监察）。④ 定期排放贮槽内结晶盐和其他不溶物。⑤ 处理装置除确保动力电源外，还应考虑备用电。

【案例 13】事故名称：泡沫塔跑氯。

发生日期：1990 年 12 月 6 日。

发生单位：吉林某厂。

事故经过：该厂从 12 月 1 日起氯气泵压力由 0.11MPa 增至 0.18MPa，泵的电流 195A 升至 200A 以上。此后泵压力继续升高，3 日、4 日升至 0.2MPa，5 日又升至 0.27MPa，6 日 8～16 点班氯压力升至 0.32MPa，泵的电流达到 225A。12 月 6 日 18 时，氯气泵电机因过流而跳闸，高压的氯在泵停后冲破泡沫塔和筛板塔顶部封头及接管，泄漏到空间。2 名操作工戴滤式面具去处理。因氯浓度高人进不了泵房，退出后 1 名操作工戴上氧气呼吸器继续处理。待泄氯后，发现该操作工戴着氧气呼吸器倒在地上，经抢救无效死亡。泄氯使多人吸入氯气，其中十多人住院治疗。

原因分析：① 氯氢处理系统设计缺陷较多，如室外氯气管路没有保温，使管内氯气在室外低温（－20℃）时自动液化，增加了管路阻力；

② 在操作上工艺指标控制不严，氯气压力及泵电流多日突破最高限值，而没有及时停车查找原因；

③ 氧气呼吸器没有处于备用状态，事故前没有充足氧气，且只有 1 台，不可能有人监护；

④ 事故发生后处理不当，造成长时间大量氯气外泄；

⑤ 备用的液化槽没有处于备用状态。

教训总结：① 对液氯系统设计缺陷进行有针对性的改进，消除隐患；

② 操作指标要严格控制，发现超标时要及时查找原因，必要时停车查找，不能消极等待；

③ 备用的设备、器材（氧气呼吸器等）要时刻处于备用状态；

④ 加强对操作工的技术素质培养，提高异常情况下的应变能力，提高自我保护意识。

【案例 14】事故名称：盲板未抽造成跑氯。

发生日期：1992 年 6 月 26 日。

发生单位：湖北某厂。

事故经过：正常操作是先将 1# 机用氮气循环，待抽氯后经尾塔排气吸收。2# 机进口、出口关死后，在补充氮气将机内余氯排至尾塔的同时，将 1# 机排尾塔阀关死，逐步收小循环气将氯气送出。由于这次操作时 1# 机进口蝶阀用盲板盲死，内循环时未发现。待将 1# 机进出口关死往尾塔排气时，氯量特别大，又将 2# 机氯气进口盲死。同时再开 1# 机出口，收小内循环阀时，管道上压力仅 0.05MPa，发现无氯气送出，此时电解已有五台槽移位，尾塔前氯水封和电解水封均被冲开而跑氯，被迫电解停车。

原因分析：① 无抽堵盲板票证制度；

② 仪表不健全，若 1# 机流量表不坏，没有吸进送出氯气可及时发现；

③ 工艺设计上切换操作不便。

教训总结：① 加强技术管理，实行抽堵盲板挂牌制度；

② 改造切换工艺，现已改成分配台式，便于切换操作；

③ 加强仪表维修和岗位人员培训。

【案例 15】事故名称：氯水分离器水封处跑氯。

发生日期：1985 年 7 月 29 日。

发生单位：江苏某厂。

事故经过：15 时 25 分左右，氯氢处理工段当班操作工在进行纳氏泵换酸过程中，发现泵前氯气压力升高，进行调整，压酸操作时导致 4# 泵脱酸无抽力。1#、2# 泵因酸过量而堵塞，氯气无法抽送到后道工序，大量的氯气从氯水分离器的水封处泄出。加之整流工段操作工脱岗，未能及时切断电解电源，使氯气外泄时间持续 10min。

原因分析：① 操作工技术不熟练，操作失误，在故障未查清和处理前即压酸。

② 整流工段操作工脱岗，未及时切断电源。

教训总结：① 加强岗位责任制教育和安全技术教育，提高操作工的技术水平和处理事故应变能力，严格遵守劳动纪律；

② 增设事故氯吸收处理装置。

小　　结

1. 氯气处理的方法主要有冷却法、吸收法和冷却吸收法三种。

2. 氯气处理的工艺流程主要包括冷却除沫、干燥脱水、除雾净化、压缩输送和事故氯气处理五部分。

3. 氯气冷却方式主要分为直接冷却和间接冷却两种。

4. 氯气冷却的工艺流程一般有两种：一是采用两级间接冷却，将湿氯气冷却至 12～14℃；二是采用直接冷却和间接冷却相结合，将湿氯气冷却至 12～14℃。

5. 氯气冷却的设备主要有湿氯气水封、湿氯气缓冲器、钛列管冷却器、水沫过滤器和氯气洗涤塔。

6. 氯气干燥工艺最常用的有两种：一是“填料＋筛板”二合一塔工艺；二是“一级填

料塔”和“填料十泡罩”二级复合塔组合的两级干燥工艺。

7. 氯气的压缩方式一般有三种：一是采用液环式氯气压缩机（纳氏泵）；二是采用离心式氯气压缩机（即小型透平机）；三是采用大型离心式氯气压缩机（即大型透平机）。

8. 离子膜烧碱生产装置中的氢气处理典型工艺流程一般有三种：①冷却、压缩；②冷却、压缩、冷却；③冷却、压缩、干燥（或在冷却后干燥）。

项目四　液氯的生产

学习目标

知识目标

★ 明确液氯生产的目的。

★ 能掌握液氯生产的工艺原理，并能描述其工艺流程。

★ 能简要说出液氯生产的开、停车操作注意事项。

能力目标

★ 能够绘制液氯生产的工艺流程图。

★ 能够对液氯生产中出现的问题独立解决。

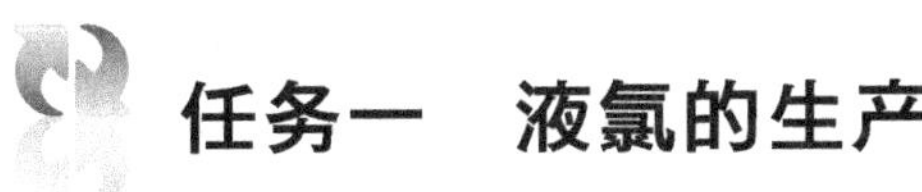

任务一　液氯的生产

子任务一　液氯生产的工艺原理

【任务描述】

◆ 掌握氯气液化的目的、液化的原理以及具体的生产方法。

【任务指导】

一、氯气液化的目的

1. 制取纯净氯气

离子膜法电解制碱得到的氯气中总是有一定的杂质，但实际生产中很多情况下需要纯度较高的氯气，而干燥以后的原料氯气是无法满足要求的。在氯气液化的过程中，绝大多数氯气得到冷凝，不凝性的气体作为尾气排出，这样便得到了纯度较高的液态氯。

2. 便于贮存和运输

氯气液化以后，体积大大缩小。氯气的密度 3.2kg/m^3，而液氯的密度可达 13～16kg/m^3，在 0℃、0.1MPa 时 1t 气态氯的体积为 311.14m^3，而液态氯仅为 0.68m^3，相差 457 倍。因此，氯气液化后便于贮存和长距离输送。

3. 用于平衡生产

由于氯碱化工企业的生产是连续性的，当某一氯气用户无法正常消耗氯气时，电解槽的负荷就必须降低，而生产液氯就有了缓冲的余地，可以将用户减少的氯气用量进行平衡，使电解槽不必降低负荷，从而使整个氯气供给、使用的生产网络实现相对稳定。

一般来讲，完整的氯碱企业一定会有相当的液氯贮备量，否则该企业的生产就没有稳定的连续性。

二、 氯气液化的原理

1. 氯气液化的原理

气体受到的压力增加到一定程度后，可以凝聚成液体，而气体的温度降低到一定程度后，也可以凝聚成液体，所以在一定的压力下，气体的液化温度也是一定的。纯氯气的压力与液化温度之间呈线性关系，压力上升，液化温度随之上升；压力下降，液化温度随之下降。纯氯气压力与液化温度关系见表 4-1。

表 4-1 氯气饱和蒸气压力与温度的关系

温度/℃	−70	−65	−60	−50	−45	−40	−35	−30
压力（绝压）/kPa	15.63	21.31	28.60	49.20	63.24	80.30	100.80	134.35
温度/℃	−25	−20	−15	−10	−5	0	5	10
压力（绝压）/kPa	154.01	189.65	226.66	271.55	322.82	381.18	447.0	521.01

工业生产的氯气都含有少量的 O_2、H_2、N_2、CO_2、水蒸气等等。对于不纯氯气，氯的分压与其冷凝温度成单值函数关系：$p_{Cl_2} = p \times \varphi_{Cl_2}$，其中 p_{Cl_2} 为混合气中氯分压（kPa）；p 为混合气的总压（kPa）；φ_{Cl_2} 为混合气中氯的体积百分数（%）。由上式可见，氯气在液化过程中，即使总压不变化，但如果氯气的分压变化很大，其液化温度也有很大的变化。

2. 液化效率

液化效率也可称之为液化率，其定义为：

液化效率＝(已液化的氯气量 / 进入液化系统总氯量)×100%

使用上式计算液化效率比较麻烦，由于分析进入液氯系统和出液氯系统的氯气成分比较容易，通过物料衡算可推导出下式，从而方便地计算出液化效率：

$$液化效率=\frac{\varphi_1-\varphi_2}{\varphi_1(1-\varphi_2)}$$

式中，φ_1为进入液氯系统氯气的体积浓度（以小数表示）； φ_2为出液氯系统氯气体积浓度（以小数表示）。

在液氯的生产过程中，从理论上讲氯气的液化效率越高越好，但实际情况并非如此。因为在一般情况下由电解槽出来的氯气中总不可避免含有微量氢气，这微量的氢与氯一同进入液氯冷却系统，在氯液化过程中氢总量不变，但氯气总量却因为不断液化而减少，致使氯中含氢百分比不断上升，一旦氯气中总氢量超过 4%时，即有爆炸的危险（氯内含氢的爆炸范围为 5%～87.5%）。所以液化效率的极限为保证液氯尾气含氢不超过 4%。这使液化效率一般控制在 90%左右，不再进一步提高。

3. 传热过程

生产液氯过程是将氯气冷却除去氯气的显热与潜热，使氯气由气态变为液态的过程。传热在液氯生产中非常重要。在液氯生产时，原料氯大都混有其他杂质气体。在液化过程中，杂质气体总量不变，由于氯气的液化，氯浓度越来越低，杂质气体百分浓度却越来越高，这就造成换热壁面以杂质气体为主的气膜也越来越厚，使氯分子扩散到冷却面困难，热阻增大，氯气刚刚开始液化时，纯度高气膜相对较薄，液化进程中氯浓度逐渐下降，气膜逐渐加厚，所以氯液化过程氯气对传热面的热阻也在不断变化。

由于氨与氯接触会生成极易爆炸的三氯化氮，故用氨冷却氯时，中间要用氯化钙作为传热介质，确保两者不接触。因此整个传热过程为：氯气将热量传给氯化钙水溶液。再由其将热量传给氨。在这种情况下氯的最终冷凝温度与氯化钙溶液的温度之差为5℃，氯化钙溶液与氨的温差也是5℃，总温差（氯的最终冷凝温度与氨的蒸发温度）为10℃。另外，液氨沸腾对管壁传热系数较大，氯化钙水溶液对氯和氨的管壁传热系数也比较高，只有氯对管壁的传热系数因气膜存在而比前两者小得多，即使增加氯化钙溶液的流速也无济于事。而采用氯与氟利昂通过换热器直接进行热交换，不但提高了总传热系数而且总温差可降至5℃，大大提高了冷冻效率。

三、 液氯的生产方法

工业上生产液氯的方法主要有三种。

① 高温高压法：氯压力在1.4～1.6MPa（表压），液化温度30～50℃。

② 中温中压法：氯压力在0.2～0.4MPa（表压），液化温度0～10℃。

③ 低温低压法：氯压力在0.15MPa（表压），液化温度－30℃左右。

以上三种生产方法中高压法流程最短，操作简单，能耗最低。表4-2为不同压力下生产液氯耗电的比较。

表4-2 不同压力相同液化效率下液氯生产工艺耗电比较

项目	0.1MPa	0.3MPa	0.8MPa	1.6MPa
压缩耗电/(kW·h/t)	5	23	42	57
冷却耗电/(kW·h/t)	87	68	27	3
合计耗电/(kW·h/t)	92	91	69	60
液化开始温度/℃	－36	－8	25	53
液化终止温度/℃	－42	－17	14	40

我国目前采用的液氯生产工艺大部分为低压法。近几年来，国内由于氯气透平压缩机的推广使用，一些企业生产液氯的方法逐渐由低压向中压方向发展，生产综合能耗也随之明显下降。

【任务训练】

1. 说出氯气液化的工段任务。
2. 用自己的话简要概括氯气液化的工艺原理。
3. 描述氯气液化的具体方法。

子任务二 液氯生产的工艺流程

【任务描述】

◆ 熟知液氯生产的工艺流程。

【任务指导】

一、 氯气液化的任务

将气体氯经低温冷却成为液体氯，液氯贮存在贮槽内，经计量包装入钢瓶或槽车。小部分不凝气体作为液氯尾气送往氯化氢合成及高纯盐酸工序。

二、 氯气液化的工艺流程

氯气液化的方法主要有高压法、中压法和低压法三种。由于每个氯碱厂生产液氯的方法都不尽相同，即使是使用同一种方法其生产工艺也不可能完全相同，这里我们只介绍几种比较典型的工艺流程。

1. 低压法流程

低压法流程如图 4-1 所示。来自氯干燥工段合格的干燥氯气进入液化槽的氯冷凝器，与槽内－10～－25℃的氯化钙盐水进行间接换热后冷凝成气、液混合物进入分离器，液氯由底部出口管流出，进入液氯计量槽，没有冷凝下来的含氯尾气送盐酸工段处理。

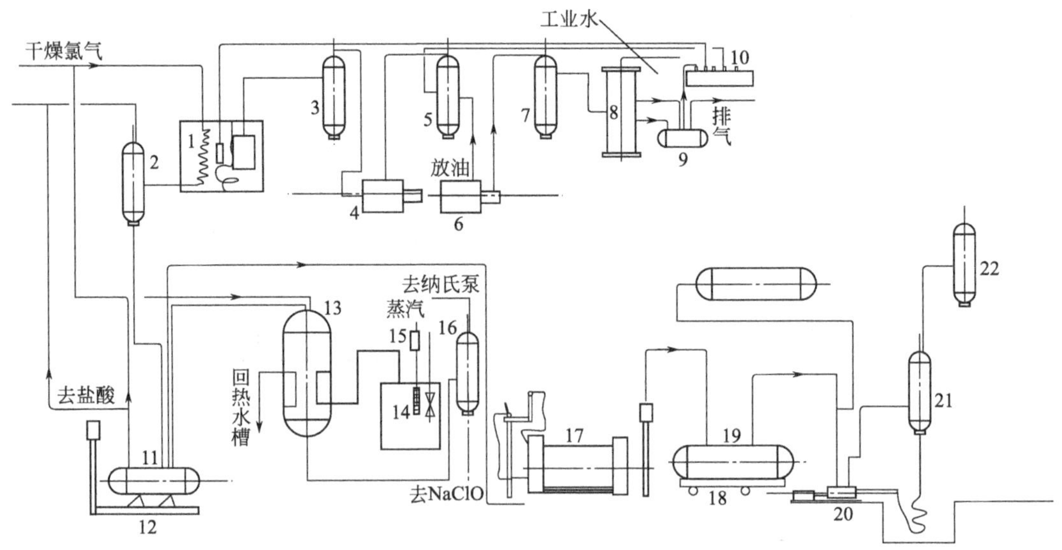

图 4-1 低压法生产液氯的工艺流程

1—液化槽；2—液氯气液分离器；3—集氨器；4—低压机；5—中间冷却器；6—高压机；7—氨油分离器；8—冷凝器；9—氨贮槽；10—氨分配台；11—液氯计量槽；12—20t 地中衡；13—汽化器；14—热水槽；15—液下泵；16—排水槽；17—钢瓶；18—3t 地中衡；19—缓冲器；20—纳氏泵；21—旋风分离器；22—酸沫捕集器

氯气冷凝的传热过程为：氯气将热量传给氯化钙水溶液，氯化钙水溶液再将热量传给氨，液氨吸热蒸发汽化以供给氯气液化时所需的冷量，氯化钙溶液则在氨蒸发器和氯冷凝器之间循环以传递冷量。液氨蒸发成气氨进集氨器，经过双级压缩到 1.5MPa，经油分离器，然后进入氨冷凝器冷凝成液氨。又经分配台节流分配到各液化槽和用冷部门作再次循环。

液氯在汽化器内通过夹套热水加热，使液氯汽化产生 1.0MPa 的压力，将计量槽内的液氯压送到包装岗位，按规定的包装量灌入检验合格的液氯钢瓶内。

计量槽、包装岗位和整瓶的低压、低浓度废气送漂粉精或其他用氯工段处理。包装后计量槽和汽化器中剩余的氯排入液化槽进口的原氯总管继续液化。

2. 中压法流程

中压法可分为一级液化和二级液化两种流程。如果工厂能对低浓度液氯尾气适当处理可采用一级液化流程。如果工厂对低浓度液氯尾气处理有困难，希望多得到液氯可采用二级液化流程。二级液化的流程如图 4-2 所示。

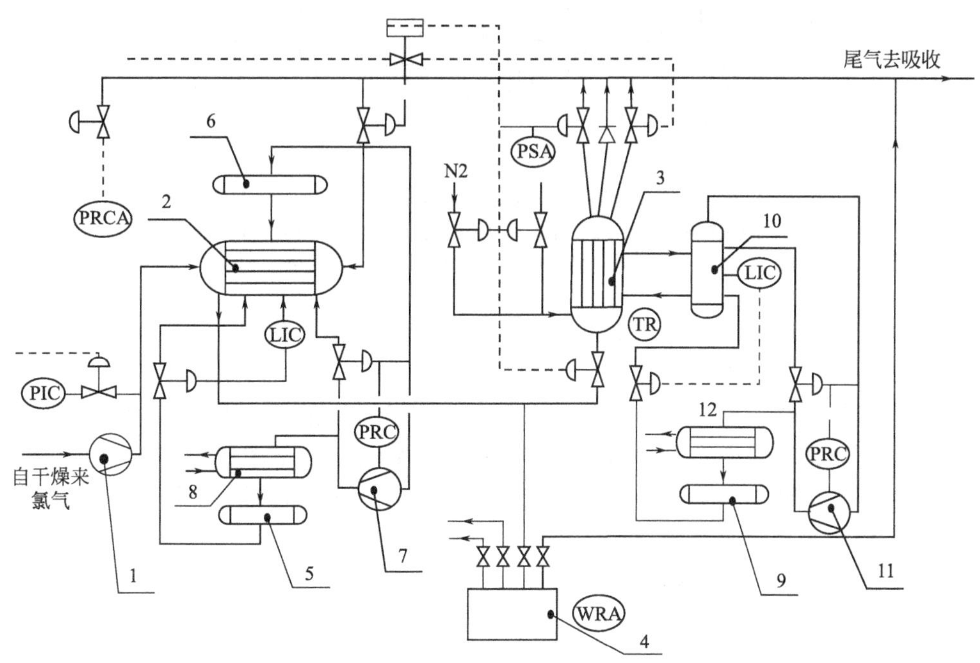

图 4-2 中压法二级液化液氯流程

1—氯气压缩机；2—一级氯气液化器；3—二级氯气液化器；4—液氯贮槽；5—制冷剂贮槽；6—制冷剂分离器；7—制冷剂压缩机；8—制冷剂冷凝器；9—制冷剂贮槽；10—制冷剂分离器；11—制冷剂压缩机；12—制冷剂冷凝器；PIC—压力指示及控制；PRCA—压力记录控制及报警；LIC—液面指示及控制；PRC—压力记录及控制；WRA—重要记录及报警；PSA—压力转换开关及报警；TR—温度记录

原料氯气经压缩机加压至 0.3～0.4MPa，在第一级液化器内用氟利昂作冷冻剂在－20℃下液化，再通过第二级液化器在－60℃下液化，然后尾气用氢氧化钠溶液吸收，总的液化效率可以达到 99%以上。

从第一液化器出来的氯气中含氢已达 4%～5%，尾气再进入第二液化器中继续液化时，易形成爆炸。因此应将第二液化器设计得有足够强度，一旦氯含氢高发生爆炸时，不致将第二冷凝器炸坏。并需将第二冷凝器安装成 60°的倾角，尾气出口处设有防爆膜，发生爆炸时将防爆膜冲破，氯气进入吸收装置，同时第一液化器自动接通吸收系统，使第一液化器的尾气直接进入吸收装置，然后自动关闭第二液化器尾气阀门，并通入氮气，最后关闭入液化贮槽阀门以免液氯返流入第二液化器而进入吸收系统。发生爆炸后只要更换防护膜，第二冷凝器又可投入正常运转。该流程特点是液化效率高，并允许尾气因含氢高而爆炸。

3. 高压法流程

高压法是指氯气压力在 0.7～1.6MPa 时的液化方法。流程如图 4-3 所示，将氯气压缩到 0.7～1.6MPa 的压力，在生产能力小时可用往复式压缩机，生产能力大时用透平式压缩机，由于使用压缩机种类不同而使生产流程稍有不同。

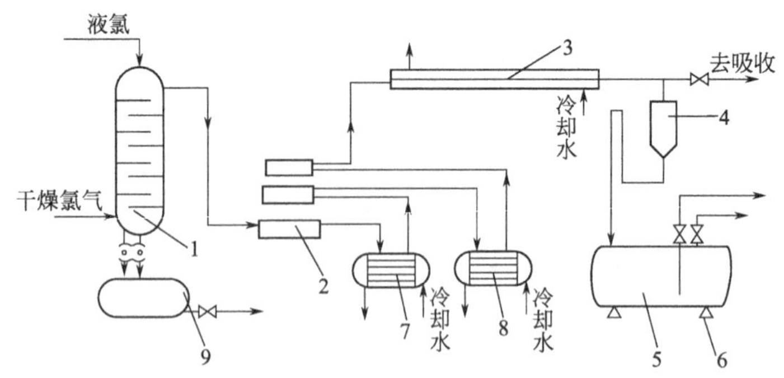

图 4-3 高压法液化流程

1—低温冷却洗涤塔；2—三段压缩机；3—液化器；4—液氯集罐；5—液氯贮罐；6—液氯贮槽重量传感器；7—第一段压缩气冷却器；8—第二段压缩气冷却器；9—集污槽

在采用往复式压缩机时，因干燥氯气中含有少量氯化钠、硫酸钠、氯化铁等固体物质，还可能含有少量有机物，因此干燥氯气先经过一个洗涤冷却塔，用液氯洗涤干燥氯气，以除去其中杂质及降低氯气温度，防止这些杂质对压缩机气缸及涨圈的磨损，然后依次经过三级压缩，每级压缩后都有一个水冷却器，以控制压缩后氯气温度不超过 100℃，氯气从第三级压缩出来后，压力达到 1.4～1.6MPa，高压氯气进入以水冷却的液化器，液化下来的液氯流入贮槽，不凝气送去吸收装置。

若用透平式压缩机，其流程的不同之处仅在于压缩机入口处没有用液氯洗涤的冷却塔。

三、 工艺操作要点

1. 氯气质量的影响

所谓氯气质量是指氯的纯度，其中杂质、水等对生产过程均有影响。

① 氯气纯度。提高氯纯度能将氯气对管壁传热的气膜厚度减小，提高传热系数。另外氯纯度高，氯的分压也高，使氯的液化温度上升，有利于提高冷冻能力减少能耗。因此氯气纯度提高对液氯的生产非常有利。在金属阳极电解槽及石墨阳极电解槽生产的氯气纯度至少不低于 95%，达到 96%～98%更好。

② 氯气中的杂质。氯气中的杂质有 NaCl、Na_2SO_4、有机物、氯化铁、硫酸酸雾等等，这些杂质在液氯生产过程中会黏附于传热管壁，造成传热恶化，使氯冷凝器的清洗周期缩短，也缩短了氯冷凝器的寿命。为此，电解槽出来的氯气应用氯水直接喷淋洗涤，可除去较多的 NaCl 等固体杂质。干燥氯气进入液氯系统时，最好先通过一个用氟硅油浸渍过的玻璃纤维过滤器，以除去大部分上述杂质。

③ 氯气中水分。氯气中水分含量对液氯生产的影响，尚未有人对此做过深入研究，氯气带入的水分在液氯生产中有多少进入液氯，有多少进入尾气，还说不清楚。一般氯气中含水要求不超过 400～600mg/L。如采用透平压缩机，因氯压缩后温度会上升到 80～100℃，这种情况下氯中含水高会对压缩机造成严重腐蚀，所以要求含水量严格控制 100mg/L 以下。

2. 氯气中含氢量

原料氯进入液氯系统含氢不得超过 0.5%，液氯尾气含氢应严格控制不超过 4%，以防止爆炸。至少每 2h 分析一次液氯尾气含氢，如超过 4%应及时开大尾气阀门降低氯气压力，降低液化效率。同样也可采用关闭氯气进入液化器阀门的办法来降低氯气压力。

3. 液化温度

过分降低液化温度会使液氯生产的冷耗大幅度上升。因此在保证一定的液化效率前提下，应使冷冻温度尽可能高，这能使冷冻机组的效率和能力都大大提高，同时也减少了热损失。换句话说不要使液氯液化温度与冷冻剂的温差太大，温差以5℃为限，温差加大必然造成制冷能耗上升。

提高冷冻温度的方法为：尽可能采用高的氯气压力，以及高的冷冻剂液面，为此在冷冻剂蒸发器上应安装冷冻剂液面自控装置或者浮球阀，以保证冷冻剂在蒸发器内有较高的液面。

四、安全操作要点

1. 持证上岗

氯气属高度危害物质，凡从事液氯生产、充装、气瓶检验的作业人员，必须经过专业培训，考试合格，取得特种作业证和安全操作证后，方可上岗操作。操作人员应能熟练使用劳动防护用品，掌握本岗位的一般事故处理方法。

2. 控制原氯纯度及含量

由于氯气和氢气的沸点不同，氯气的液化过程也就是尾气中氢气的富集过程，为防止因含氢过高而引起爆炸，应严格控制原氯纯度及其氢气含量，其中氢气含量必须≤0.6%。

3. 合理控制液化效率

液氯生产中，液化效率是一个重要的控制指标。液化效率低，单位时间液氯产量低，冷量浪费大，液化效率高，单位时间氯气液化量大；但由于氯气中的氢气未液化，未凝性气体中氢气的含量随之升高，至一定程度时会达到爆炸水平，从而威胁安全生产。所以在液氯的制造过程中，必须根据未冷凝气体（即液化废气或称尾气）中氢气的含量来控制液化效率。一般液化效率控制在75%～90%，而尾气含氢量不得大于4%。

【任务训练】

1. 简要画出几种氯气液化的工艺流程图。
2. 简述氯气液化的安全操作点。

子任务三　液氯生产的主要设备

【任务描述】

◆ 熟悉液氯生产的主要设备。

【任务指导】

1. 氯气液化器

氯气液化器是氯气液化的主要设备，主要包括螺杆压缩冷凝机组、氯气液化器和氯的气液分离器三个独立部分，并组成完整的成套系统。

氯气液化装置的工作原理为：原料氯气从氯气液化器的壳程流过，液态制冷剂在管程蒸发，与氯气发生热交换，使氯气液化，尾气从壳程的另一端流向尾气处理设备，液氯再经液氯分离器进一步将未液化完全的气体分离，液氯流向液氯贮槽后去包装。

氯气液化器有多种类型，简要介绍以下几种。

(1) 箱式液化槽

箱式液化槽为长方形碳钢设备（结构见图4-4），中间有一导流挡板，槽的一边为多组盘管组成的氯气冷凝器，另一边为多组盘管组成的氨蒸发管，并装有立式搅拌器。槽内充满相对密度为1.25～1.28左右的氯化钙水溶液。氯气从冷凝盘管上部进入，被管外－25℃左右的冷冻盐水（氯化钙溶液）冷却成气液混合物后从底部排出。吸收热量后的盐水在搅拌机的作用下流向氨蒸发盘管。管内的液氨吸热蒸发成气氨，气氨经压缩冷却再成液氨。管外的氯化钙溶液冷却后重新流向氯气冷凝管，从而确保氯气液化温度不变。

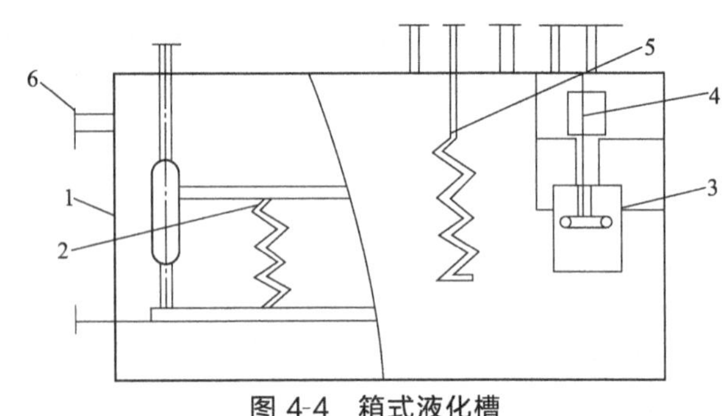

图4-4　箱式液化槽

1—外壳；2—氨蒸发管；3—搅拌机叶轮；
4—搅拌机电机；5—氯冷凝管；6—溢流口

（2）列管式液化器

如图4-5所示，列管式液化器随制冷介质不同而略有差别。采用氨制冷生产液氯的装置，其管程走冷冻盐水（氯化钙水溶液），壳程走氯气，盐水由专用泵供给，故增加了动力消耗及设备。与箱式液化槽相比，由于盐水流动状况的改善，传热系数大大增加，同时也方便了检修。其安装形式分为卧式和立式两种。采用氟利昂制冷生产液氯的装置，氟利昂和氯气分走管程和壳程。

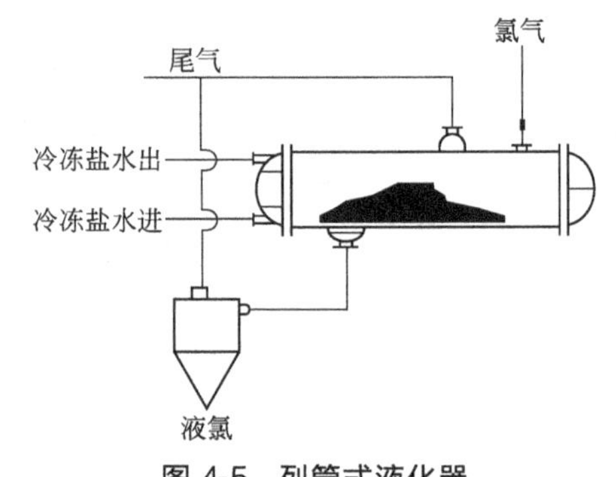

图4-5　列管式液化器

（3）螺旋板式液化器

螺旋板式液化器适用于氨致冷的氯气的液化，结构如图4-6所示。其传热系数比前两种液化器高，也需用盐水泵供给冷冻盐水。由于通道的间距不大，所以氯气的质量要求高。在设计和制造中，要考虑尾气合理排出位置，以利安全生产。

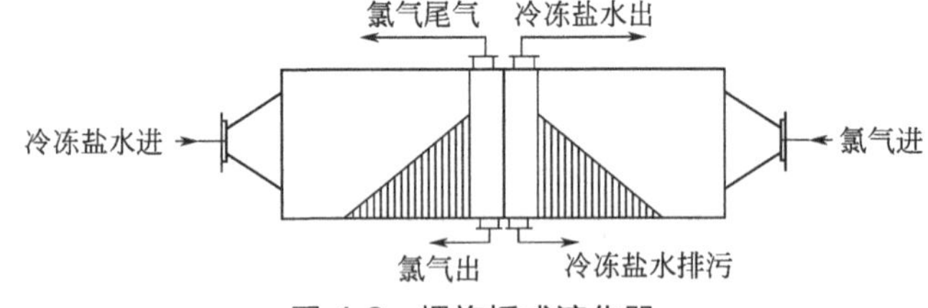

图4-6　螺旋板式液化器

2. 液氯计量槽

计量槽包括液氯计量设备和贮存设备，是一个圆柱形卧式设备，两端为椭圆形封头，筒体上部的人孔盖上开有液氯进料口、包装液氯出口、加压及包装后较高压力氯气的排气口。封头的人孔盖上连接着进液氯管，由于在低温状态下工作，必须有准确的计量装置确保进入贮槽的液氯不过量。有的厂用磁性翻板液面计计量，有的厂将计量槽直接坐落于地磅上，以防止超载而引起事故。

3. 汽化器

汽化器是液氯包装工艺中的主要设备（结构见图 4-7）。它为立式圆柱形筒，上下为椭圆形封头，外有钢质水夹套，不包底。夹套在轴向留有 100mm 宽度的缺口，用以判别进入的液氯量。胆材质采用 16MnDR。上封头的人孔盖上开有进液氯管、排气管、加压管及压力表接管。其工作原理是将来自计量槽的液氯在汽化器中经夹套内 80℃左右的热水加热汽化，产生小于 1.1MPa（表压）的氯气，借助此压力将计量槽内的液氯压入钢瓶中，进行计量包装工作。

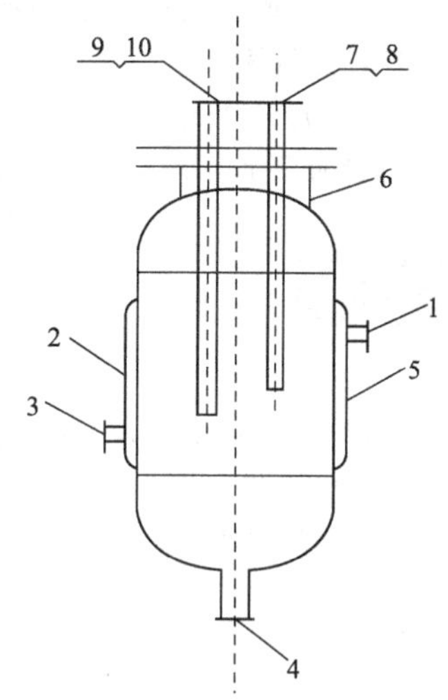

图 4-7 汽化器

1—热水出口；2—外夹套；3—盐水进口；4—排污口；5—筒体；6—人孔；7—排气口；8—压力表口；9—进氨管；10—加压管

4. 液氯钢瓶

液氯钢瓶一般以 16MnR 制造，其外形为圆筒形，两端有封头，封头上开孔并焊有内螺纹以装上易熔合金堵、钢瓶阀，并用焊在瓶上的防护圈围住。钢瓶阀还专门有安全帽保护。瓶体外有两条橡胶防震圈。在钢瓶表面应涂有国家标准规定的绿色漆及白色字样、色环。结构如图 4-8 所示。

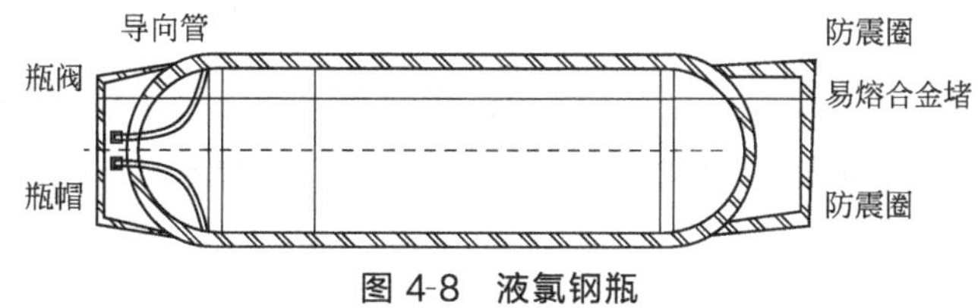

图 4-8 液氯钢瓶

我国用于液氯的钢瓶设计压力约为 2MPa（绝对压力），此时按规定的充装量装的液氯在允许的温度下体积膨胀后，瓶内仍保持有 5%的气体空间，此时液氯的温度为 60℃，相应的液氯蒸气压力为 1.759MPa。表 4-3 为我国某厂的 1t 和 0.5t 两种液氯钢瓶的主要技术指标。

表 4-3 我国某厂的 1t 和 0.5t 两种液氯钢瓶的主要技术指标

指标	1t	0.5t
气压试验压力/(kgf/cm^2)	20	20
容积/m^3	约 832	约 415
材质	16MnR	16MnR
自重/kg	约 440	约 230
使用温度/℃	−40～60	−40～60
合金堵个数（熔点 65℃）	6	3
−30℃时充装率%	77.6	77.6
充装系数/(kg/L)	1.202	1.205
尺寸（外径×总长）/mm	ϕ810×20000	ϕ608×1800

对于 0.5t 以下的液氯钢瓶，不少氯碱厂仍在充装使用，其钢瓶要求也必须符合《气瓶安全监察规程》。近两年国家《气瓶安全监察规程》规定，钢瓶上不允许装易熔合金堵。此

外，有少数氯碱厂使用引进的液氯钢瓶，但必须得到劳动相关部门的批准。

【任务训练】

1. 你认为氯气液化最重要的设备是哪个，你见过哪种，它的大致结构是怎样的？
2. 查查近两年国家《气瓶安全监察规程》中在液氯钢瓶方面有什么要求。

知识链接

液氯生产中三氯化氮的富集及其预防和处理

液氯汽化过程中往往会有三氯化氮的富集，而富集到一定程度的三氯化氮就会发生爆炸，这将给生产带来巨大的危险，因此我们有必要认真了解三氯化氮的来源、富集的原因及预防措施以避免爆炸的发生。

1. 三氯化氮的来源

在氯气生产和使用过程中，所有和氯气接触的物质，当其中含有铵盐、氨及含氨化合物等杂质时，就可能产生三氯化氮。

① 盐水中含有铵盐、氨及含氨化合物等杂质，其中无机氨，例如 NH_4Cl、$(NH_4)_2CO_3$，有机氨，例如胺（RNH_2）、酰胺（$RCONH_2$）、氨基酸［$RCH(NH_2)COOH$］。盐水在电解中与电解槽阳极室的氯气或次氯酸钠在 $pH<5$ 的条件下反应，产生 NCl_3，其反应式如下：

$$8NH_3+3Cl_2 = 6NH_4Cl+N_2$$

$$4NH_3+3Cl_2 = 3NH_4Cl+NCl_3$$

$$NH_4Cl+3Cl_2 = NCl_3+4HCl$$

$$2NH_4CO_3+3Cl_2 = NCl_3+3NH_4Cl+2CO_2+2H_2O$$

$$NH_3+3HClO = 3H_2O+NCl_3$$

盐水中铵盐、氨及含氨化合物的来源有以下几个方面：

a. 由原盐带来，一是原盐本身含有，二是在运输和贮存的过程中带入；

b. 由化盐用水夹带；

c. 由盐水精制剂、助沉剂夹带。

② 氯气冷却洗涤水、干燥氯气用硫酸等含有氨和某些氨基（氮基）的化合物（污水即是典型例子），与含氯的水会发生如下反应。

$$NH_3+HClO = H_2O+NH_2Cl\ (pH>8.5)$$

$$NH_3+2HClO = 2H_2O+NHCl_2\ (4.2<pH<8.5)$$

$$NH_3+3HClO = 3H_2O+NCl_3\ (pH<4.2)$$

这些反应基本上是瞬间完成并同水的 pH 值有关。pH 值在 4.2～8.5 时，3 种形态的氯胺均会存在。氯气液化时因冷却器破裂，冷冻剂混入时也会带入含铵化合物，从而产生三氯化氮。

2. 三氯化氮富集的原因

如果把好原料关，在电解、干燥过程中由于三氯化氮含量少而且在水溶液的环境下，不会发生富集以致产生爆炸的危险。其爆炸危险主要存在于氯气压缩液化产生液氯以后的环节。

① 在氯气液化生产中，正常情况下气相中 NCl_3 的体积分数小于 5%，不会发生爆炸。但是采用冷冻盐水作为冷却剂时，如果冷冻盐水中的铵盐、氨及含氨化合物含量高尤其是制冷剂氨混入冷冻盐水时，当液化器破裂造成冷冻盐水与液氯直接接触，将生成大量的三氯化氮。

② 液体三氯化氮在液氯中的分布较为均匀，因二者密度稍有不同，造成下部的三氯化氮含量稍高。而汽化时情况有所不同，因二者沸点差别很大，且液氯的蒸气压比三氯化氮高得多，当液氯大部分被汽化时，三氯化氮仅有少量蒸发，从而容易造成富集。有文献介绍，当汽化器中液氯蒸发时，三氯化氮的分离系数为 6～10，即气相氯中 NCl_3 含量为 1，而液相氯中三氯化氮含量为 6～10。因此，在液氯汽化器操作中，随着每次倒料→汽化→排气→倒料的循环过程，汽化器底部残液中的三氯化氮浓度不断升高，当质量分数超过 5%时就有爆炸的危险。因此，如果不注意汽化温度（采用蒸汽或明火加热）和蒸发量，且不及时对积累的三氯化氮进行处理，就存在安全隐患。

③ 液氯贮存容器中的液氯用尽，积累的三氯化氮质量分数达到5%时有爆炸危险。

3. 三氯化氮的预防及处理

从以上的分析结果可以看出，三氯化氮的产生是无法绝对避免的，应采取合理的措施把三氯化氮的危险控制在允许的范围内。

(1) 阻止铵离子进入电解槽是防止三氯化氮产生的治本之法

① 原盐的管理。首先要避免运输、堆垛、仓储过程含氨物质污染原盐。定期对原盐总氨和无机氨含量进行分析（一般总氨控制在10mg/kg，无机氨指标控制在3mg/kg，每批分析一次），必要时调整盐种。

② 水源的分析。选用合适的水源并加强监控（企业一般要求无机氨≤0.2mg/L，总氨≤1.0mg/L），每周分析一次。特别是采用河水化盐时，在使用化肥的季节，应严密监视化肥对水体的污染，避免化盐水含氨量超标。

③ 精制剂、助沉剂的控制。在盐水精制过程，应选用不含氨或含氨低的精制剂、助沉剂。

④ 入槽盐水的分析。一般每日分析1次，随情况不同分析频次可调整。控制无机氨≤1mg/L，总氨≤4mg/L。

(2) 采用合理氯气液化工艺

国内许多企业采用制冷剂－冷冻盐水－氯气液化间接热交换工艺，避免制冷剂（氨）与氯气接触。通常采用氨作为冷媒，一般是将氨蒸发器和氯冷凝器分别与冷冻盐水热交换，一旦设备腐蚀泄漏，也不至于氯和氨直接接触，由此发生事故的概率是很小的。但是应加强换热器内漏的定期检查。

也有一些化工厂采用氟利昂代替氨作为制冷剂，这样杜绝了氯和氨接触生成三氯化氮。

(3) 液氯的汽化及汽化器的排污

各种液氯生产、贮存容器的使用温度应低于45℃，盛装的液氯严禁完全汽化，必须留有足够的液氯剩余量，并定期排污。例如有的企业液氯汽化器每周排污1次，液氯气液分离器每半月排污1次。液氯汽化器定期做三氯化氮含量分析（有的企业每周2次），气体三氯化氮体积分数严格控制在50μL/L。如高于此指标，则增加排污次数，加大液氯携带量，确保三氯化氮含量低于指标。汽化器的加热只能使用低于45℃的热水作热源，严禁用明火、电或蒸汽等直接加热。汽化器必须经排污处理、清洗置换彻底后方可检修，避免残余液氯汽化后NCl_3浓缩，在拆卸检修过程中引起爆炸。

若装置的工艺是属于氟利昂制冷，气液分离器的新型设计，以上排污都由中间槽来完成。

(4) 及时分析原氯中的三氯化氮含量

原氯中三氯化氮的含量将直接影响液氯中三氯化氮含量的高低，因此应定期分析，保证原氯中三氯化氮≤50μL/L。

(5) 杜绝三氯化氮的富集

液下泵或屏蔽泵包装液氯，使液氯直接从贮罐底部送出，并对液氯贮罐每年彻底清洗一次，从而彻底杜绝三氯化氮在槽底部的富集。

(6) 排污物的处理和三氯化氮含量控制

排污时必须带液氯排放，即禁止“干排”。有文献表明，在液氯残液中三氯化氮质量分数<18%不会发生爆炸，但要防止液氯汽化。排污时严禁敲击排污阀门或管线，严禁排污物同油脂、橡皮等引爆物质接触。排污物中的NCl_3质量浓度不得超过60g/L（质量分数为4.13%），如发现排污物中的NCl_3质量浓度大于80g/L，应增加排污量和排污次数，并加强检测；如排污物中的NCl_3质量浓度大于100g/L时，应采取停产等措施查找原因并妥善处理，例如加入适量的四氯化碳或氯仿等稀释NCl_3后方可排污，防止NCl_3在排污管线或排污阀内富集达到一定浓度而发生爆炸。

对排污物中三氯化氮的处理有排污法和分解法，有的企业采取排污后用碱液处理，有的企业采用催化剂分解法除去。

(7) 使用液氯钢瓶的注意事项

① 不许使用加热钢瓶的方法抽提钢瓶内液氯或氯气，只能靠瓶内液氯在常温下汽化产生的压力把瓶内气氯或液氯压出。通常，当三氯化氮含量低时，可放出气氯；当三氯化氮含量高时，应放出液氯；当停止

使用液氯时，应将钢瓶到用氯设备之间的管道用氮气或压缩空气吹净残留于管道中的液氯和三氯化氮。

② 用户在使用中严禁将液氯汽化用完。钢瓶内禁止产生负压或物料倒灌混入有机物等物质，可配置缓冲罐，但要进行定期排污和分析三氯化氮含量。

③ 液氯充装单位应采用定期清洗钢瓶，或每次充装前检查确认并抽空钢瓶中的剩余物。充装单位应经常走访液氯使用单位的钢瓶使用情况，例如是否采用有效措施防止出现瓶内三氯化氮富集、或到其他厂家充装含三氯化氮高的液氯等。当确知三氯化氮含量高时应谨慎处理，以免在清洗或抽真空时发生爆炸。

(8) 谨慎处理三氯化氮超标状态

三氯化氮含量超标时或严重超标时非常危险，稍有不慎就会引起爆炸。应避免下列操作：启、闭阀门，敲击，撞击，液体冲击（泵抽），用水蒸气汽化，明火，高温等。因此，应组织确定科学的处理方式，不可贸然处理。

任务二　液氯生产的岗位操作

【任务描述】

◆ 能简述液氯生产的开、停车操作。

【任务指导】

一、 开车前的准备工作

① 整个液化系统在开车前，必须试压试漏，做气密性试验，每台设备在清理后，也必须试压试漏，方能投入生产。如需做水压试验，在试水压后，任何设备管道必须干燥，以防腐蚀。

② 检查本岗位所属管线、阀门、设备、电器及仪表是否完好，所有试压盲板是否已拆除；水、电、蒸汽、氮气、压缩空气及仪表空气等公用工程供应是否正常。

③ 检查液氯贮槽、液氯泵是否完好并试压合格，压力表是否齐全完好。

④ 检查所有安全阀的起跳压力是否正确。

⑤ 确认所有泵的电机运转方向正确。

⑥ 泵启动前，点动电机电源开关5s左右，检查声音和振动有无异常。

⑦ 以上各步骤如发现异常应及时处理，全系统阀门全部关闭，一切检查无误，报告调度室，待命开车。

二、 开车操作及停车操作

1. 初次开车

① 一切准备工作就绪后，按调度室通知和事故氯处理工序联系做好开车准备。

② 开启准备生产的液化器氯气进口及尾气出口阀，气液分离器的液氯出口阀。

③ 通知巡检人员检查液氯贮槽下液平衡管。

④ 冷冻机组的操作详见供应商提供的操作手册。

⑤ 当氯气纯度达85%以上时，得到调度室指令后，开启准备生产的液氯贮槽上液氯进口阀、废气出口阀，开启液氯气液分离器上的废气出口阀。

⑥ 认真观察原料氯气、不凝性尾气的压力波动，调节压力，及时与调度联系。

⑦ 当液氯贮槽的液位达到50%～80%时，开启液氯包装罐液氯进口阀及液氯贮槽液氯出口阀，启动液氯泵，开启出口阀，并调节压力至规定值。根据调度安排，将液氯送往包装。液氯泵的操作法详见供应商提供的操作手册。

⑧ 当使用的液氯贮槽需要进行换槽时，检查即将使用的液氯贮槽进出口阀门、管线，并打开排气阀和进料阀；若贮槽内压力突然上升，须加以认真检查。

2. 再次开车

① 按第一项做好开车前的准备工作；

② 再次开车步骤同初次开车。

3. 正常停车

① 接到调度室停车通知后，通知冷冻岗位停螺杆压缩机组，停送氟利昂，其他阀门保持原有状态。

② 接到调度降电流通知后，注意控制原料氯气及尾气的压力。

③ 接到调度电流降零通知后约 30～50min 关闭液化器的氯气进口阀、液氯贮槽的液氯进口阀、液化器及液氯气液分离器的尾气出口阀。若长时间停车，则须将液化器内液氯排净，并泄压抽空。

④ 如需检修，则打开需要检修设备的抽空阀，通知氯气处理工序开液环泵，抽空系统中氯气，根据设备抽空处理情况，逐个地开关设备的阀门（若停车后不需检修，可不抽空设备和管道中的余氯）。

4. 紧急停车

① 液氯分离器的液氯出口阀和氯气出口阀保持原有状态。

② 冷冻岗位按照正常停车顺序停螺杆压缩机组，停送氟利昂。如遇停水、停电情况则迅速关闭氟利昂供液阀，停螺杆压缩机组，然后再按照正常停车操作。

③ 接到氯气处理工序关闭送液氯工序氯气阀门通知后，按照正常停车顺序操作。

三、 正常操作

① 注意不凝尾气压力及液氯温度。

② 经常观察正在使用的贮氯贮槽的液位，装料一定不能超过规定值（最大 80%）。

③ 经常观察各调节阀是否正常。

④ 经常注意正在使用的设备或已装料的设备压力有无突然升高，管口有无泄漏。

⑤ 经常巡视管路和阀门，发现问题及时处理。

⑥ 液化机组和液氯泵的具体操作必须遵照制造厂的《使用说明书》。

⑦ 需要排污的设备必须定期排污。

【任务训练】

1. 概括出氯气液化的开车准备工作有哪些。
2. 说出氯气液化的开停车操作步骤是什么。

任务三　液氯生产中的常见故障及处理

【任务描述】

◆ 明确液氯生产中对于异常故障处理的原则。

◆ 了解液氯生产中有哪些常见故障及处理方法。

【任务指导】

一、 处理异常故障的原则

运行中发生异常故障时，当班人员应保持冷静，按照规程的规定准确而迅速地判断和处理事故，并将事故情况汇报调度及主管人员，在主管人员和调度的指挥下，正确处理运行中发生的异常故障，各当班人员在处理事故中必须严格执行班长的命令。应防止火灾事故的发生，防止电气误操作事故，防止人身伤亡事故，应对全厂停电事故，应对水淹厂房及厂房坍塌事故。发生事故时，如遇到专业规程中未包括的事故或故障处理方法时，应根据以下原则处理：① 保证人身安全；②保证设备完整；③ 保证不让异常故障扩大。

二、 常见的故障及处理

液氯生产中常见故障及处理见表 4-4，螺杆压缩机组常见故障及处理见表 4-5。

表 4-4 液氯生产中常见故障及处理

序号	故障现象	产生原因	处理办法
1	原氯压力突然升高（包括系统压力）	原氯纯度低	和调度或氯氢工序联系
		氟利昂温度突然升高	通知冷冻人员检查原因把氟利昂温度降低
		废气系统压力比较高	检查液氯贮槽的压力
		液氯泵回流到贮槽的压力高	调节回流管压力
2	液化尾气压力正常，原料氯压力逐渐升高	液氯贮槽进料关或阀门堵塞	换用其他液氯贮槽，检查尾气阀门
		尾气阀未开或阀芯脱落	检查尾气阀门
3	原料氯压力偏高，尾气压力正常，产量下降	液化器有堵塞现象	切换液化器
4	液化效率低	原氯纯度低	与调度联系改善原氯纯度
		氟利昂温度升高	通知冷冻人员检查冷冻机组操作情况，降低氟利昂温度
		液氯分离器尾气阀或液氯贮槽废气阀开太大	关小阀
		液化器因结垢、结冰等形成传热效果不好	停车清洗
5	液氯设备爆炸	NCl_3 含量高于 60g/L 受光照、振动即分解爆炸或温度达 95℃时自燃	应定时、定期排污
		停车时管内存有液氯外界温度高时，形成压力过大而爆炸	停车时应仔细检查管道，设备及阀门是否存有液氯
		液氯钢瓶内混有有机物	新包装前必须洗净，旧瓶如发现不正常现象也应处理
		液氯钢瓶及其他设备长期使用后，受腐蚀机械强度下降或在包装过程中超装受热汽化，压力增高而发生爆炸	定期检测液氯钢瓶等设备，装备不能超过规定，对没有档案或过期的钢瓶不得使用

续表

序号	故障现象	产生原因	处理办法
6	管道或设备泄漏氯气及液氯	氯中含水量超标而腐蚀设备、管道造成漏氯	严格控制氯中含水量，不得超过规定值
		钢瓶在热水淋洗时，将易熔塞溶化造成跑氯	不允许用高于60℃的热水冲瓶，也不允许卸下易熔塞清洗钢瓶
		液氯钢瓶钢材质量差，内部有裂缝。经长期使用受腐蚀或受压疲劳产生裂缝	停车补焊，若是液氯贮槽则立即在设备外淋水换槽
7	液化尾气压力高	液化量小，氯纯度低	与前工序联系
		原料氯气压力高	按原料氯压力高处理
		尾气用户用氯减少	与调度联系，改变氯平衡状况
8	尾气管道出现液氯	使用液氯贮槽未开进料阀或废氯阀	检查相关管线及阀门进行处理

表 4-5　螺杆压缩机组常见故障及处理

序号	故障现象	故障分析	处理方法
1	启动负荷大，不能启动或启动后立即停车	能量调节未至0位	减至0位
		压缩机与电机同轴度过大	重新校正同轴度
		压缩机内充满油或液体制冷剂	盘动压缩机联轴节，将机腔内积液排出
		压缩机内磨损烧伤	拆卸检修
		电源断电或电压过低（低于额定值10%）	排除电路故障，按产品要求供电
		压力控制器或温度控制器调节不当，使触头常开	按要求调整触头位置
		压差控制器或热继电器断开后未复位	按下复位键
		电机绕组烧毁或短路	检修
		变位器、接触器、中间继电器线圈烧毁或触头接触不良	拆检、修复
		温度控制器调整不当或出故障不能打开电磁阀	调整温度控制器的调定值或更换温控器
2	压缩机在运转中突然停车	吸气压力低于规定压力	查明原因，排除故障
		排气压力过高，使高压继电器动作	查明原因，排除故障
		温度控制器调得过小或失灵	调大控制范围，更换温控器
		电机超载使热继电器动作或保险丝烧毁	排除故障，更换保险丝
		油压过低使压差控制器动作	查明原因，排除故障
		控制电路故障	查明原因，排除故障
		仪表箱接线端松动，接触不良	查明后上紧
		油温过高，油温继电器动作	增加油处理器冷却水量

续表

序号	故障现象	故障分析	处理方法
3	机组振动过大	机组地脚未紧固	塞紧调整垫铁，拧紧地脚螺栓
		压缩机与电机同轴度过大	重新校正同轴度
		机组与管道固有振动频率相近而共振	改变管道支撑点位置
		吸入过量的润滑油或液体制冷剂	停机，盘动联轴节联将液体排出
4	运行中有异常声音	压缩机内有异物	检修压缩机及吸气过滤器
		止推轴承磨损破裂	更换
		滑动轴承磨损、转子与机壳摩擦	更换滑动轴承，检修
		联轴节的键松动	紧固螺栓或更换键
5	排气温度过高	冷凝器冷却水量不足	增加冷却水量
		冷却水温过高	开启冷却塔
		制冷剂充灌量过多	适量放出制冷剂
		节流阀开启过小	适当调节
		系统中存有空气（压力表指针明显跳动）	排放空气
		冷却器内传热管上有水垢	清除水垢
		冷凝器内传热管上有油膜	回收冷冻机油
		机内喷油量不足	调整喷油量
		热负荷过大	减小热负荷
		油温过高	增加油处理器冷却水量，降低油温
		吸气过热度过大	适当开大供液阀，增加供液量
6	压缩机本体温度过高	吸气温度过高	适当调大节流阀
		部件磨损造成摩擦部位发热	停车检查
		压力比过大	降低排气压力
		油冷却器冷却能力不足	增加冷却水量，降低油温
		喷油量不足	增加喷油量
		由于杂质等原因造成压缩机烧伤	停车检查
7	油压过低	油压调节阀开启过大	适当调节
		油量不足（未达到规定油位）	添加冷冻机油到规定量
		油路管道或油过滤器堵塞	清洗
		油泵故障	检查、修理
		油泵转子磨损	检修、更换
		油压表损坏，指示错误	检修、更换
8	油压过高	油压调节阀开启度太小	适当增大开启度
		油压表损坏，指示错误	检修、更换
		油泵排出管堵塞	检修

续表

序号	故障现象	故障分析	处理方法
9	油温过高	油冷却器冷却效果下降	① 清除油处理器传热面上的水垢 ② 降低冷却水温或增大水量
10	冷凝压力过高	冷凝器冷却水量不足	加大冷却水量
		冷凝器传热面结垢	清洗
		系统中空气含量过多	排放空气
		冷却水温过高	开启冷却塔
11	润滑油消耗量过大	加油过多	放油到规定量
		喷油	查明原因，进行处理
		油分离器分离效果不佳	检修
12	吸气压力过高	节流阀开启过大	关小节流阀
		制冷剂充灌过多	放出多余制冷剂
		系统中有空气	排放空气
13	制冷量不足	吸气过滤器堵塞	清洗
		压缩机磨损后间隙过大	检修更换
		冷却水量不足或水温过高	调整水量，开启冷却塔
		节流阀开得过大或过小	按工况要求调整阀门开启度
		干燥过滤器堵塞	清洗
		节流阀脏堵或冰堵	清洗
		系统内有较多空气	排放空气
		制冷剂充灌量不足	添加至规定值
		蒸发器内存大量润滑油	回收冷冻机油
		电磁阀损坏	修复或更换
		冷凝器出液阀未开启或开启过小	开启出液阀到适当大小
		制冷剂泄漏过多	查出漏处，检修后添加制冷剂
		能量调节指示不正常	检修
		喷油量不足	检修油路、油泵，提高油量
14	压缩机结霜严重或机体温度过低	节流阀开启过大	适当关小阀门
		系统制冷剂冲灌量过多	排出多余的制冷剂
		热负荷过小	增加热负荷或减小冷量
		供油温度过低	减少油处理器冷却水量
15	压缩机能量调节机构不动作	四通阀不通	检修或更换
		油管路或接头处堵塞	检修、清洗
		油活塞间隙大	检修或更换
		滑阀或油活塞卡住	拆卸检修
		指示器故障	检修
		油压过低	调节油压调节阀

续表

序号	故障现象	故障分析	处理方法
16	压缩机轴封漏油（允许值为6滴/分钟）	轴封磨损过量	更换
		动环、静环平面度过大或擦伤	研磨，更换
		密封圈、O形环过松，过紧或变形	更换
		弹簧座、推环销钉装配不当	重新装配
		轴封弹簧弹力不足	更换
		轴封压盖处纸垫破损	更换
		压缩机与电机同轴度过大引起较大振动	重新校正同轴度
17	压缩机运行中油压表指针振动	油量不足	补充油
		油过滤器堵塞	清洗
		油泵故障	检修或更换
		油温过低	提高油温
		油泵吸入气体	查明原因进行处理
		油压调节阀动作不良	调整或拆修

【任务训练】

1. 指出在氯气液化中经常出现的异常现象有哪些，试着分析产生这些现象的原因，并以小组为单位讨论处理这些故障的方法。

2. 描述螺杆压缩机组经常出现的异常现象产生的原因，对于每一种异常现象有什么具体的处理方法。

案例分析

【任务描述】

◆ 能够了解液氯生产中的常见的案例，并对发生原因进行分析。

【任务指导】

在液氯生产过程中发生事故的概率很高，虽然各类事故的发生的原因各不同，但其主要原因还是安全规章制度未能真正落实。

【案例1】事故名称：液氯贮槽爆炸。

发生日期：1991年8月14日。

发生单位：浙江某厂。

事故经过：1991年8月14日9时55分，该厂新液氯包装2#屏蔽泵轴承座及其连接管被熔穿，造成2#贮槽液氯大量外泄，致使氯气中度中毒3人，轻度中毒13人，191名职工有不同程度的氯气刺激反应症。直接经济损失11余万元，同时也给周围农作物造成影响。

14日上午8时，氯化车间新液氯包装屏蔽泵岗位操作工在启动2#屏蔽泵时，因液氯贮槽管道过滤器堵塞而启动不起来。在连续两次清洗过滤器后，于9时40分开启屏蔽泵，当时电流、压力正常。9时50分，一名操作工发现电流表指针在0～50A间大幅度摆动，并见泵体上部冒烟，工段长等人闻后迅速下到屏蔽泵地坑查漏，后又发现冷却出口管道发红。工段长派人向厂调度员汇报，自己准备进一步处理。此时发红的管段被熔穿，喷出大量氯。工段长取回面具后，泵房内已充满氯气，可见度差。气温迅速下降，人已无法进入。佩戴好防毒面具的工作人员经过六次突击于 15 时 55 分才关闭了液氯贮槽出口阀，控制了泄氯事故。

原因分析：① 水进入了氯系统而未被及时发现。该厂新液氯装置是为 10 万吨/年烧碱扩建而配套的，新设备及部分新技术（三氯化氮分解器和用屏蔽泵输送液氯）应用在这个系统。在新上的设备中，三氯化氮分解器出口有水进入氯系统。2# 液氯冷凝器的一根列管管口渗漏，氯化钙水进入氯系统。水的渗入使液氯中生成杂质，堵塞 60 目的过滤器，并有小于 60 目的杂质进入泵内，在轴承的冷却通道（用液氯冷却）中积聚，使轴承部位发热。当温度超过 65℃时，氯与铁反应速度骤增，生成三氯化铁并放热。随着温度的升高，反应速度加快，致使温度上升至 1000℃以上，熔化厂管道。

② 事故发生前，一些液氯用户反映液氯脏，该厂也发现液氯过滤器经常堵塞 2# 屏蔽泵轴承和叶轮多次损坏，厂里虽对这些问题进行了分析研究，但没找到症结。这些事故先兆没引起重视，因而没能迅速消除隐患。

教训总结：① 定期检查，确保设备完好，无泄漏；

② 加强氯气除雾手段，提高气体净化程度；

③ 配备事故联锁及防护设施；

④ 加强技术教育，提高操作人员的技术素质和应变能力。

【案例 2】事故名称：氯计量槽跑氯。

发生日期；1994 年 9 月 23 日。

发生单位：山东某厂。

事故经过：1994 年 9 月 23 日 12 时 25 分，液氯工段一名班长在操作室内听到外边有异常响声，带几名工人出来检查，发现 2# 计量槽附近氯气弥漫。一名工人以为是垫片处漏气，戴上防毒面具和工具去处理。他紧固螺栓后见毫无效果，意识到可能是阀门坏了。现场操作工边连接槽、边开纳氏泵，以减少外泄氯量，同时更换阀门。厂部当即下令电解工段停车，并通知周围人员疏散。至 13 时 40 分，现场处理完毕。事故的发生是由于液氯工段 2# 液氯计量槽出口阀在运行中突然阀体破裂，计量槽内液氯泄出并迅速汽化，向厂前马路处扩散。本厂职工、周围群众及马路上过往行人有 400 余人受到氯气伤害。其中有 108 人住院治疗。经诊断，33 人为氯气中毒。本厂 1 人因诱发哮喘病而死。

原因分析：① 阀门质量有问题。该是 1994 年 8 月 2 日更换的新阀门（PN2.5MPa，DN50mm）。该阀门存在严重缺陷，法兰钻孔时钻到了阀体部位，使阀体局部减薄至 3mm（应为 8mm）；阀盖法兰中心与阀体中心不重合，明显偏离；阀体材质强度低于图纸要求 40%左右；

② 厂里在安装此阀前，虽然对阀门进行了试压，安装后系统进行了气密试验，但对阀门外观没有认真检查，也没有解体检查。试压时只达到工作压力，也没有达到阀门的额定压力。

教训总结：① 严把设计、制造、采购、验收、安装等各道关口，有缺陷的设备、阀门及管道等不采购，不入库，不准安装使用；

② 采购进厂的设备应认真检查、验收，对阀门应解体检查，并逐一打压至额定压力；

③ 要善于捕捉生产中的各种异常情况，发现问题必须及时检查、处理，不得拖延；

④ 加强操作技术教育，努力提高其操作水平及应变能力，重要岗位必须配备经验丰富的操作工人，不具备岗位操作条件者不准上岗独立操作。

【案例 3】事故名称：因误操作造成液氯贮槽跑氯。

发生日期：1995 年 2 月 21 日。

发生单位：湖北某厂。

事故经过：该厂液氯工段充装液氯，因 2# 液氯贮槽液氯出口阀门未关，造成氯气窜压到 1～4 号贮槽，又从贮槽回气阀门窜到原氯分配台和尾氯分配台，造成原氯部分压力升高。液氯压往盐酸缓冲罐及尾氯处理工段缓冲罐。此次跑氯事故造成全厂停车 2 天，熏坏农田 138 亩。

原因分析：操作工误操作，未关阀门造成跑氯事故。

教训总结：加强对操作工安全技术教育，提高工作责任心，严格遵守安全规程要求。

【案例 4】事故名称：充装液氯时跑氯。

发生日期：1996 年 7 月 3 日。

发生单位：山西某厂。

事故经过：7 月 3 日 15 时 42 分，该厂液氯充装台正向铁路槽车内充装液氯，充装高压软管突然爆开，液氯外泄，造成周围人员多人吸入氯气中毒，其中死亡 1 人，中度中毒 4 人，轻度中毒 4 人。

原因分析：① 液氯充装所用胶管强度不够，充装中爆开；

② 对采购进厂的胶管没进行必要的检验（试压）就装到生产装置上。

教训总结：① 液氯系统所用管材、阀门、胶管等在安装前都应进行打压、外观检查，保证材质符合要求。

② 把住采购关，对于质量无保证的产品不采购、不入库、不使用。

【案例 5】事故名称：液氯包装管道跑氯。

发生日期：1997 年 5 月 9 日。

发生单位：山东某厂。

事故经过：液氯包装工段正在打压包装之际。管道上盲板垫片处破裂，大量液氯外泄约 1t 左右，轻伤 33 人。

原因分析：盲板垫片处是管路的死角，此段管道是管道的分支，与原液氯计量槽连接。液氯计量槽报废拆除后加了盲板，管内长期积存液氯、次氯酸等腐蚀垫片，使其在承受不住包装压力下破裂（盲板垫片用的橡胶垫因老化冲破）。

教训总结：加强对设备管理，盲板垫片应用耐高压垫片，加强工艺管理，液氯管道不应有死角，防止物料积聚。

【案例 6】事故名称：液氯蒸发器爆炸。

发生日期：1998 年 12 月 28 日。

发生单位：吉林某厂。

事故经过：12 时 55 分，操作工在给液氯蒸发器升压时，不检查设备，擅自脱岗，致使高压氯出口阀门关闭的 1 号液氯蒸发器内压力急剧上升，造成 1 号液氯蒸发器爆炸。事故使 1 号液氯蒸发器报废，跑氯 1.6t，70 余人中毒，其中 38 人住院治疗。

原因分析：一名操作工违反劳动纪律脱岗，另一名操作工违章作业，在升压时不检查设备压力，不打开蒸发器高压氯出口阀门。

教训总结：加强对操作工安全教育，严格工艺规程，劳动纪律。

【案例 7】事故名称：三氯化氮爆炸。

发生日期：1999 年 8 月 8 日。

发生单位：浙江某厂。

事故经过：8 月 8 日零点 48 分，该厂氯化车间液氯工段液化岗位 1# 热交换器突然发生猛烈爆炸。爆炸时先见弧光，紧接着一股白烟腾空而起，随后冒出一片黄烟（氯气）。爆炸造成厂房倒塌，1# 热交换器一端的平封头钢板（重 58kg）飞出 142m，另一端（重 80kg）飞出 76m；加热室的一个封头盖（重 184kg）飞出后，先与管架相撞，再飞出 15m，另一个封头盖（重 148kg）飞出 21m，有一段重 141kg 的弯管飞出 86m，根据测算估计，当时的爆炸瞬间压力在 70MPa 左右，死亡 8 人，重伤 1 人，轻伤 194 人。

原因分析：① 1# 换热器由于数月未进行排污，三氯化氮累积过多，8 月 7 日停止使用后，1# 换热器内管间仍贮存着 500kg 的液氯，并由于温度逐渐升高，三氯化氮也逐渐被浓缩，至 8 月 8 日引起猛烈爆炸；

② 7 月 28 日至 8 月 5 日，该厂烧碱车间盐水工段在盐水精制过程中，使用含有氨（约 20g/L）的废碱液配制盐水 6000m^3，由于盐水氨味太大，加入盐酸中和，故盐水中含有大量氯化氨，氯化铵随盐水进入电解槽，在阳极室内与氯气反应生成三氯化氮，因此，在爆炸事故前的液氯系统中，三氯化氮的含量都比较高。

教训总结：① 严格控制电解入槽盐水无机氨含量≤1mg/L，总氨含量≤4mg/L。

② 液氯的汽化器、预冷器及热变换器等设备，须有排污装置和排污处理设施。

③ 液氯蒸发系统要及时排污，单设备每周排污一次，系统每半月排污一次，排污中的三氯化氮含量不得超过 60g/L。如发现排污物中三氯化氮含量大于 80g/L，应增加排污次数，加强监测。如三氯化氮含量大于 100g/L。应采取紧急措施，并查找原因。

④ 停用的热交换器不允许有原料氯气进入或输出，液氯蒸发器不应在液氯蒸完后仍用蒸汽赶除残余污物。

⑤ 在氯总管中，增加一套冷却装置，预先将三氯化氮冷凝捕集，并加以处理。

⑥ 加强原料氯气含 NCl_3 量的控制，一般将原料氯气含 NCl_3 量控制在 2.5mg/L 以下。

【案例 8】事故名称：三氯化氮爆炸。

发生日期：2001 年 3 月 18 日。

发生单位：山东某厂。

事故经过：3 月 18 日下午液氯包装岗位对液氯汽化器进行排污。17 时 45 分，拆汽化器底部一根无缝钢管。卸完管子两头法兰螺柱，往外抽出时，这根钢管突然发生粉碎性爆炸。造成 1 人死亡，2 人重伤，1 人轻伤。液氯汽化器因三氯化氮爆炸事故，其他生产厂也曾发生多起。

原因分析：① 该厂使用盐卤定量超标，造成三氯化氮在汽化器处积聚，卸管时振动，使三氯化氮爆炸；

② 该厂不设置排污阀，采用拆管子排污不合理；

③ 排污不及时，汽化器内含三氯化氮最高，加温时使三氯化氮分解，引起爆炸；

④ 原料盐及化盐用水总氨、无机氨的含量超标，致液氯中三氯化氮过高，当汽化器的液氯汽化后，三氯化氮的积聚达到爆炸极限，受外来影响而发生爆炸；

⑤ 三氯化氮极不稳定，达到一定浓度后，遇光、振动等易分解爆炸。

教训总结：① 选用液相除氨法，在盐水中加次氯酸钠，降低水中含氨量；

② 应采用锦西化工研究院“高效催化分解氯气中三氯化氮”的新工艺；

③ 增加用液氯残渣生产次氯酸钠工序，彻底排除隐患；

④ 改进三氯化氮的排污方法。

【案例 9】事故名称：氯气外泄。

发生日期：2003 年 1 月 6 日。

发生单位：山西某厂。

事故经过：4 月 6 日早晨 5 时左右，因氯冷凝器气液分离器阀门爆裂，氯气外泄，冷冻岗位操作工各戴一台氧气呼吸器去处理。7 时 10 分左右，冷冻停车完毕，发现一名工人背着氧气呼吸器俯卧在地，立即送医院，经抢救无效死亡。

原因分析：① 死者不会使用氧气呼吸器，事后检查，氧气瓶阀门未打开（瓶内压力 14.0MPa），造成缺氧窒息死亡；

② 操作工戴氧气呼吸器后，应两人一组，经常观察压力表，此次未按要求操作。

教训总结：① 加强对操作工使用各种护具的培训，做到熟练使用；

② 规定佩戴氧气呼吸器作业，必须两人一组，防止气瓶内压力变低或未开瓶阀。

【案例 10】事故名称：液氯钢瓶爆炸。

发生日期：1979 年 9 月 7 日。

发生单位：浙江某厂。

事故经过：液氯工段一只充装量为 0.5t 的电化 30 号钢突然发生爆炸，爆炸声响后，全厂烟雾弥漫，大量汽化的液氯和化学反应生成物等迅速形成巨大的蘑菇状气柱冲天而起。爆炸中心有一只总重 1735kg 的一吨液氯钢瓶被气浪垂直掀起，飞越 12m 高的高压线，砸破盐仓屋顶，坠落在距爆炸中心 30.3m 的盐库内。另一只总重 1754kg 的一吨液氯钢瓶也被气浪冲出 20m 远，掉在液氯包装厂房西边的荷花池内，爆炸的碎片波及面广。其中一块重 0.8kg 的碎片飞出 830m 远，一块重 72.5kg 的钢瓶下封头飞越厂区距爆炸中心 85m 处，折断树干，穿过居民住房砖墙，砸死一位老人。爆炸现场留有直径 6m 深 1.82m 的炸坑，厂房、设备破坏极其严重。爆炸以后的钢瓶碎片使位于现场的 59 只钢瓶中的 4 只发生爆炸。此外，还击穿 5 只，击伤或导致严重变形 13 只。这次爆炸，还使液氯工段 414m 混合结构的包装厂房全都倒塌。相邻的砖木结构冷冻厂房部分倒塌，1 台 6t 的电动行车坠毁，钢丝被击断，工字梁多处被击穿。2 台 3t 地磅被压毁，5t 计量贮槽被击漏，10t 液氯贮槽的一个阀门被打断。液氯工段的全部管线被破坏。当班的 8 名操作工当场死亡，爆炸后扩散的 10.2t 氯气波及 7.35km^2，共导致 59 人死亡，779 人中毒。发生爆炸的电化 30 号钢瓶是由北京金属结构厂制造，材质为 16MnR，充装量 0.5t。该瓶于 1978 年 8 月购进，12 月开始使用，先后共用过 16 次。1979 年 8 月 29 日充装后运往该市药物化工厂。9 月 3 日空瓶运回，9 月 7 日充装氯气后于当日 13 时 55 分发生爆炸。瑞化 45 号钢瓶和瑞化 9 号钢瓶由杭州化工机械二厂制造，材质为 16MnR，充装量为 1t，皮重 567kg，受电化 30 号钢瓶的爆炸碎片撞击而发生爆炸。还有 2 只 1t 和 0.5t 钢瓶也由于受 30 号钢瓶的爆炸碎片撞击而发生爆炸。

原因分析：① 该厂氯化厂石蜡工段生产工艺不符合化工部有关规定，在液氯钢瓶和氯化釜之间未设缓冲器，氯气由钢瓶针型阀通过紫铜管直接进入氯化釜。该厂氯化石蜡工段操作人员违反国家《气瓶安全监察规程》有关规定，在电化 30 号钢瓶中的氯气压力与氯化反应釜的相近时，还违章开动真空泵将瓶内压力吸尽。根据该厂生产记录表明应出半成品 813.3kg，但实际仅 700kg，短缺的半成品——石蜡倒灌入电化 30 号钢瓶内，留下事故隐患。

② 事故厂当班的液氯充装人员，违反国家《气瓶安全监察规程》和化工部有关规定，在灌装液氯前，未检查电化 30 号钢瓶内有无余压，瓶内存有何种异物，也未过磅核对，仅

依据钢瓶钢印注明的皮重计算灌装量后加入了液氯，致使液氯遇钢瓶中的石蜡，并在瓶内残存的三氯化铁催化下放出大量热量，在达到某一临界值后形成一种猛烈而不能控制的反应，导致钢瓶强烈爆破。

教训总结：① 严格遵照气瓶安全监察规程的要求充装、使用、运输和贮存危险性气体；

② 对生产氯和使用氯单位的职工及企业附近的居民进行有关氯气性质、危害作用、临床症状及防护方法的普及性教育；

③ 生产和使用氯气的厂矿企业医院、卫生所的医护人员应学习并掌握有关氯气中毒的抢救方法。

小　　结

1. 氯气液化的目的：制取纯净氯气、便于贮存和运输、用于平衡生产。

2. 氯气液化的原理：气体受到的压力增加到一定程度后，可以凝聚成液体，而气体的温度降低到一定程度后，也可以凝聚成液体。

3. 工业上生产液氯的方法主要有三种。①高温高压法：氯压力在 1.4～1.6MPa（表压），液化温度 30～50℃。②中温中压法：氯压力在 0.2～0.4MPa（表压），液化温度 0～10℃。③低温低压法：氯压力在 0.15MPa（表压），液化温度－30℃左右。

4. 氯气质量是指氯的纯度，其中杂质、水等对生产过程均有影响。

5. 液氯生产的安全操作要点：持证上岗、控制原氯纯度及含量和合理控制液化效率。

6. 在液氯生产中，当发生异常现象如遇到专业规程中未包括的事故或故障处理方法时，应根据以下原则处理：① 保证人身安全；② 保证设备完整；③ 保证不让异常故障扩大。

项目五　氯化氢及盐酸

学习目标

知识目标

★ 能学会氯化氢合成的工艺原理。
★ 能绘制氯化氢合成的工艺流程简图。
★ 能指出氯化氢合成中的主要设备名称及结构。
★ 能描述盐酸生产的工艺原理。
★ 能绘制一种常用的盐酸生产的工艺流程简图。
★ 能指出在盐酸生产过程中用的主要设备及结构。
★ 能学会如何进行氯化氢合成及盐酸生产的开停车操作步骤。

能力目标

★ 先学会认识图，进而能绘制工艺流程图。
★ 学会分析设备的原理结构。
★ 能分析出故障发生的原因和处理方法。
★ 能从常见的案例中得到教训，保证生产安全。

盐酸是化学工业最基础的原料之一，有着广泛的用途。盐酸又称为氢氯酸的水溶液，也是氯碱企业中最基本的无机酸和化工原料，同时还是平衡氯气生产能力的关键产品。

目前，在中国氯碱工业中生产的氯每年有$\frac{1}{3}$以上是通过合成氯化氢的方式，来制成商品盐酸或用以制造其他氯产品。以商品盐酸为例，每年的产量均在100万吨以上，有效地给各行各业的发展提供了支援。

一般的氯碱生产中，氯和碱都是成比例定量产生，而对各种氯产品的耗用量有淡旺季节之分，因此在很多的氯碱工厂均有富余的氯产品，给电解装置的稳定均衡生产提供保障。盐酸和氯化氢不仅用途广阔，和其他的氯产品比较还有一些优点：

① 生产装置的投资费用较低；
② 生产工艺简单，操作控制方便，所使用的原料均为电解产生的产品，可随时供应；
③ 生产过程中开、停车快，在短时间内就能达到满负荷；
④ 对单系列设备允许有较大幅度的负荷变动；
⑤ 对备用设备的维护费用低。

大多数的氯碱厂均建有合成氯化氢及盐酸的装置，而且生产能力大都超过实际市场需要。

任务一　氯化氢合成

子任务一　氯化氢合成的工艺原理

【任务描述】

◆ 能领会氯化氢合成的生产任务及其工艺原理。

◆ 能说出氯化氢合成的工艺条件和影响因素。

【任务指导】

一、 氯化氢的性质及用途

1. 性质

氯化氢的化学式为 HCl，常温下为无色、有刺激性气味的气体，其熔点为－114.6℃，沸点为－84.1℃，相对密度为 1.3，极易溶于水，并在溶解过程中强烈放热，氯化氢的水溶液又称为盐酸，是最常用的无机强酸之一。氯化氢与潮湿空气中的水分生成白色的烟雾。在干燥的状态下氯化氢几乎不与金属反应，但在含水或溶于水时，由于其具有酸的性能，腐蚀性很强，能与大多数金属反应，反应生成相应的盐类。

2. 用途

① 主要用于制染料、香料、药物、各种氯化物及腐蚀抑制剂等，还用于大规模集成电路的生产。

② 氯化氢是制造合成材料的主要原料，可用来制造聚氯乙烯和氯丁橡胶等。

③ 化学上可用来配制标准溶液对碱性物质进行滴定。

二、 生产任务

氯化氢的合成主要是将来自氢处理工序、纯度大于 98%、含氧小于 2%的合格氢气与来自氯处理工序、纯度大于 95%、含氢小于 0.4%（或液化尾气纯度大于 75%，含氢小于 3.5%）的氯气在合成炉内经过燃烧合成为氯化氢，通过冷却至常温后，一部分用水吸收制成 31%的商品盐酸，另一部分通过冷冻脱水，将其含水量降至 0.06%以下后，用纳氏泵压送至聚氯乙烯车间，供乙炔合成氯乙烯之用。

三、 氯化氢的合成条件

通常氯气和氢气的合成反应在常温和散射光线下进行得很慢，但当在强光（直射的阳光或镁焰等）照射或高温下会非常迅速地发生剧烈的反应，还会发生爆炸。氯和氢所进行的反应是由许多单个阶段构成的“连锁反应”。

氯化氢的合成过程受温度、水分、催化剂、氯氢的分子比等因素影响极大。目前工业生产氯化氢的方法有直接合成法和其他多种方法。

四、 氯化氢合成的工艺原理

氯化氢合成的主要原料是氯气与氢气，具体过程为氯气与氢气在适宜的条件（如光，燃烧或催化剂）下，迅速化合，发生连锁反应，其总的反应式如下：

$$Cl_2 + H_2 \longrightarrow 2HCl + 18.42kJ$$

具体反应历程如下。

1. 链的生成

在氯气和氢气化合生成氯化氢的过程中，一个氯分子吸收光量子后，被离解成两个游离的氯原子（Cl·）即活性氯原子。

$$Cl_2 + h\nu \longrightarrow 2Cl\cdot$$

2. 链的传递

每个活性氯原子会和一个氢分子进行作用，生成一个氯化氢分子和一个游离氢原子（H·）即活性氢原子，这个活性的氢原子接着又与一个氯分子发生作用，生成一个氯化氢分子和一个游离的氯原子（Cl·），如此循环进行就构成一个连锁性反应。具体反应式如下：

$$Cl\cdot + H_2 \longrightarrow HCl + H\cdot$$

$$H\cdot + Cl_2 \longrightarrow HCl + Cl\cdot$$

$$Cl\cdot + H_2 \longrightarrow HCl + H\cdot$$

……

3. 链的终止

在连锁反应过程中，如果外界的因素发生改变，就会破坏连锁反应，使链传递终止，反应结束。影响因素主要有以下几种。

① 在反应过程中，由于生成的活性原子的自身结合可以使连锁反应终止。

$$H\cdot + H\cdot \longrightarrow H_2 \qquad Cl\cdot + Cl\cdot \longrightarrow Cl_2 \qquad Cl\cdot + H\cdot \longrightarrow HCl$$

② 在合成炉中，当有氧气存在时，就能破坏 H 的活性而使连锁反应中断。如：

$$H\cdot + O_2 \longrightarrow HO_2$$

$$Cl\cdot + O_2 \longrightarrow ClO_2$$

③ 反应过程中，由于游离氢原子或游离氯原子在运动的过程中，与设备的内壁发生碰撞，或与设备内存在的惰性物质分子碰撞，使活化的氯、氢失去过剩的能量而变成非活化分子，使链反应终止。

④ 反应过程中，改变封闭系统中任何物质的浓度都可使链传递终止，另外如果存在负催化剂的作用，也可以使链中断。

总之，每一次链的中断，都会减少反应继续发展的可能性，如果存在不利条件时，还可能会使反应完全终止。

在氯碱企业的实际生产中，氯气与氢气在燃烧前并不混合（否则会发生爆炸反应），而是通过一种特殊的设备“灯头”使氯与氢达到均衡燃烧，生成的活化氢原子和活化氯原子的浓度相对来说是极其微小的，所以不会出现链终止的现象。

五、影响合成的因素

1. 温度

通常氯气和氢气在常温、常压、无光的条件下反应进行很慢，当温度达到 440℃后会迅速化合。如果有催化剂存在的条件下，在 150℃就能剧烈化合，甚至还可能发生爆炸。但当温度高 1500℃时会有显著的热解现象。氯与氢的合成反应是放热反应，会有大量的热量产生，这种热量使生成的氯化氢气体温度升高。因此必须设法把合成过程中产生的热量移走，才能向有利于生成氯化氢的方向移动，一般在合成炉采用夹套式冷却法将反应热移走。

2. 水分

绝对干燥的氯气和氢气是很难起反应的。当有微量水分存在时，就可以加快反应速率，水就成为促进氯与氢化合的媒介。据有关资料显示，当氯和氢的水分含量超过 0.005%时，水分的存在对反应速率就没有多大影响。

3. 催化剂

催化剂一般起催化的作用，由于反应过程中离子偶极的相互作用或由于生成氢键，质点可以极化，因而它的反应能力也起了变化。如果有海绵状铂、木炭等多孔物质和石英、泥土等矿物质存在时能起到接触的作用，从而提高反应速率。

4. 氯氢的分子比

根据氯化氢的合成原理，化合时氯和氢的比例为 1∶1。但在实际的生产操作过程中都是控制氢过剩，一般过剩量在 5%以下，最多不超过 10%，因为氢过量太多会引起爆炸等不安全因素，而氯过剩则会影响成品氯化氢的质量。

【任务训练】

1. 根据自己的理解说出氯化氢合成工段主要完成的任务是什么？
2. 简要概括氯化氢合成的工艺原理。
3. 指出在氯化氢合成中的影响因素有哪些？

子任务二　氯化氢合成的工艺流程

【任务描述】

◆ 熟悉氯化氢合成的工艺流程。

【任务指导】

一、 氯化氢合成工艺流程

对于氯化氢的合成工艺，目前主要有两种方法。一种是用铁制合成炉或石墨合成炉合成氯化氢，另一种是三合一石墨法。这两种方法各有优缺点，在氯碱企业都有所应用。

上述两种方法合成氯化氢的流程大体是一样的，主要的工艺流程为：

由电解槽阴极室出来原料氢气经冷却、洗涤，大大降低了气相温度，消除了气相中夹带的碱雾杂质，由氢气压缩机送往气柜，经过氢气管道阻火器，经流量计计量后，通过调节阀进入石墨合成炉或铁制合成炉的灯头。氢气的调节是通过氢气压力自动调节阀自动调节，放空的氢气必须经过氢气阻火器后进行放空。

同样由电解槽阳极室出来的氯气，通过氯气处理后用氯气压缩机送入氯气缓冲罐，缓冲后的氯气通过流量计计量后，经截止阀、调节阀也送入石墨合成炉或铁制合成炉的灯头。

几种合成炉的区别在于，石墨炉分为两层，氢气进入灯头后走的是外层，而铁制炉的灯头为多层的套管式，氢气走二、四、六层。

进入氯、氢气合成炉灯头的气体以（1∶1.15）～（1∶1.20）的比例经过混合燃烧，生成的氯化氢气体从合成炉的顶部送出，夹套中的纯水冷却后将反应热带走。氯化氢气体经过氯化氢冷却器，通过冷却器夹套中的循环水使其温度降至 45℃以下，送入氯化氢缓冲罐，通过氯化氢总管送至用户，流程如图 5-1 所示。

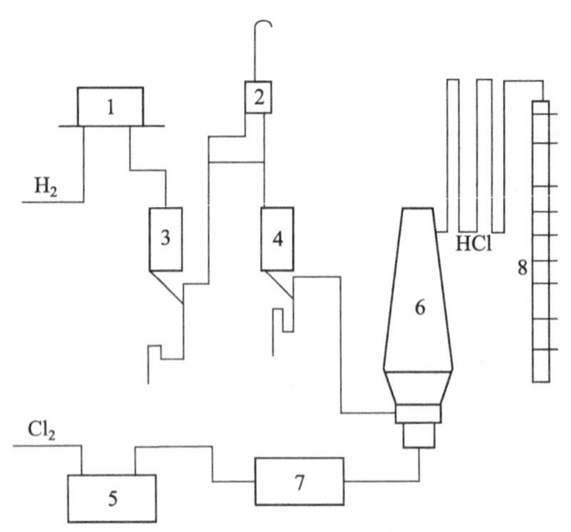

图 5-1 氯化氢合成工艺流程

1—氢气柜；2—气液分离器；3，4—阻火器；5—氯气缓冲器；
6—钢制合成炉；7—氯气阻火器；8—石墨冷却器

二、 氯化氢合成的主要工艺控制指标

氯化氢合成的主要工艺控制指标见表 5-1。

表 5-1 氯化氢合成的主要工艺控制指标

序号	控制项目	控制指标	检测点
1	氯气纯度	≥98.0%	氯气总管
2	氯含氢	≤0.8%	氯气总管
3	氯气总管压力	100～150kPa	氯气总管
4	氢气总管压力	75～85kPa	氢气总管
5	合成炉氯气流量	0～2000 m^3/h（标态）	氯气支管
6	合成炉氢气流量	0～2000 m^3/h（标态）	氢气支管
7	氯化氢压力	≤50kPa	氯化氢缓冲罐
8	氯化氢纯度	90.0%～94.0%	氯化氢缓冲罐
9	游离氯	0	氯化氢缓冲罐
10	氯化氢温度	≤45℃	合成炉出口
11	点火前氢气纯度	≥98.0%	氢气总管
12	点火前氯气纯度	≥88%	氯气总管
13	点火前氯含氢	≤0.4%	氯气总管
14	点火前炉内含氢	≤0.4%	炉内
15	合成炉夹套水 pH 值	7～9	夹套水
16	合成炉循环水 pH 值	7～9	循环水

【任务训练】

1. 叙述氯化氢合成的工艺流程。

2. 绘制出氯化氢合成的工艺流程简图。

3. 说出在氯化氢合成中有哪些主要控制指标。

子任务三　氯化氢合成的主要设备

【任务描述】

◆ 熟知氯化氢合成中的主要设备及结构。

【任务指导】

一、 氢气柜

1. 氢气柜的作用

氢气柜的作用是调节氢气的平衡，在氯碱企业的生产中，为保证氢气供给稳定、持续，通常将罗茨鼓风机或水环泵送来的氢气贮存于气柜之中，当供给氢气量多于合成炉正常使用所需的量时，就将多余部分暂贮存于气柜中；如果需要增加氯化氢或盐酸产量时，就将气柜中的氢气自动供给合成炉。当输送氢气过程中发生临时故障时，气柜内存有的氢气足以维持其最低流量的供给，不会有突然停炉的情况发生。

2. 氢气柜的结构

气柜一般主要由筒体、支架和钟罩三部分组成。筒体是圆形柱状，周围有压铁固定，侧面有放水或清理内部用的人孔；支架是一种围绕筒体的钢架结构，在柱架上均安有滑轮与钟罩相连，在每个柱架的顶端均用槽钢或角钢对应连接固定；钟罩是一种像圆锥接筒体（倒筒体）的盖状物，罩顶有人孔，在罩内周围吊有压铁块，罩顶的四周也有压块，目的是增重加压。结构如图 5-2 所示。

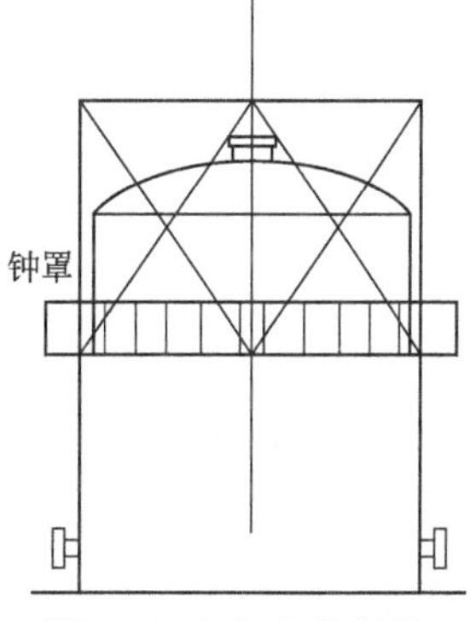

图 5-2　氢气柜的结构

二、 气液分离器

1. 气液分离器的作用

气液分离器一般位于气柜的进出口，主要是除去氢气中含有的水分。因为从电解槽阴极出来的氢气中会夹带碱雾和大量饱和水蒸气，经过氢气处理后进入氢气柜的仍可能会夹带一定量的游离水，必须除去，否则会带入合成炉中，如果在合成炉中温度低于 108.65℃的露点温度，水分的存在会导致大量的冷凝盐酸生成，缩短合成炉的使用寿命，加剧腐蚀。

2. 气液分离器的结构

气液分离器主要是由圆筒体接下锥体和上端盖两部分组成，在圆筒体的底部设有分布板，在板上装有瓷环填料，在下锥体底部设有排液口。结构如图 5-3 所示。

三、 阻火器

1. 阻火器的作用

阻火器一般位于气体进炉前的管道上，其作用主要是：当输送气体发生故障时，会造成氯氢比例的失控，使燃烧的火焰可能从燃烧器中倒回系统，如果火焰回至气柜，就不可避免地发生爆炸，因此阻火器就能有效地阻挡火焰返回气柜，并使其熄灭于此，起到有效地保护气柜的安全的作用。

2. 阻火器的结构

阻火器的构造与气液分离器相同，也主要是由圆筒体接下锥体和上端盖两部分组成，两者的区别是在阻火器的圆筒体底部分布板上放的不是填料，而是鹅卵石及少量的瓷环。结构如图 5-4 所示。

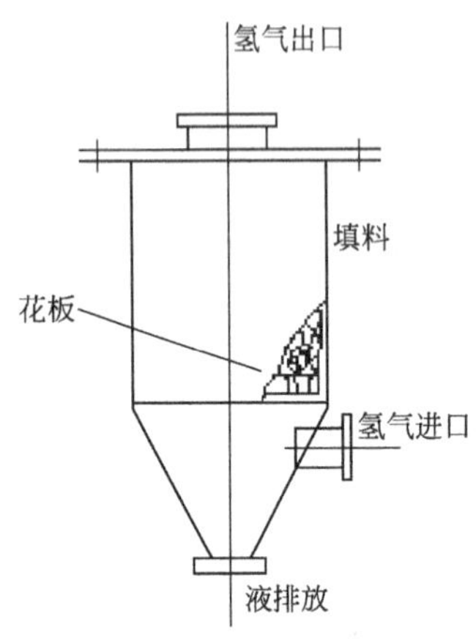

图 5-3 气液分离器的结构

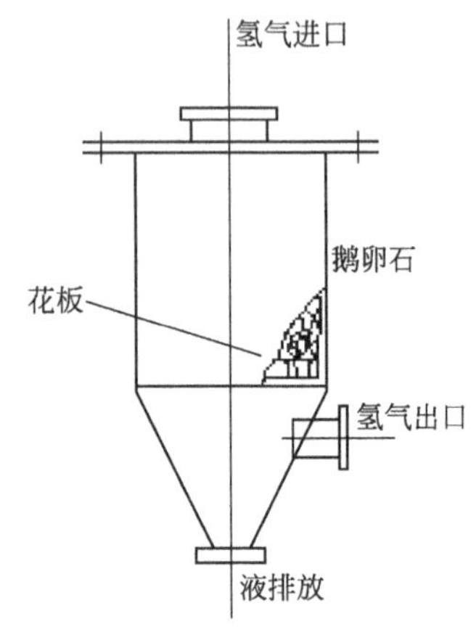

图 5-4 阻火器的结构

四、 氯气缓冲器

1. 氯气缓冲器的作用

氯气缓冲器通常位于氯气离心式压缩机出口之后，合成炉阻火阀门之前。其主要作用是使氯气流缓冲减压，并能够进行稳压自控。这样可以有效地控制、稳定氯气的压力，使进入合成炉内的氯、氢比例平衡，同时也能有效地稳定合成炉的生产。

2. 氯气缓冲器的结构

氯气缓冲器一般是一个卧式的圆筒体，两端为椭圆形的封头。在它的上部有个较大的人孔能够进入清理，在底部设有排净口，其旁路还设有稳压装置。结构如图 5-5 所示。

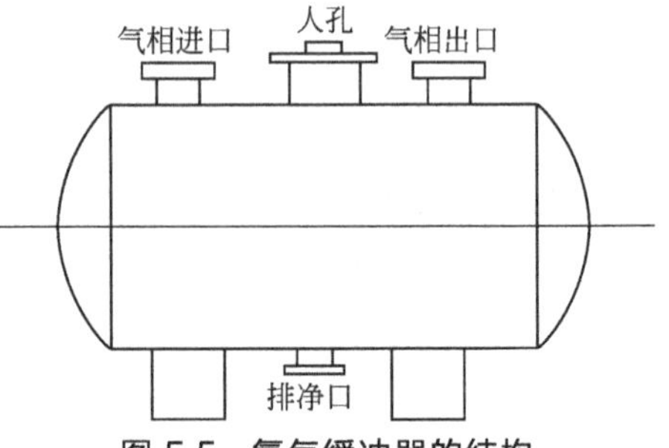

图 5-5 氯气缓冲器的结构

五、 合成炉

1. 合成炉的分类

合成炉是氯化氢合成的重要设备。目前国内外的合成炉按其制作材质可分为三类，即非金属石英合成炉、钢制合成炉和石墨夹套合成炉；按其实际功能也可分为三类，即钢制带有废热回收的夹套蒸汽炉，钢制翅片空气冷却合成炉，石墨制集合成、冷却、吸收于一体的三合一炉或二合一炉。目前应用较多的是钢制炉和石墨炉。

2. 钢制合成炉

钢制翅片空气冷却合成炉具有容量大、生产能力大、能充分利用空气对流、辐射散热的特点。散热翅片安装在炉身较高温度的中、上部，合成炉的底部装有石英玻璃或钢制的燃烧器（若氢气经过低温冷却脱水和固碱干燥的话，就可以采用此类钢制的合成炉），在顶部装有具有耐温、耐腐蚀的材料制作成的防爆膜。其结构如图 5-6 所示。

钢制翅片空气冷却合成炉的燃烧器由内外两层套装而成。内层是一个氯气圆筒形套管，上端封闭，在筒身的四周开有斜长方形孔，其外层是一个两端开口的氢气圆筒形套管。氯气从内套管下端进入，由于内套筒的上端封闭，使得气流只能从筒身四周侧面斜孔沿切线方向盘旋而出，与由从外套筒下端进入的氢气在内外套筒间的流道内进行均匀混合，然后向上燃烧合成为氯化氢气体，燃烧的火焰通常呈青紫色。在中心的火焰温度可达 2500℃。由于石英燃烧器具有蓄热的功能，从而可以保证合成反应得以持续下去。其构造如图 5-7 所示。

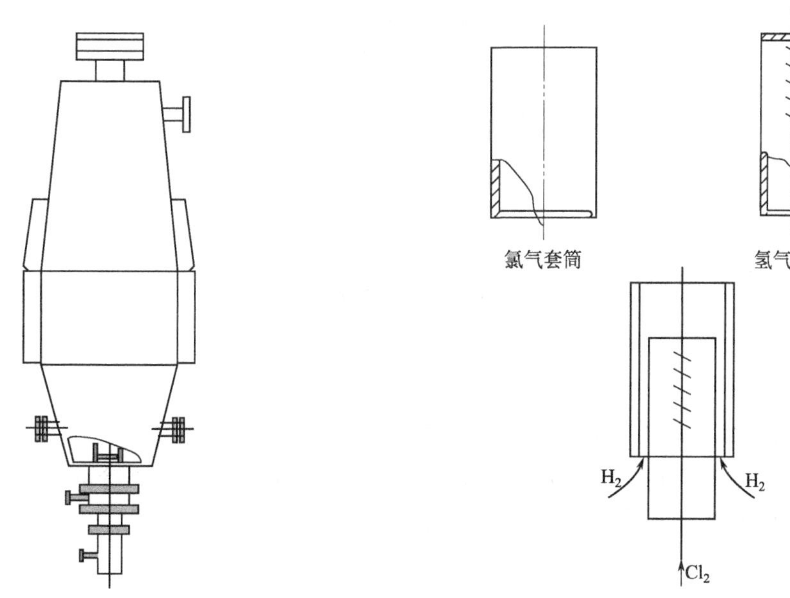

图 5-6　钢制合成炉结构　　　图 5-7　钢制合成炉燃烧器

3. 石墨合成炉

（1）石墨合成炉的作用

当合格的 H_2 和 Cl_2 通过阻火器按一定的比例进入到石墨合成炉内后，在石英灯头上进行燃烧，从石墨合成炉的上端将生成的氯化氢气体通过合成段的换热块进行换热，使合成炉夹套的纯水产生蒸汽，经过换热后的 HCl 气体再通入炉顶的石墨冷却器，由炉顶石墨冷却器内的循环水将其冷却至≤45℃，从出口输出，送入氯化氢缓冲罐送至氯乙烯装置或去吸收系统制成盐酸。

（2）石墨合成炉的结构

合成炉通常由钢衬四氟灯头座、石英灯头、石墨合成段、合成段换热块、炉顶石墨冷却器、蒸汽室、气水分离器过滤网和钢制外壳等部分组成。这种合成炉具有占地面积小、结构紧凑、便于操作等优点。其剖面结构如图 5-8 所示。

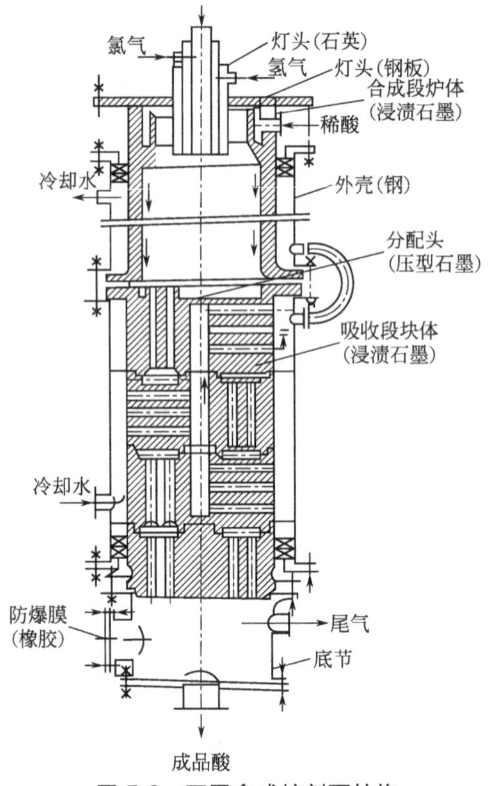

图 5-8　石墨合成炉剖面结构

合成炉的内部石墨块主要包括（按从下至上的顺序）：石墨底盘、下节石墨筒体、中节石墨筒体（2 节）、上节石墨筒体、下换热块、上换热块、下气室、冷却换热块（5 块）、上气室共 14 块石墨块。见图 5-9。

石墨底盘

石墨筒体

下换热块　　冷却换热块

上气室　　下气室

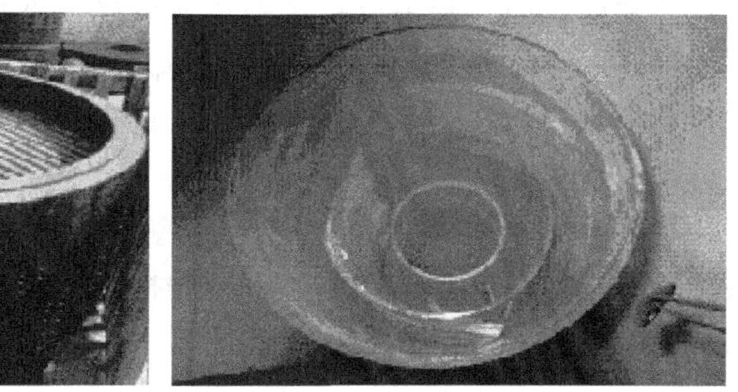

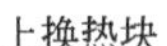

上换热块　　石英灯头

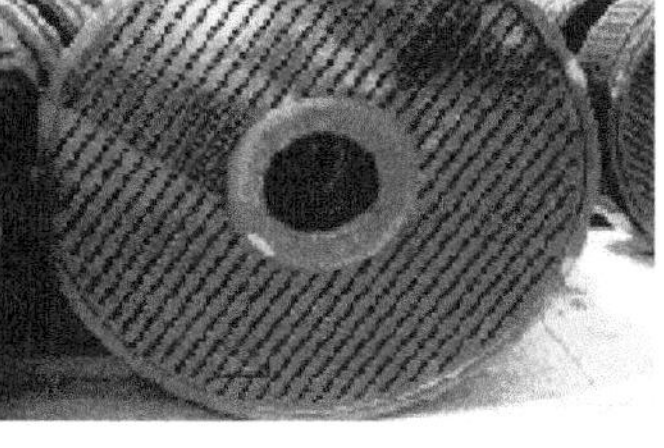

冷却换热块　　汽包

图 5-9　石墨块的构造图

六、 石墨冷却器

1. 石墨冷却器的作用

常见的石墨冷却器主要有石墨圆块孔式冷却器、石墨列管式冷却器以及石墨矩形块孔式冷却器三类。石墨冷却器所起的作用是将合成的氯化氢气体冷却至常温，以便进行制酸或冷冻脱水干燥。

2. 石墨冷却器的结构

石墨冷却器不管是何种类型，主要由上封头、冷却器、下封头三个部分组成。图 5-10 为其结构图。

上封头主要是与温度较高的氯化氢气体接触，为圆块孔式结构。当块孔式管断裂时，冷却水便涌入气相，如出水不畅会使石墨冷却器气相出口封堵从而造成合成炉熄火；当冷却水的来源中断，极容易烧坏列管，而上封头可以承受短时间的断水，当恢复供水，就可照常工作。

冷却器是用经过石墨化处理的不透性石墨制成的整个砌块，特点是具有极好的耐腐蚀和耐高温性能，能够承受较高温度。石墨列管式冷却器的冷却降温用水箱，可以防止顶部上管板与列管交接处的胶黏部分因材料热膨胀产生的差异而胀裂损坏。冷却段是采用冷却水自下而上、气体自上而下进行逆流的管壁传热，从而将气相中所含的热量移走，来实现冷却的目的。对于块孔式冷却器来说，冷却水一般走径向管内，气相走纵向管内，因此冷却效果很好。对于列管式冷却器来说，冷却水走壳程，气相走管程，因此冷却效果就不如块孔式。

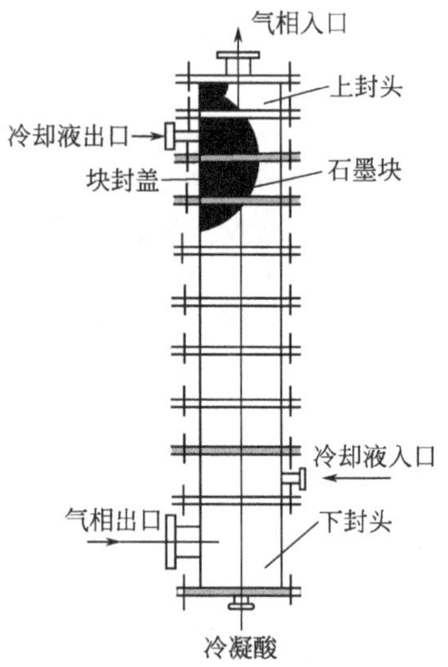

图 5-10 石墨圆块孔式冷却器

石墨圆块孔式冷却器的结构如图 5-10 所示。

下封头主要由具有极好的防腐蚀性能的钢衬胶或玻璃钢制成。对于石墨圆块孔式冷却器采用的是酚醛树脂浸渍过的石墨制作。

3. 石墨冷却器的技术特性

可用温度为－20～165℃，可用的压力纵向为 0.4MPa，径向压力为 0.4～0.6MPa，石墨圆块孔式冷却器与石墨列管式冷却器相比，更能经受压力冲击（列管式许用压力仅 0.2MPa）、更耐高温。

【任务训练】

1. 你认为在氯化氢合成中最主要设备是哪个，试画出其剖面图。
2. 分析氯化氢合成中每一个设备的作用。

知识链接

氯化氢对人体的危害

1. 氯化氢对人体的危害

因为氯化氢极易溶于水，所以它对眼结膜及上呼吸道有强烈的刺激作用。在夏天，由于出汗多，空气中的氯化氢不断溶解在汗中，使皮肤干燥发痒。

氯化氢的水溶液（盐酸）对皮肤有烧伤作用，溅在皮肤上如不及时冲洗，可引起不同程度的腐蚀伤，痊愈比较慢。

长期接触可发生不同程度的牙齿酸蚀等。可引发急性中毒：表现为流泪、鼻腔酸辣、咽部热痛及咳嗽、结膜充血、胸痛、呕吐等。还可能有慢性中毒：可引起慢性鼻炎、支气管炎等，皮肤在冬天易发生破裂，牙齿发生酸蚀症。因此目前工业卫生允许的浓度为 $15mg/m^3$。

2. 预防措施

凡是生产或使用浓盐酸的生产设备，都应适当密闭，或在通风柜内进行。盐酸的出料、分装等，要辅以必要的抽风设备。工作人员应穿着合适的防护用具，防止皮肤直接接触，车间内应安装方便的冲洗设备，以便污染后及时冲洗。

发生氯化氢中毒主要是对症治疗。具体治疗的方法可参照氯气中毒治疗。

皮肤直接污染者，应迅速用大量清水冲洗，并辅以5%碳酸氢钠油膏等，按一般伤口处理。

任务二　高纯盐酸

子任务一　盐酸生产的工艺原理

【任务描述】

◆ 高纯盐酸的性质与用途。

◆ 高纯盐酸的规格。

◆ 高纯盐酸的生产原理和影响因素。

【任务指导】

高纯盐酸是离子膜制碱工艺中的化学产品之一。主要是用来调整进入离子膜电解槽的二次盐水的 pH 值，还用于螯合树脂塔中树脂的再生和淡盐水脱氯的酸化。

一、高纯盐酸的性质与用途

1. 高纯盐酸的性质

高纯盐酸是纯度较高的盐酸，与普通的工业盐酸相比，含有的杂质更少，但其性质与普通的盐酸基本相同。高纯盐酸是通过纯水吸收氯化氢气体并用 Na_2SO_3 溶液脱除游离氯而制成，纯度较高。

高纯盐酸的物理性质：是具有刺激性臭味、无色、透明的液体。其分子式为 HCl，相对分子质量为36.5。沸点随着其浓度的不同而不同（见表5-2）。在常压下，氯化氢在水中的浓度为20.24%，共沸点为110℃。但氯化氢和水的共沸点也随着压力的不同而不同（见表5-3）。

表 5-2　大气压下盐酸溶液的沸点

HCl 摩尔分数/%	沸点/℃	HCl 摩尔分数/%	沸点/℃
0	100	2	101.8
4	103.3	6	105.3
8	108	10.5	108.7
12	109	14	105.2
17	92	18.5	82.7
26.3	69		

表 5-3 不同压力下共沸物的组成

HCl 浓度/%	压力/kPa	HCl 浓度/%	压力/kPa	HCl 浓度/%	压力/kPa
23.2	6.65	20.2	106.4	18.8	226.1
22.9	33.3	19.9	119.7	18.7	239.4
22.3	26.6	19.7	133	18.6	252.7
21.8	39.9	19.5	146.3	18.5	266
21.4	53.2	19.4	159.6	18.4	179.3
21.1	66.5	19.3	172.9	18.3	292.6
20.7	79.8	19.1	186.2	18.2	305.9
20.4	93.1	19.0	199.5	18.1	319.2
20.24	101.3	18.9	212.8	18.0	332.5

在常压和0℃的条件下，氯化氢在空气中的扩散系数为0.156cm²/s，在标准状态下氯化氢的密度为1.639kg/m³，相对密度为1.2679。氯化氢易溶于水，但在水中的溶解度也随着压力和温度的不同而不同（见表5-4）。

表 5-4 常压下不同温度时氯化氢在水中的溶解度

温度/℃	溶解度（质量分数）/%	温度/℃	溶解度（质量分数）/%
−24	50.3	8	43.83
−21	49.6	12	43.28
−18.3	49	14	42.83
−18	48.9	18	42.34
−15	48.3	23	41.54
−10	47.3	30	40.23
−5	46.4	40	38.68
0	45.15	50	37.34
4	44.36	60	35.94

2. 高纯盐酸的用途

高纯盐酸的用途很广，除了应用于离子膜制碱工艺中，由于其纯度高还应用于化学工业中制取钡和锌的氯化物、苯胺、染料和皂化油脂；在冶金工业中用于湿法冶金、清洗钢板铁锈；在轻工业中用于纺织品染色、鞣革染色和电镀、用于淀粉制造水解酒精与葡萄糖；在食品工业中来制酱油和味精等。

二、高纯盐酸的规格

在我国由于采用的离子膜装置不同，因此对于盐酸的质量要求也不同。在国外的烧碱生产中，对高纯盐酸的质量要求相差也很大，尤其对于其中的含铁量的要求相差更大。表5-5为旭化成公司的高纯盐酸的质量规格。

表 5-5 高纯盐酸的质量规格

指标＼级别	一等品	合格品
总酸度（以 HCl 计）/%	≥31.0	31.0
钙（以 Ca^{2+} 计）/(mg/L)	≤0.30	0.50
镁（以 Mg^{2+} 计）/(mg/L)	≤0.07	0.20
铁（以 Fe^{3+} 计）/(mg/L)	≤0.30	3.0
蒸发残渣/(mg/L)	≤25.0	50.0
游离氯/(mg/L)	≤20.0	60.0

三、 高纯盐酸的生产原理

在合成炉内合成的氯化氢气体，通过使用高纯水对其吸收，即生成高纯盐酸。这个吸收过程的本质就是氯化氢分子穿过气液两相界面向水中扩散的过程。

在氯碱生产中，目前生产盐酸主要采用的方法是：一段降膜式吸收法、二段降膜式吸收法和二段绝热式吸收法。

降膜式吸收法：溶液与氯化氢气体在膜式吸收塔管内进行并流式吸收，在吸收过程中所放出的反应热，通过管间的冷却介质（水）带走，制得盐酸。这种方法的特点是生产能力较大。

绝热吸收法：就是通过利用水自身的潜热，不与外界发生热交换，来制得盐酸的方法。当氯化氢溶于水时，所放出的热量将会使酸的温度升高，当达到一定限度时，水分就会大量蒸发，并吸收带走大量热量，造成盐酸溶液的温度降低，从而降低氯化氢的吸收，因此这种方法与降膜式吸收法相比，生产能力较小。

总之，不论是哪一种方法，生成盐酸都是一个放热反应，为了使反应向有利于生成氯化氢或盐酸的方向进行，生产中就要必须设法将反应热或溶解热移走。

四、 生产高纯盐酸的影响因素

高纯盐酸生成过程的影响因素主要有以下三个方面。

1. 氯化氢的纯度

当该组分的气体分压高于在溶液面上的平衡压力时，气体就能与溶剂充分接触，气体的分压越高，吸收过程就越充分。气体的分压主要取决于组分中气体的纯度，所以在一定的温度下，氯化氢的溶解过程主要取决于氯化氢气体的纯度，纯度越高，制取的盐酸溶液的浓度就越高。

2. 流量

氯化氢溶于水的过程是一个分子扩散的过程，而扩散的阻力主要来自于气膜，气膜的厚度又取决于气体的流量，流量越大，形成的气膜越薄，造成的阻力越小，氯化氢的扩散速度越大，形成的盐酸浓度就越高。

3. 温度

在用高纯水吸收氯化氢的过程中，伴随着溶解的进行将会释放出大量的溶解热，造成盐酸的温度升高，这将不利于后续对氯化氢气体的吸收。因为温度越高，氯化氢气体的溶解度越低，制得的盐酸浓度就越低。因此必须将这部分热量移走，才可以使溶液向有利于生成盐酸的方向进行。

【任务训练】

1. 高纯盐酸的主要性质及用途是什么？
2. 目前用的高纯盐酸有哪些规格？
3. 描述高纯盐酸的生产原理。
4. 指出高纯盐酸生产过程中有哪些影响因素。

子任务二　高纯盐酸生产的工艺流程

【任务描述】

◆ 高纯盐酸的生产工艺流程。

【任务指导】

目前对于高纯盐酸的生产，在国内主要有三种工艺方法：一种是三合一石墨炉法；一种是铁制合成炉或石墨合成炉再通过洗涤，用高纯水吸收的方法；还有一种是用普通的工业盐酸进行脱洗后，再用高纯水吸收的方法。下面对这三种方法的工艺流程分别进行叙述。

一、 三合一石墨炉法

1. 工艺流程

进入合成炉灯头的氯气和氢气经过混合燃烧，生成的氯化氢气体向下进入合成炉的冷却吸收段，从尾气塔过来的稀酸也经过合成炉的顶部下流至吸收段。经过重新分配后进入块孔式石墨吸收段的轴向孔，与氯化氢一起顺流而下。此时，稀酸不断地将氯化氢吸收，使得酸浓度越来越高，最后经过石墨炉的底部封头进行气液分离，将没有吸收的氯化氢送入尾气塔的底部，浓盐酸流入盐酸贮槽。经过转子流量计将高纯水从尾气塔的顶部喷淋而下，经从底部进入的氯化氢气体进行逆流吸收制成稀盐酸，再通过液封送入石墨炉。用水力喷射器将从尾气塔顶部出来的尾气抽走，通过液封罐分离以后，将不凝废气排入大气。用泵将下水打往水力喷射器，经过一段时间的往复循环可作为稀盐酸出售，或用碱性物质中和后排入下水道，或作为工业盐酸的吸收液。三合一石墨炉内生成氯化氢的燃烧热和氯化氢溶于水的溶解热被冷却水带走。工艺流程图如图 5-11 所示。

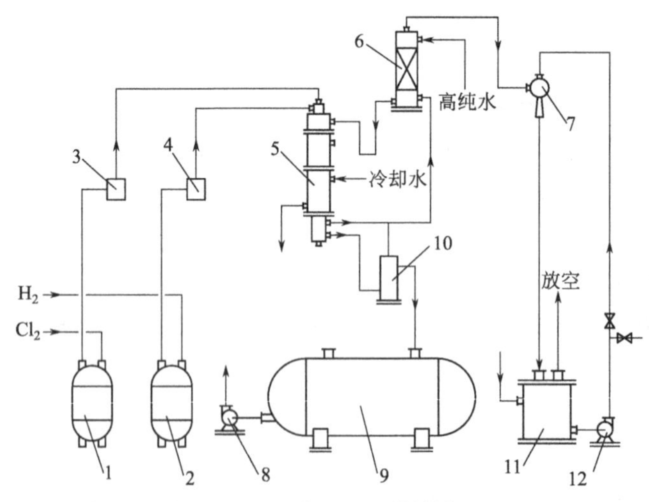

图 5-11　三合一石墨炉法流程

1—氯气缓冲罐；2—氢气缓冲罐；3—氯气阻火器；4—氢气阻火器；5—三合一石墨炉；6—尾气塔；7—水喷射器；8—酸泵；9—酸贮槽；10—液封罐；11—循环酸罐；12—循环泵

2. 生产控制指标

三合一石墨炉法的生产控制指标见表 5-6。

表 5-6 生产控制指标

项目	指标	项目	指标
氢气纯度	≥98%	氢气含氧	≤0.4%
氢气压力	0.03～0.08MPa	氯气纯度	≥70%
氯气含氢	≤2%	氯气压力	0.04～0.08MPa
氯氢摩尔比	1∶1.05	合成炉出口尾气压力	1.3～2kPa
尾气塔温度	≤60℃	炉出口酸温	≤55℃
炉中含氢量	≤0.067%	水力喷射器进口压力	≥0.25 MPa
纯水质量	Fe^{3+}	≤0.1mg/L	
	Si	≤0.1mg/L	
	Ca^{2+}	≤0.3mg/L	
	Mg^{2+}	≤0.7mg/L	
	电导率	≤1×10^{-3}S/m	

二、石墨合成炉的膜式吸收法

1. 工艺流程

石墨合成炉的膜式吸收法工艺流程如图 5-12 所示。

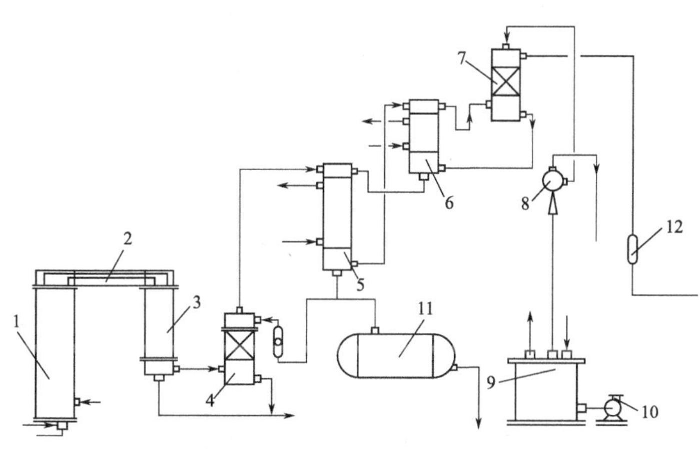

图 5-12 石墨合成炉的膜式吸收法流程

1—石墨炉；2—冷却水槽；3—石墨冷却器；4—洗涤塔；5—一级石墨吸收器；6—二级石墨吸收器；7—尾气塔；8—水力喷射器；9—循环酸罐；10—循环泵；11—酸贮罐；12—转子流量计

在合成炉灯头生成的氯化氢气体从顶部出来后进入石墨冷却器，经冷却后从其底部出来的氯化氢（温度≤60℃）进入洗涤塔的底部，在洗涤塔的顶部是从一级膜式吸收器出来的部分 31%的高纯盐酸，两者呈逆流接触，对氯化氢进行洗涤。洗涤后的浓度可达 36%以上的酸从底部流出，到达浓酸贮槽后作为试剂酸进行出售。没有被洗涤的氯化氢从洗涤器顶部的丝网除雾器出来后依次进入一级石墨降膜吸收器、二级吸收器、尾气塔后再经过水力喷射器抽吸后，由分离罐进行分离后排空。吸收用的高纯水是经过转子流量计后首先进入尾气塔，将大部分的氯化氢尾气吸收成为稀酸，再进入二级吸收器、一级吸收器顺流吸收氯化氢。经过吸收后从一级吸收器出来的就是

31%的高纯酸，其中的小部分送入洗涤器，大部分流入贮槽作为成品酸，送往离子膜工序。

2. 生产工艺控制指标

石墨合成炉的膜式吸收法的工艺控制指标见表 5-7。

表 5-7 石墨合成炉的膜式吸收法生产工艺控制指标

项目	指标	项目	指标
氢气纯度	≥98%	氢气含氧	≤0.4%
氢气压力	0.05MPa	氯气纯度	≥70%
氯气含氢	≤3%	氯气压力	0.05MPa
氯氢摩尔比	(1∶1.05)～(1∶1.20)	合成炉压力	≤4kPa
冷却器前氯化氢温度	≤250℃	炉出口酸温	≤50℃
成品酸相对密度	1.158～1.163	洗涤酸的流量	100～150L/h

三、 铁合成炉洗涤膜式吸收法

1. 工艺流程

先将通入灯头的氢气点燃，再将氯气通入，使氢气在氯气中均衡燃烧生成氯化氢气体，将离开合成炉的大约 500℃的氯化氢经过空气冷却管冷却到 120℃，然后送入石墨冷却器，再次冷却到 60℃，通入湍流板塔的塔底。经过转子流量计将 31%的盐酸从湍流板塔的顶部喷淋而下，对自下而上的氯化氢进行洗涤。洗涤后的氯化氢再进入一个盛有成品酸并放有很多聚丙烯小球的洗涤罐，该洗涤罐中的氯化氢经过鼓泡的方式再被洗涤。再次洗涤后的氯化氢从丝网除雾器依次进入一级膜式吸收器、二级吸收器和尾气塔，通过塔顶喷淋而下的高纯水吸收成为高纯盐酸，高纯盐酸中的一部分回到湍流板塔和洗涤罐，绝大部分被送入酸贮槽，提供给离子膜电解。最后从尾气塔出来的没有吸收的废气经过水力喷射器抽走，通过分离罐分离后排空。工艺流程如图 5-13 所示。

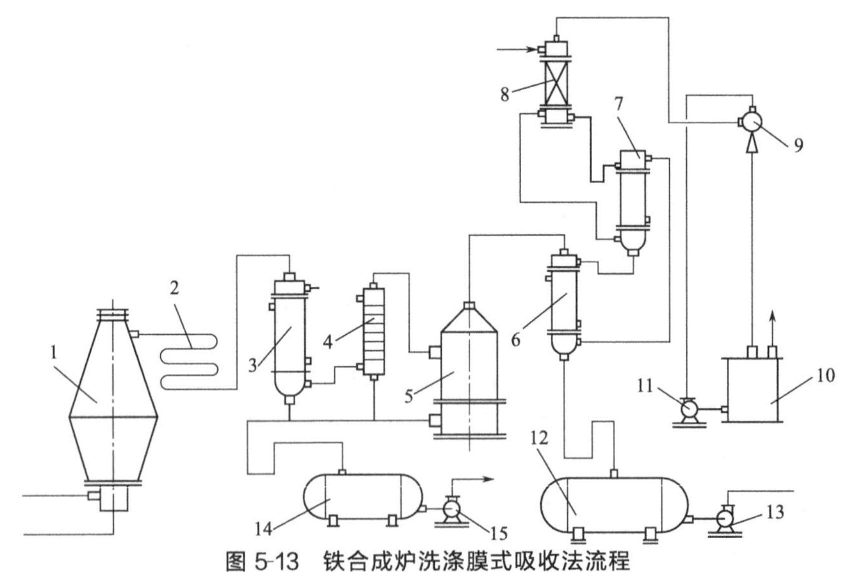

图 5-13 铁合成炉洗涤膜式吸收法流程

1—合成炉；2—空气冷却器；3—石墨冷却器；4—湍流板塔；5—洗涤罐；6—一级膜式吸收器；7—二级膜式吸收器；8—尾气塔；9—水力喷射器；10—分离罐；11—循环泵；12—成品酸罐；13—成品酸泵；14—浓酸罐；15—浓酸泵

2. 主要生产工艺控制指标

本法的主要生产工艺控制指标见表 5-8。

表 5-8 生产工艺控制指标

项目	指标	项目	指标
氢气纯度	≥98%	氢气含氧	≤0.4%
氢气压力	0.05～0.12MPa	氯气纯度	≥65%
氯气含氢	≤3%	氯气压力	0.05～0.12MPa
氯氢摩尔比	(1∶1.20)～(1∶1.25)	合成炉压力	≤20kPa
合成炉的炉温	450～550℃	空冷后的温度	120～180℃
稀酸温度	≤60℃	石墨冷却器后温度	≤80℃
氯化氢的纯度	≥70%		

四、 盐酸脱吸法

1. 工艺流程

在铁制合成炉中生成的氯化氢气体，经过空气冷却器和石墨冷却器进入到膜式吸收器，在吸收器中用从稀酸贮槽来的 20%～21%的稀盐酸吸收氯化氢，制成 35%以上的浓盐酸后再送入浓酸贮槽。在吸收器中少量没有被吸收的氯化氢进入回收塔经工业水进行吸收后排空，回收塔中得到的稀酸流入稀酸贮槽。通过酸泵将 35%的浓酸从贮槽送到解吸塔的顶部喷淋而下，与从再沸器过来的高温氯化氢和水蒸气进行逆流传热和传质，在塔顶得到含饱和水的氯化氢，在塔底得到恒沸酸。得到的恒沸酸中的一部分用来补充再沸器的消耗，另外一部分经过块孔式石墨冷却器后依次进入一级石墨吸收器、二级石墨吸收器和尾气塔。而吸收用的高纯水经过转子流量计从尾气塔的顶部进入，再依次进入二级石墨吸收器、一级石墨吸收器，经过吸收后生成 31%的高纯盐酸，送入高纯酸贮槽供离子膜电解用。工艺流程如图 5-14 所示。

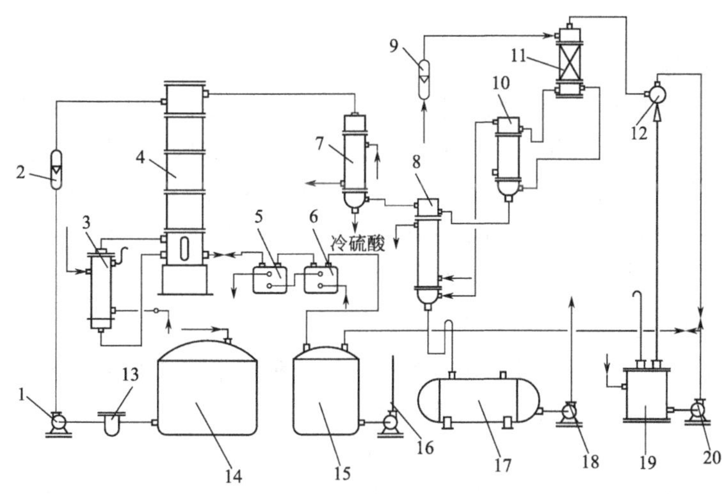

图 5-14 盐酸脱吸法流程

1—浓酸泵；2—转子流量计；3—再沸器；4—解吸塔；5，6—稀酸冷却器；7—氯化氢冷却器；8—一级石墨吸收器；9—转子流量计；10—二级石墨吸收器；11—尾气塔；12—水力喷射器；13—过滤器；14—浓酸贮槽；15—稀酸贮槽；16—稀酸泵；17—高纯酸罐；18—高纯酸泵；19—循环罐；20—循环泵

2. 生产工艺控制指标

主要的生产工艺控制指标，见表 5-9。

表 5-9 生产工艺控制指标

项目	指标	项目	指标
进入解吸塔的酸浓度	≥35%	溢流酸	20%～21%
解吸塔出口气体温度	60～70℃	解吸塔出口气体压力	0.04～0.053MPa
再沸器顶部温度	<120℃	再沸器进口蒸气压力	0.21～0.24MPa
石墨冷却器出口氯化氢温度	<40℃	成品酸温度	≤50℃
成品酸相对密度	1.158～1.163（15℃）		

【任务训练】

1. 叙述高纯盐酸制备的各种工艺流程过程。
2. 在高纯盐酸制备的各种方法中有哪些工艺控制指标。
3. 绘制出一种制备高纯盐酸的工艺流程简图。

子任务三 主要设备

【任务描述】

◆ 高纯盐酸生产过程的主要设备。

【任务指导】

在用高纯水吸收氯化氢气体制备高纯盐酸的过程中，用到的设备很多。下面对主要的设备逐一介绍。

一、降膜式吸收塔

1. 降膜式吸收器的原理

膜式吸收器是一种湿壁式表面吸收装置，通常适用于反应过程中伴随放热的易溶腐蚀性气体（如 HCl，SO_2等）的吸收。在吸收时一般是吸收剂（吸收气体）走管内，冷却剂走管间；在吸收器的头部为上封头，里面有分布装置，可以保证吸收剂能均匀地分布到每根吸收管内，并在管内壁上形成薄膜自上而下（并流）通过管内空间往下流，使气液两相在流动的液膜上进行传质过程。从而对气体进行冷却吸收。

2. 降膜式吸收器的结构

降膜式吸收器主要是由不透性石墨制作的，是一种用来取代绝热填料吸收塔的换代升级设备。基本结构与一般浮头式列管冷却器相似，如图 5-15 所示。吸收器主要由上封头、下封头、防爆膜、换热块（九块）、分液管及钢制外壳组成。上封头通常是一个圆柱形的衬胶筒体，在上管板的每根管端上设置有吸收液的分配器，作用是将由尾气吸收塔来的吸收液经过环形的分布环及分配管进行再分配；分液管的构造如图 5-16 所示，当吸收液体进入到处于同一水平面的分液管的 V 形切口时，将会呈螺旋线状自上而下的液膜（又称降膜），在分液管的下端有螺纹丝扣，一般用来连接在石墨制的螺帽上。在其下端的螺纹丝口将分液管调整到同一水平高度，可以保证逐根调整各分配管，使吸收液的流量均匀。吸收器的上、下封头均为石墨，而中间的筒体为碳钢，本吸收器在安装时塔体必须垂直，要保证误差小于2‰。分液管实物如图5-17所示。

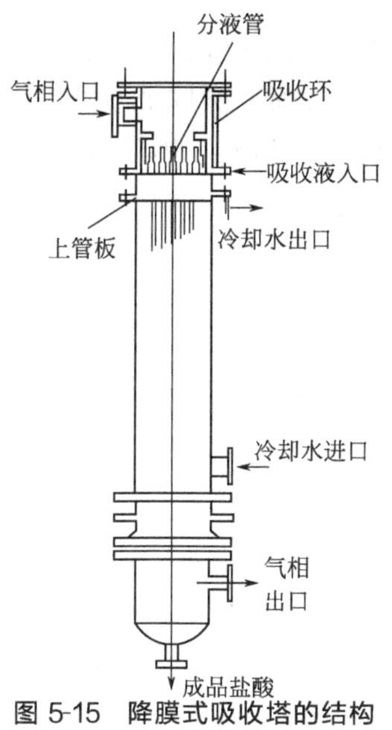

图5-15　降膜式吸收塔的结构

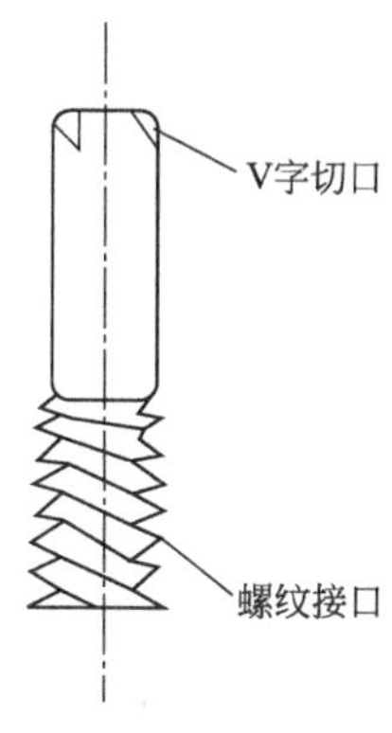

图5-16　分液管的结构

图5-17　分液管实物

3. 降膜式吸收器的特点

一般用的膜式吸收器优于绝热式填料吸收塔，主要是因为在氯化氢气体溶于水时所释放的溶解热可以经过石墨管壁传给冷却水而被带走，因而经过吸收后的温度较低，使吸收的效率较高，一般可以达到85%～90%，有时甚至可达95%以上，而且出酸口的浓度较高。而填料塔的吸收效率一般仅为60%～70%。膜式吸收器的技术特性为：可用的温度气体进口不得超过250℃，可用的压力壳程为0.3MPa、管程为0.1MPa。

二、尾气吸收塔

1. 尾气吸收塔的作用

尾气吸收塔的作用主要是从膜式吸收器过来的未被吸收的氯化氢气体再次进行吸收，最后使气相成为合格的尾气。所用的吸收液是一次水或脱吸后的稀酸。常用的尾气吸收塔为绝热填料塔或膜式吸收塔、大筛孔的穿流塔。但是考虑由于尾气中含氯化氢量不多，因此一般采用绝热吸收塔，将氯化氢气体进行吸收掉。

2. 尾气吸收塔的结构

尾气吸收塔主要由三个部分组成。吸收塔的上部为吸收液的分播段，一般是将同一水平面高的玻璃管插入橡皮塞子中，然后直通到吸收段的填料层上部；吸收塔的底部是带有挡液器的圆柱体；吸收塔的中部为圆柱形筒体，在其内部填充有瓷环。尾气塔结构如图 5-18 所示。

三、 陶瓷尾气鼓风机

1. 陶瓷尾气鼓风机的作用

尾气鼓风机主要是用于将从尾气吸收塔出来的合格尾气进行抽吸后排空。对于水资源丰富的地区可采用水喷射泵来代替尾气鼓风机。陶瓷尾气鼓风机的特点是耐腐蚀、运行稳定，是目前较为可靠的鼓风抽吸设备。

2. 陶瓷尾气鼓风机的结构

陶瓷尾气鼓风机的进口配有调节蝶阀或闸板以调节风量；另外还可在进出口的管间上装回流管；鼓风机的外壳为钢制，内衬为陶瓷，叶轮已经由过去的陶瓷改为玻璃钢的；在前端装有塑料压盖，并配有八颗压盖螺丝进行固定；在鼓风机的机身上设置有支座，通过底脚的螺栓进行固定；叶轮通过止动螺栓固定在悬臂梁上。其结构如图 5-19 所示。

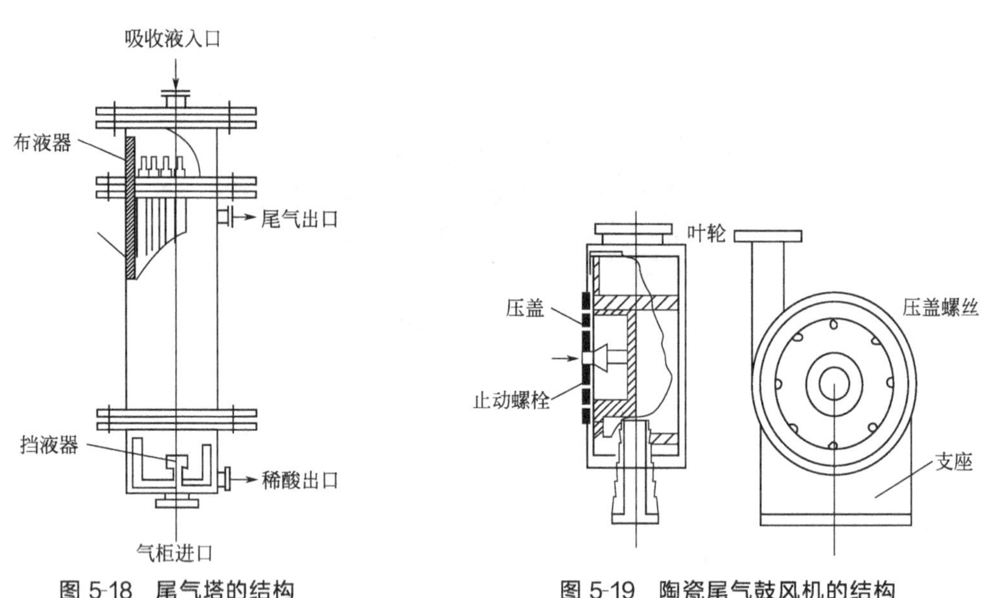

图 5-18 尾气塔的结构

图 5-19 陶瓷尾气鼓风机的结构

四、 石墨列管式冷冻塔

1. 石墨列管式冷冻塔的作用

石墨列管式冷冻塔主要是用零下 25℃的冷冻氯化钙溶液，将氯化氢气体进行冷冻脱水，使氯化氢气体成为含水量小于 0.06%的干燥氯化氢气体，以便于输送。

2. 石墨列管式冷冻塔的结构

石墨列管式冷冻塔一般是位于圆块孔式冷却器及缓冲器之后，通常是由两组各包含三个石墨列管式冷冻塔而组成的串联塔组。冷冻塔的基本构造与降膜吸收器基本相同，唯一的区别是在其顶部的分布板上并没有设置分液管。石墨冷冻塔的结构如图 5-20 所示。

五、 酸雾捕集器

1. 酸雾捕集器的作用

酸雾捕集器一般是用氟硅油浸渍处理的憎水性玻璃纤维把气流中的酸雾截留、捕集下来，从而达到净化气体的目的。

2. 酸雾捕集器的结构

整个酸雾捕集器主要分为三个部分。其上部是一个圆筒形锥体端盖；中间是带有夹套通冷冻盐水的圆筒体，内部包含若干个玻璃纤维滤筒；下端是圆锥体，上面有 45°开口的气体导入管及底部出酸口。通入的气流从下锥体进入，通过滤筒后成为气溶胶，夹带的酸雾被玻璃纤维捕集截留下来，经净化后气体从滤筒的上部引出；整个酸雾捕集器是用钢衬胶及塑料制成的。其结构如图 5-21 所示。

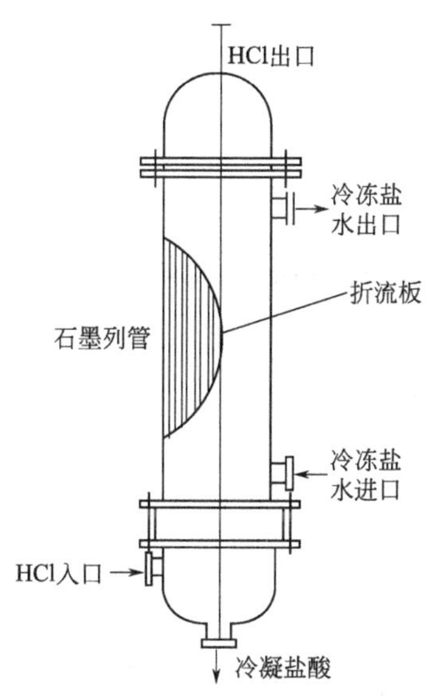

图 5-20 石墨冷冻塔的结构

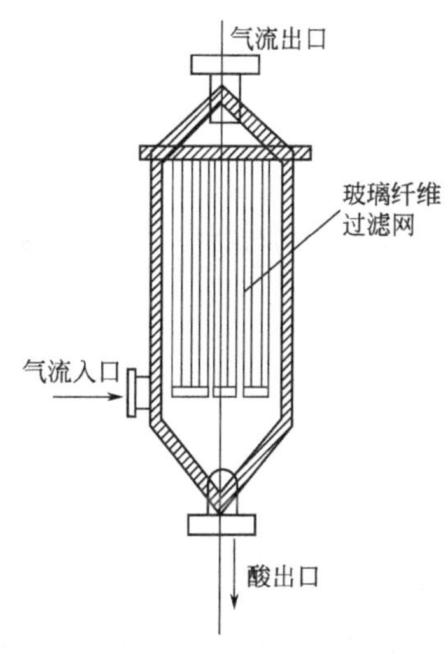

图 5-21 酸雾捕集器结构

六、 纳氏泵

1. 纳氏泵的作用

纳氏泵（Nash pump）主要是用来压缩、输送气体的设备。其作用主要是将经过干燥脱水后的 HCl 气体进行压缩、输送至氯乙烯合成工段。所用的压力为 0.08～0.1MPa。

2. 纳氏泵的结构

纳氏泵主要有三部分组成：①内壁为椭圆形的壳体；②带有叶片的转子；③两端有轴封的端盖。这三部分都是浇铸件。纳氏泵在运行时通常借助浓硫酸作液环保持液，利用运转时所产生的离心力使液体受到压缩。叶轮每旋转一周，就会进行吸气、排气各两次，来保证气体的不间断输送。其构造如图 5-22 所示。

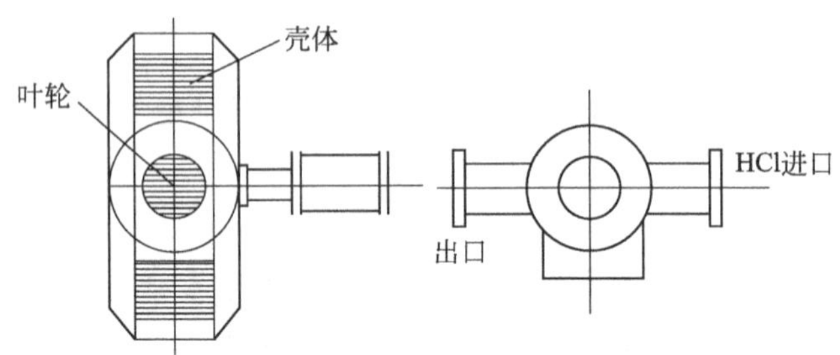

图 5-22 纳氏泵的结构

【任务训练】

1. 说出在高纯盐酸生产时的主要设备有哪些？
2. 描述高纯盐酸生产的主要设备的作用是什么？
3. 绘制高纯盐酸生产的主要设备的结构简图。

知识链接

高纯盐酸（HG/T 2778—2009）

警告：盐酸具有强腐蚀性，操作者应采取适当的安全和健康措施，接触人员应佩戴防护眼镜、耐酸碱手套等防护用品。

分子式：HCl。

相对分子质量：36.45（按 2007 年国际相对原子质量）。

1 范围

本标准规定了高纯盐酸的要求、采样、试验方法、检验规则、标志、标签、包装、运输和贮存。

本标准适用于由氯气和氢气合成的氯化氢气体用水吸收制得的高纯盐酸。

2 规范性引用文件

下列文件中的条款通过本标准的引用而成为本标准的条款。凡是注日期的引用文件，其随后所有的修改单（不包括勘误的内容）或修订版均不适用于本标准，然而，鼓励根据本标准达成协议的各方研究是否可使用这些文件的最新版本。凡是不注日期的引用文件，其最新版本适用于本标准。

GB 190 危险货物包装标志

GB/T 191 包装储运图示标志（GB/T 191—2008，mod ISO 780 ：1997）

GB 320 工业用合成盐酸

GB/T 601 化学试剂　标准滴定溶液的制备

GB/T 602 化学试剂　杂质测定用标准溶液的制备（GB/T 602—2002，neq ISO 6353/1 ：1982）

GB/T 603 化学试剂　试验方法中所用制剂及制品的制备（GB/T 603—2002，neq ISO 6353/1 ：1982）

GB/T 1250 极限数值的表示方法和判定方法

GB/T 6678 化工产品采样通则

GB/T 6680 液体化工产品采样通则

GB/T 6682 分析实验室用水规格和试验方法（GB/T 6682—2008，mod ISO 3696 : 1987）

3 要求

3.1 外观：无色透明液体。

3.2 高纯盐酸应符合表 5-10 的要求。

表 5-10 高纯盐酸的要求

项目	指标	
	优等品	一等品
总酸度（以 HCl 计），%	≥31.0	≥31.0
钙（以 Ca 计），mg/L	≤0.20	≤0.50
镁（以 Mg 计），mg/L	≤0.05	≤0.10
铁（以 Fe 计），mg/L	≤0.30	≤2.0
蒸发残渣，mg/L	≤15.0	≤30.0
游离氯，mg/L	≤20.0	≤40.0

4 采样

4.1 产品按批检验。生产厂以每一成品槽或每一生产周期生产的高纯盐酸为一批。用户以每次收到的同一批次的高纯盐酸为一批。

4.2 高纯盐酸从贮罐（槽）或槽车中采样时，宜用 GB/T 6680 中规定的适宜的耐酸采样器自上、中、下三处（上部离液面 1/10 液层，下部离液体底部 1/10 液层）采取等量的样品。

生产厂可将贮罐（槽）或槽车内的高纯盐酸混匀后于采样口采取样品。

4.3 高纯盐酸从塑料桶、玻璃钢衬里的容器或以专用陶瓷坛包装中采样时，按 GB/T 6678 中规定的采样单元数，宜用 GB/T 6680 中规定的耐酸采样器采取样品。

4.4 样品量不少于 500mL。将采取的样品混匀，装于清洁、干燥的塑料瓶或具磨口塞的玻璃瓶中，密封。样品瓶上应贴上标签，并注明：厂名、产品名称、批号或生产日期、采样日期及采样人等。

5 试验方法

本标准所用试剂和水，在没有注明其他要求时，均指分析纯试剂和 GB/T 6682 规定的三级水或相当纯度的水。

试验中所用标准滴定溶液、杂质标准溶液、制剂及制品，在没有注明其他要求时，均按 GB/T 601、GB/T 602、GB/T 603 的规定制备。

5.1 外观

在自然光下目视观察。

5.2 总酸度的测定

按 GB 320 中规定进行。

5.3 钙、镁、铁含量的测定

5.3.1 方法A——火焰原子吸收光谱法（仲裁法）

5.3.1.1 方法提要

用火焰原子吸收光谱法测定经处理后试液的吸光度，用工作曲线法进行定量。

5.3.1.2 试剂、材料

本方法所用试剂为高纯试剂，水为GB/T 6682规定的中二级水或相当纯度的水。

5.3.1.2.1 盐酸溶液：1＋1。

5.3.1.2.2 氯化锶溶液：45g/L。

称取19.0g氯化锶（$SrCl_2 \cdot 6H_2O$），溶于水，稀释至250mL。

5.3.1.2.3 钙标准溶液：0.1mg/mL。

5.3.1.2.4 钙标准溶液：10μg/mL。

量取适量的钙标准溶液（5.3.1.2.3），稀释10倍。该溶液使用前配制。

5.3.1.2.5 镁标准溶液：0.1mg/mL。

5.3.1.2.6 镁标准溶液：5μg/mL。

量取适量的镁标准溶液（5.3.1.2.5），稀释20倍。该溶液使用前配制。

5.3.1.2.7 铁标准溶液：0.1mg/mL。

5.3.1.2.8 铁标准溶液：50μg/mL。

量取适量的铁标准溶液（5.3.1.2.7），稀释2倍。该溶液使用前配制。

5.3.1.3 仪器、设备

一般的实验室仪器和以下仪器。

5.3.1.3.1 火焰原子吸收光谱仪。

仪器工作条件(波长)：钙(Ca) 422.7nm；镁(Mg) 285.2nm；铁(Fe) 248.3nm。

5.3.1.3.2 乙炔-空气火焰

5.3.1.3.3 石英烧杯：500mL。

5.3.1.4 分析步骤

5.3.1.4.1 工作曲线法

5.3.1.4.1.1 标准溶液配制

在七个25mL容量瓶中，按表5-11加入钙、镁、铁标准溶液（5.3.1.2.4、5.3.1.2.6、5.3.1.2.8）后，再分别加入5mL氯化锶溶液和5mL盐酸溶液，用水稀释至刻度，摇匀。

表5-11 钙、镁、铁标准溶液加入量

序号	钙标准溶液（5.3.1.2.4）加入量/mL	镁标准溶液（5.3.1.2.6）加入量/mL	铁标准溶液（5.3.1.2.8）加入量/mL
1	0.0	0.0	0.0
2	0.5	0.5	0.5
3	1.0	1.0	1.0
4	2.0	1.5	2.0
5	3.0	2.0	3.0
6	4.0		4.0
7	5.0		5.0

5.3.1.4.1.2　吸光度测定

用水调零，将钙、镁、铁标准溶液依次吸入火焰中，使用钙、镁、铁空心阴极灯分别测定吸光度。

5.3.1.4.1.3　工作曲线绘制

以钙、镁、铁浓度(mg/L)为横坐标，吸光度为纵坐标，分别绘制钙、镁、铁的工作曲线或线性回归方程。

5.3.1.4.2　试样溶液制备

量取100.0mL试样，置于500mL石英烧杯中，在电炉上加热浓缩至1～2mL。稍冷却，加5mL盐酸溶液，缓慢加热溶解残余物，冷却至室温。再加5mL氯化锶溶液，将石英烧杯中溶液移入25mL容量瓶中，用水稀释至刻度。

5.3.1.4.3　测定

将试样溶液吸入火焰中，使用钙、镁、铁空心阴极灯，分别测定吸光度。

5.3.1.4.4　空白试验

不加试样，采用与测定试样完全相同的分析步骤、试剂和用量进行空白试验。

5.3.1.5　结果计算

钙、镁、铁含量按式（1）计算，数值以mg/L表示：

$$X_1 = \frac{(a_2 - a_1) \times 25}{100} \tag{1}$$

式中　a_1——从工作曲线上查得的或线性回归方程计算的空白试验中钙、镁、铁浓度的数值，单位为毫克每升（mg/L）；

a_2——从标准曲线上查得的或线性回归方程计算的试样中钙、镁、铁浓度的数值，单位为毫克每升（mg/L）；

25——经处理后试样溶液的体积，单位为毫升（mL）；

100—量取的试样的体积，单位为毫升（mL）。

5.3.1.6　允许差

取平行测定结果的算术平均值为报告结果。

平行测定结果之差的绝对值不大于0.01mg/L(Ca)、0.004mg/L(Mg)、0.008mg/L(Fe)。

5.3.2　方法B——电感耦合等离子体发射光谱法（简称ICP法）

5.3.2.1　方法提要

用电感耦合等离子体发射光谱法测定经处理后试料中各元素光谱线强度，用标准加入法进行定量。

5.3.2.2　试剂

本方法所用试剂为高纯试剂，水为GB/T 6682中二级水或相当纯度的水。

5.3.2.2.1　钙标准溶液：10μg/mL。

同5.3.1.2.4。

5.3.2.2.2　镁标准溶液：10μg/mL。

量取适量的镁标准溶液（5.3.1.2.5），稀释10倍。该溶液使用前配制。

5.3.2.2.3　铁标准溶液：10μg/mL。

量取适量的铁标准溶液（5.3.1.2.7），稀释10倍。该溶液使用前配制。

5.3.2.3　仪器、设备

一般的实验室仪器和以下仪器。

5.3.2.3.1　电感耦合等离子体发射光谱仪（简称ICP仪）；

5.3.2.3.2　容量瓶：100mL，聚乙烯材质；

5.3.2.3.3 移液管：5mL、10mL，聚乙烯材质。

5.3.2.4 分析步骤

5.3.2.4.1 试样溶液制备

量取10.0mL试样，置于100mL容量瓶中，用水稀释至刻度。

5.3.2.4.2 试料

量取适量的四份试样溶液（5.3.2.4.1），置于四个25mL容量瓶中，再分别加入钙、镁、铁标准溶液（5.3.2.2.1、5.3.2.2.2、5.3.2.2.3）0.0mL、1.0mL、2.0mL、4.0mL，用水稀释至刻度，摇匀。

5.3.2.4.3 测定

根据不同型号仪器所选优化条件，分别测得不同浓度的钙、镁、铁的发射光谱强度。

以钙、镁、铁浓度（mg/L）为横坐标，光谱强度I为纵坐标绘制标准曲线。此曲线不通过原点，曲线外延与横坐标相交，读取曲线外延与横坐标相交的截距值。

5.3.2.5 结果计算

钙、镁、铁含量按式（2）计算，数值以mg/L表示：

$$X_2 = \frac{a_3}{10 \times V/100} = \frac{10a_3}{V} \tag{2}$$

式中 a_3——曲线外延与横坐标相交的截距的绝对值，单位为毫克每升（mg/L）；

V——移取的试样溶液的体积的数值，单位为毫升（mL）；

10——试样的体积，单位为毫升（mL）；

100——容量瓶的体积，单位为毫升（mL）。

5.4 蒸发残渣含量的测定

5.4.1 方法提要

将一定量的试料蒸干、恒重，然后称量。

5.4.2 仪器

一般的实验室仪器。

5.4.3 分析步骤

量取100.0mL试样，置于105～110℃烘干并恒重的已称量（精确到0.0001g）蒸发皿中，在蒸汽浴上蒸干。于105℃～110℃恒重，再在干燥器中冷却至室温，称量（精确到0.0001g）。

5.4.4 结果计算

蒸发残渣含量按式（3）计算，数值以mg/L表示：

$$X_3 = \frac{m_3}{V} \tag{3}$$

式中 m_3——蒸发残渣质量的数值，单位为毫克（mg）；

V——量取的试样的体积，单位为升（L）。

5.4.5 允许差

取平行测定结果的算术平均值为报告结果。平行测定结果之差的绝对值不大于6mg/L。

5.5 游离氯含量的测定

按GB 320中规定进行。

6 检测规则

6.1 本标准中高纯盐酸产品质量指标判定，采用GB/T 1250中“修约值比较法”。

6.2 本标准规定的检验项目全部为型式检验项目，其中总酸度、钙、镁、铁和游离氯为出厂检验项目，其余项目为型式检验项目中的抽检项目。如有下述情况：停产后复产、生产工艺有较大改变（如材料、工艺条件等）、合同规定等，应进行型式检验。在正常生产情况下，每月至少进行一次型式检验。

6.3 高纯盐酸产品应由生产厂的质量监督检验部门按本标准的要求进行检验。生产厂应保证每批出厂的产品都符合本标准的要求。

6.4 如果检验结果有一项指标不符合本标准要求，应重新加倍在包装单元、贮罐（槽）或槽车采取样品进行复检。复检结果中有一项指标不符合本标准要求，则该批产品为不合格品。

7 标志、标签、包装、运输和贮存

7.1 标志、标签

7.1.1 高纯盐酸包装上应有牢固清晰的标志，内容包括：生产厂名、厂址、产品名称、“危险化学品”字样、净含量、批号或生产日期、生产许可证编号及标志、本标准编号、GB 190 中规定的“腐蚀品”标志和安全标签。对于小计量包装的容器上还应有 GB/T 191 中规定的“向上”标志。

7.1.2 每批出厂的高纯盐酸都应附有安全技术说明书和质量证明。质量证明内容包括：生产厂名、厂址、产品名称、“危险化学品”字样、净含量、批号或生产日期、生产许可证编号及标志、产品质量符合本标准的证明和本标准编号。

7.2 包装

7.2.1 高纯盐酸用贮罐（槽）或槽车包装时，应衬胶并加密封盖。

7.2.2 高纯盐酸用塑料桶、玻璃钢衬里的容器或以专用陶瓷坛包装时，注料口应以螺丝盖盖好，盖的周围用耐酸材料密封，其后装入木桶或板条箱中，箱口应高于注料口至少 20mm。

7.3 运输

高纯盐酸运输时不得与碱性物品混运。

7.4 贮存

高纯盐酸不应与碱性物品混贮。

任务三 氯化氢合成的岗位操作

【任务描述】

◆ 明确氯化氢合成与高纯盐酸生产的安全操作要点、开停车操作。

【任务指导】

一、 安全操作要点

1. 开车的安全操作要点

(1) 合成炉系统

① 对进入合成炉的氢气进行纯度分析，确保氢气纯度在 98%以上、氯气纯度在 60%以上，并且要保证氯含氢量在 1%以下。

② 必须坚持先点氢气、后点氯气，用氯代空气的原则。

③ 若一次点火失败，不能再立即点火，必须间隔 20min 后再进行点燃，并对合成炉进行抽真空，将合成炉内残存的氢气抽掉。

(2) 吸收系统

① 将合成炉点上后，随即打开吸收水，用来防止氯化氢气体的外溢。

② 根据进入吸收塔的稀酸温度（进入合成炉的氢气和氯气量），来调节进塔的吸收水量。

③ 对出酸的浓度及时进行检测。

④ 及时检测氯化氢气体纯度。

（3）尾气系统

① 进行尾气系统的点炉时，先对尾气鼓风机的抽气量进行调节。

② 对尾气中含氢、含氧、含氯化氢的量进行及时分析。

（4）氯化氢干燥、输送系统

① 等氯化氢的纯度在90%以上、其中含氧量在0.53%以下、含氢量在1%～2.5%、无游离氯时，才具备向氯乙烯合成工段输送的条件。

② 在输往氯化氢干燥系统时，必须先将盐酸打回流，等分析合格后再打开分配台送往氯乙烯合成工段，根据氯乙烯所需的流量及时对纳氏泵进行调节。

③ 依据氯化氢流量对冷冻干燥的盐水温度进行调节。

2. 停车的安全操作要点

① 在合成炉停止前必须先将进炉的氯气、氢气流量减少，再做到“生产中先断氯，后断氢，防止氯乙烯合成装置爆炸”，或同时切断两种气源，可防止炉子发生爆炸。

② 必须在停炉半小时后再打开炉门，绝不允许停炉后就立即打开炉门。

③ 剩余的氯化氢必须用事故氯化氢处理装置予以处理掉。

④ 对于氢气系统（包括气柜、氢气管路）先用氮气置换过，使其中的含氢量达到0.4%以下（如果因单台炉发生故障而停车，则气柜就不用氮气置换）。

⑤ 氯气系统可以用空气置换（非大修停炉，可以不用空气置换）。

二、开、停车操作

1. 开车前的准备工作

（1）合成系统

① 仔细检查各设备、管线、阀门，确认进炉的氢气、氯气管线上所有阀门都严闭。

② 仔细检查炉顶的防爆膜坚挺、有效，防雨且遮盖严密。

③ 仔细检查燃烧器是否完好。

④ 对氢气管网进行试压，确认其不漏（在非全厂停车，点炉可不执行此条）。

⑤ 将氢气系统用氮气进行置换。

⑥ 确认合成炉的视镜清晰透亮。

⑦ 确保水夹套或水蒸气炉的水源正常（将剩气排除）。

（2）冷却系统

① 将冷却水系统的泵、阀、管线都开通循环。

② 将冷却水压保持在0.15～0.20MPa之间。

③ 将冷却器底部的冷凝阀打开。

（3）吸收系统

① 将膜式吸收塔的冷却系统开通循环。

② 开启吸收水泵，并保持回流。使吸收水压力维持在0.5～0.55 MPa之间。

③ 打开出酸阀。

④ 确认尾气系统无泄漏。

⑤ 开启鼓风机，并调节一定量的抽力。

(4) 氯化氢冷冻脱水系统

① 将冷冻盐水循环系统开启。

② 打开冷冻塔底部的冷凝酸阀。

③ 对酸雾捕集器上的防爆膜进行检查。

④ 用氯化氢进行试压，确认系统不漏。

(5) 氯化氢压缩输送系统

① 确认盐酸贮罐有一定贮存量。

② 对进、出管网进行试压，保证无泄漏。

③ 将冷却水开启循环。

④ 检查各类气阀门是否严闭。

2. 开车操作

① 将氢气排空阀缓慢关闭，使氢气的压力达到一定的要求。

② 缓慢打开氯气、氢气手动总阀，将氢气切断阀打开，再将氢气管道短路调节阀稍开。

③ 由二人进行点火操作，一人进行配合，一人要将面罩戴好，将氢气软管点燃，但是要避开点火孔的正面，将氢气软管插入合成炉灯头的氢气进口，并用铁丝绑紧，在点火时人应站在上风头，切不可面对炉门。

④ 等氢气燃烧稳定后，将氯气的切断阀打开，再将氯气管道短路调节阀打开并进行缓慢调节，等炉内的火焰呈青白色后，将炉门关闭。

⑤ 缓慢对氯氢流量进行调节，将氯氢配比控制在（1∶1.05）～（1∶1.10）之间，使火焰的燃烧正常（当将氢气及氯气管道短路调节阀开启量达到50%以上后，改用管道调节阀调节）。

⑥ 随时观察氯化氢出口的温度（不得高于45℃），再逐渐加大氯气、氢气的流量，直到达到生产的要求。

⑦ 在点火时如炉内发生爆鸣或一次点火不成功，就迅速关闭氯气及氢气的切断阀及调节阀使火熄灭，并查明原因，在抽负压约15min后，重新分析炉内含氢量，等分析合格后才可进行第二次点火。

⑧ 随时对火焰颜色是否正常进行观察，切忌炉火发黄、发红，使各项工艺指标符合生产控制要求。

⑨ 在开车之初使氯化氢走吸收系统，等合成炉的氯氢配比稳定后，及时对氯化氢纯度进行分析，当纯度≥90%且无游离氯时，请示调度给氯乙烯合成工序供氯化氢气体。氯化氢气体吸收系统的操作步骤如下：

a. 在接到开车通知后，将盐酸吸收泵开启；

b. 打开吸收液通过阀门将吸收液送进尾气吸收塔；

c. 将盐酸调整罐阀门开启，通入一级降膜吸收器；

d. 将合成炉开车后，根据盐酸浓度逐渐调整吸收液的流量，保证盐酸的浓度在31%。

⑩ 在接到送氯化氢气体到氯乙烯合成工段的指令后，根据 VCM 的需要情况，将氯化

氢总管到氯化氢缓冲罐的阀门缓慢开启，同时将向吸收塔去的阀门缓慢关闭。

⑪ 将去往吸收塔的阀门关闭后，关闭吸收水阀，停止吸收水，并将去吸收器的冷却水阀门关闭。

⑫ 当合成炉的蒸汽压力符合要求时，将合成炉的蒸汽出口阀打开，蒸汽由管道进入蒸汽分配台，送入低压蒸汽管网。

⑬ 调节流量的先后顺序是，系统提量时“先升氢，后升氯”，系统降量时“先降氯，后降氢”。

3. 停车操作

（1）正常停车

① 首先与调度及氯氢处理工段联系，并将工具准备好，将吸收系统的阀门倒好，并开启冷却水。

② 当接到停车命令后，向 VCM 供气的阀门逐渐关闭，同时将去吸收系统的阀门缓慢开启，开始给吸收系统提供吸收水。

③ 将进入的气量按比例逐渐减少，按照“先降 Cl_2 后降 H_2 至最小比例”的原则，同时保持火焰为青白色。

④ 当进气量到最小时，迅速将氯气调节阀及氯气切断阀关闭，同时将氢气调节阀及氢气切断阀关闭，再仔细观察炉内是否有火及炉压是否为零或负压。

⑤ 注意调节氢气排空阀，将氢气压力保持好。

⑥ 将吸收水阀关闭。

⑦ 在停炉 5min后，打开炉前的冲氮阀，用氮气对系统进行置换，置换完后关闭冲氮阀。

⑧ 关闭合成炉的夹套冷却水阀门，并关闭蒸汽阀门。停合成炉冷却器、吸收器的冷却水。

⑨ 等炉温降到 100℃以下时（约 30min），将炉门打开（注意：必须在炉内的压力为负压或零时）。

⑩ 如果是冬季停车，必须将合成炉夹套冷却水放净（或常流水），以防止冻结。

（2）紧急停车

① 紧急停车的条件。当符合下列条件并请示后方可进行紧急停车。

a. 当氢气的压力突然大幅度下降时。

b. 当氢气的纯度＜96％，或含氧量≥2％时。

c. 当氯气的含氢量＞3％时。

d. 当炉内的冷凝酸急剧增多时。

e. 当冷却水的压力过低，突然断水时。

f. 当动力电突然停止时。

② 紧急停车的步骤

a. 当接到有紧急情况需要停车的命令后，首先关氯气阀，然后再关氢气阀。

b. 然后按正常停车步骤进行。

c. 当停车完毕后，迅速反映停车的原因及情况，并详细记录。

【任务训练】

1. 描述氯化氢合成及高纯盐酸的开、停车操作步骤。
2. 指出氯化氢合成及高纯盐酸生产的安全操作要点。

任务四　常见故障及处理

【任务描述】

◆ 氯化氢合成及高纯盐酸的生产中出现的异常现象及处理方法。

【任务指导】

虽然氯化氢的合成和高纯盐酸的制备都有几种不同的方法，但是无论是哪种方法在整个生产过程中出现的不正常现象是大同小异的。常见的异常现象和处理方法见表 5-12。

表 5-12　常见的异常现象和处理方法

序号	常见故障	产生原因	处理方法
1	火焰发红发亮	进入的氢气纯度低，其中的含氧高	立即进行纯度分析，与氢气处理工序联系，如严重可进行停车处理
		(1) 在灯头上落有杂质 (2) 灯头破	请示停车，进行打扫或更换灯头
2	火焰发黄发暗	氯气过量	加大氢气的流量或减少氯气的流量
3	火焰发白且伴有烟雾	氢气过量太多	将氢气流量减少或提高氯气的流量
		氯气的纯度低	将电解 Cl_2 的纯度提高
		氢气所含的水分多	进行排水
4	火焰突然发白	氢气的流量发生突涨	调节氢气进炉量，增加氢放空量
		氢气的放空管被堵塞	立即将氢气放空管疏通
5	火焰发红或发黑	(1) 直流电突降造成氢的进炉量减少 (2) 氢气的纯度较低	迅速与调度联系，将氢气排空阀关小，对氯气的进炉量进行调节
6	火焰发黄发红	电流升高造成氢的进炉量减少	根据情况增加氢气或减少氯气的量
		氯的其他用量减少	平衡氯的用量
7	在点炉时点火孔喷火	氢气量开得过大	对氢气的阀门进行调节
8	废氯管子有结霜，氯气压力发生波动，压力增高，火焰发红发黄	液氯进入到废气管道	根据情况迅速将氯气调节阀关小进行火焰调节，联系调度或紧急停车处理
9	点炉时，炉内发出爆鸣声	氯气含氢高或氢气纯度低含氧高	请示后立即进行停车处理，等纯度提高后再开车
		炉前对气体的分析不准确	重新抽样进行分析
		氢气阀门不严造成氢气漏入炉内	对氢气截止阀、调节阀仔细检查
10	炉内的压力高或波动频繁	冷却器氯化氢的出口液封	对冷却器排放冷凝酸进行检查
		氯化氢用户或原料氯氢处理的调节幅度大	与相关岗位联系
11	炉压突然下降	防爆膜被炸破	将防爆膜更换
		炉后设备发生泄漏	进行停车处理

续表

序号	常见故障	产生原因	处理方法
12	H_2压力波动频繁	氢气设备或管道发生积水堵塞	检查并排除积水
		直流电发生波动	稳定电流
		氢气压缩机操作出现问题	联系氯氢处理工序将压力稳定
13	氯、氢加不进去	氯化氢的管道被堵塞	停炉进行管道疏通处理
		氯氢的支管被堵塞	停炉进行支管疏通处理
		合成炉灯头被损坏或堵塞	停炉进行清洁或更换灯头
14	氢气流量计上的流量加大	孔板被堵塞	轻轻敲打孔板附近的管道使堵塞孔板的铁锈落掉
15	HCl分配台与炉内压差大	石墨冷却器被堵塞	停车并清洗冷却器
16	吸收系统的HCl波动	管线发生积酸	停车进行管线排除
17	吸收塔的温度过高	用的冷却水量不够	将冷却水量加大
		产量过大	降低生产量
18	出现游离氯	进入的H_2和Cl_2配比不当，发生氯过量	调节进入的氯气量或氢气量
		H_2和Cl_2压力波动大，没有及时进行调节	及时调节气体的压力
		进入的H_2纯度低	增加H_2流量并通知H_2处理岗位
		灯头被烧坏造成合成效果不好	更换灯头
		炉温低，使反应不完全	提高炉温，有必要时可停炉处理
19	合成炉的防爆膜破裂	① 炉压过高，炉温过高 ② 防爆膜的使用时间太长 ③ 在点炉时因炉内含氢过高，形成爆炸性气体 ④ 氢气含氧高，形成爆炸性气体 ⑤ 防爆膜的材质较差	立即停炉更换防爆膜
20	干燥氯化氢的压力过高	干燥过程中出现脱水问题	与脱水工段联系
		石墨冷却器的气孔被$FeCl_3$堵塞	停炉对冷却器的气孔疏通
21	干燥氯化氢的压力波动较大	① 冷凝器的下封头有凝酸 ② 管道内存在凝酸	进行排除凝酸
22	成品酸中的浓度低	吸收的水量过大	减少吸收水用量
		膜式吸收塔发生泄漏	停车进行查漏堵漏
		造膜器不水平发生损坏	调整造膜器在同一水平，并进行造膜器更换
		合成的氯化氢纯度低	提高合成的氯化氢纯度

续表

序号	常见故障	产生原因	处理方法
23	膜式吸收塔的出酸温度过高	使用的水脏，使膜吸收塔的管间产生结垢，造成传热效果差	立即停车对膜吸收塔进行清洗
		膜吸收塔所用的冷却水开得太小	将冷却水量开大
		所用的吸收水量过大，远远超过了膜吸收塔生产能力	降低所用的水量
		膜吸收塔安装水平度不够，造成膜器的不水平或损坏，导致部分氯化氢在底部吸收放热	将膜式吸收塔重新调整水平度
		膜吸收塔发生渗漏	停车进行查漏堵漏
24	水泵的压力突然下降或发出报警	泵出现异常	立即打开备用泵，停事故泵，通知进行检修处理
25	合成炉的视镜突然变亮	通入的 H_2 含水量大	通知调度并进行及时排水
		合成炉发生漏水	停炉并进行漏水处理
26	HCl 出口的冷凝酸量急剧增多	合成炉的冷却器泄漏	立即停炉进行检修
27	尾气排空处冒白烟	① 氯化氢的吸收量太少，造成部分氯化氢气体没有吸收而排空 ② 合成炉的流量增加，而用于吸收的水没有及时跟上	增加用的吸收水量
		膜式吸收塔的吸收效果差，要对分液管进行检查	检查膜式吸收塔分液管
		尾气塔的分液盘布水不匀，使部分气体走短管	对尾气塔的分液盘检查，进行水平校正
28	水冷却合成炉发生漏水	通入的氢气中含水量较多	对氢气进行脱水干燥
		合成炉的温度控制过低	对合成炉的温度控制在 108.64℃以上
29	纳氏泵发生漏酸漏气	在泵的出口压力过高，机械密封断酸或端面粗糙拉毛	对压力进行控制，不让泵出口的压力超过额定压力；调新泵并调节酸量，及时更换端面

【任务训练】

1. 说出在氯化氢合成及高纯盐酸生产中有哪些常见故障。
2. 出现的故障的原因是什么？该如何处理？

案 例 分 析

【任务描述】

◆ 在氯化氢合成及制备高纯盐酸中的常见的案例。

【任务指导】

在制备盐酸和合成氯化氢的生产过程中发生事故的概率很高，虽然各类事故的发生的原因各不同，但其主要原因还是安全规章制度未能真正落实。

【案例 1】事故名称：合成炉炉顶爆炸。

发生日期：1982 年某月某日。

发生单位：山西某树脂厂。

事故经过：该树脂厂的铁制合成炉在开车点炉，当点火棒刚伸入点火孔时，该炉炉顶新装的防爆膜突然发生爆破，防爆膜将顶部的水泥制的遮雨盖炸飞，散落在离此炉 25m 外的房顶上，将屋顶击穿一个面盆大的洞。将 $30m^2$ 的石墨冷却器列管震断了 25 根，该炉的空气冷却导管移位，炉子的石英燃烧器全部被震碎，但没有造成人员伤亡。

原因分析：氯气系统的阀门紧闭，但氢气系统进入合成炉的旋塞和阀门已全部开启，当询问参与点炉作业的人员时，均称没有开过氢气进炉阀门和旋塞，仅打开过点火阀。由此分析，操作人员在点炉作业开始前没有检查进炉的氢气系统的阀门与旋塞，就是说，在该炉上一次停炉后，就没有将氢气的进炉阀门与旋塞关闭，仅关闭了氯气的阻火器阀门和室内控制器。此次事故的发生就是因为较大量的氢气在点火前就进入了炉内，在遇到明火后，发生了爆炸。图 5-23 为事故现场的示意图。

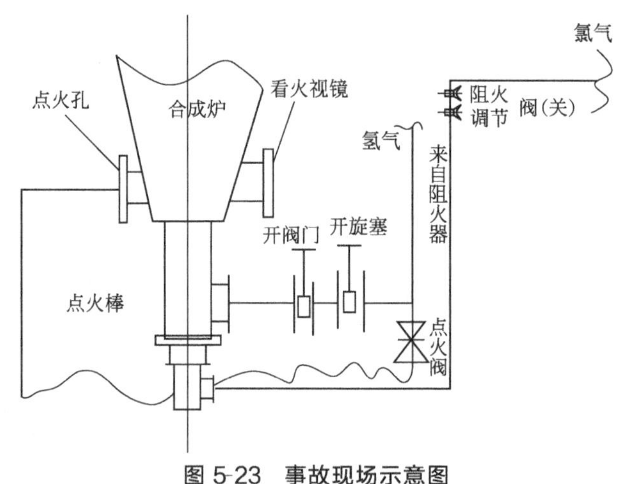

图 5-23　事故现场示意图

教训总结：作业人员在开始前一定要按相关的安全操作规程，对任何设备、阀门、旋塞等要认真做好检查。在确定一切万无一失的情况下再开始作业。要加强安全意识和自我保护意识。

【案例 2】事故名称：氢气柜发生爆炸。

发生日期：1970 年某月某日。

发生单位：内蒙古某氯碱厂。

事故经过：全厂进行停车修理，该气柜的进口有一段氢气管需更换。氢气系统已经用氮气置换过，将该段氢气管的一端的法兰拆开通向大气，在开始动手进行切割时，突然气柜发生爆炸。

原因分析：从事故现场可以看到，当时的气柜钟罩上的手孔没有打开。虽然系统已经用氮气置换过，但没有对管内的含氢量进行取样分析。氢气由于密度小，在气柜内悬浮于钟罩的顶部，而氮气是从气柜下部进入，从其下部出来，因此积聚在顶部的氢气不一定能全部置换干净。虽然已经将动火部位脱离开通大气，但由于右端的盲板未拆，造成了单端盲管，没有形成流动状态，仍有剩余氢气的存在，因此一旦动火，点燃的气体与空气便一起回火到气柜，达到爆炸比例，发生爆炸。事故现场如图 5-24 所示。

教训总结：① 在停车进行置换氮气后，要打开气柜顶部手孔，拆除盲板，使其形成自然对流，从而将剩余的氢气排除；

② 在动火前必须分析含氢量是否在 0.4%以下；

③ 有专人监护一级动火的手续。

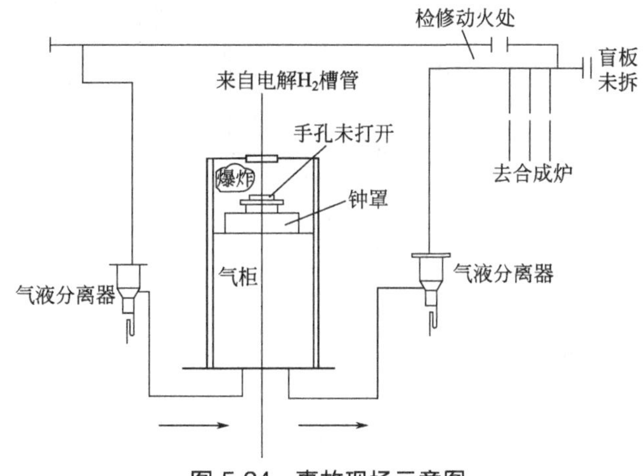

图 5-24　事故现场示意图

【案例 3】事故名称：尾气系统爆炸。

发生日期：1980 年某月某日。

发生单位：江苏某碱厂。

事故经过：该厂的盐酸车间，当合成炉的生产产量减少时，突然发现尾气炉的出口压力出现一个大负压，瞬时又转为大正压，接着听到一声巨响，该炉火焰骤然熄灭，立即作紧急停车处理。对现场进行检查发现，尾气塑料管的进、出口风机部位全部被炸碎，风机叶轮也打碎，尾气塔顶部的分液盘炸裂，幸好未伤人。

原因分析：根据事故现场调查，发现块式石墨冷却器上封头接管处有一个大洞。有大量空气被吸入，而且在该炉进行减量生产前也没有对尾气进行抽样分析。在减量时，由于进炉气体的减少，致使系统负压增加，于是大量空气从块式石墨冷却器的顶部泄漏处被吸入，造成尾气中含氧量突然升高，达到爆炸范围。尾气管及尾气塔顶是由硬质聚氯乙烯材质制作的，那里最容易发生爆炸泄压，在爆炸的一瞬间出现的大正压，将炉子压熄。

现场调查如图 5-25 所示。

教训总结：① 操作人员应按时分析指标，严格按中控指标进行执行，不允许马虎；

② 对尾气管要增强管理措施，并增设尾气系统泄压口，以确保安全；

③ 每小时对尾气含氢、含氧等指标分析，如果发现超标要及时处理；做好每小时都要巡回检查，及时发现泄漏和故障。

【案例 4】事故名称：盐酸贮罐爆炸。

发生日期：1995 年某月某日。

发生单位：浙江某厂。

事故经过：该厂要对氯碱和苯系统进行年度大修，工厂人员要对九车间液氯、冷冻工段进行检修，九车间的包装组负责进行盐酸贮罐区的管道安装，其中包括清除八个贮罐上的进酸和排气的接头法兰，因工作量大、任务紧，很难在规定的期限内完成，在已经锯掉了 5 个法兰（20 个螺栓），还剩下 11 个法兰（44 个螺栓）时，车间研究决定交给某施工队。该施工队安排一个小组进行具体安装，于是该小组工人先后到厂做准备工作，1 名工人对副产盐

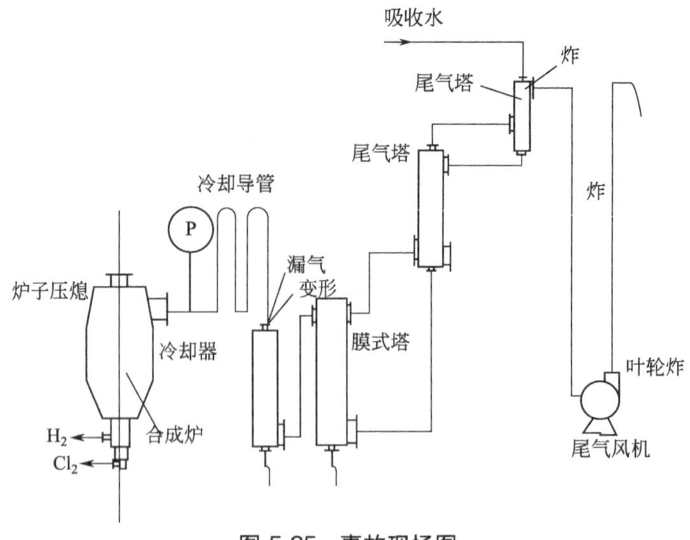

图 5-25　事故现场图

酸罐下的漏气乙炔瓶出口胶管进行绑扎，当另一名焊工用气焊切割完副产盐酸罐排气口的第一个螺栓后，发现法兰间的橡皮垫冒烟了。当开始切割第二个螺栓时，即发生爆炸。造成一名工人当场死亡，另一名工人在送医院后死亡，2 人重伤，一人轻伤。

原因分析：一般副产盐酸贮罐为玻璃钢材质，容积为 $50m^3$。当时贮罐内装约 $10m^3$ 的副产盐酸，氯化苯生产过程中的产物是副产盐酸，其中的含苯量约 0.05%，然后送入盐酸罐进行静止，第二天经厂技监处分析合格后才可出厂或自用，根据多年的分析统计，含苯量都在痕迹至 0.01%，静止期间约 0.04%的苯会挥发到盐酸罐空间。当时的气温为 20℃左右，计算可得苯的饱和蒸气浓度为 9.9%，已经超过爆炸上限（8.0%），处于爆炸极限最危险的浓度范围内，等遇到高温、火花或明火等火源，立即会引起爆炸。

教训总结：① 严格执行动火制度，切实落实各项安全措施，严禁违章作业；

② 对现场安全管理和检查加强，如果发现违章必须及时制止；

③ 对施工单位作业人员要加强安全教育，严格遵守厂内的安全规章制度，一定要把安全工作做好。

【案例 5】事故名称：盐酸尾部塔上封头爆炸。

发生日期：1995 年某月某日。

发生单位：山东某厂。

事件经过：该厂计划对盐酸合成工段停车，对三台合成炉充氮分析合格后进行拆炉检修，首先将电解工段通电开车，氢气合格后点 3# 合成炉，接着点 2# 合成炉并逐渐升温，当火焰开始发红时，此时合成炉的出口压力为 2.66kPa，此时操作工加大水流泵的水量，同时调节氯、氢气比例，尾部塔发生爆炸，于是被迫停炉。当炉温升到 100℃左右时，火焰闪动，操作工以为是水流泵的水量小了，于是便去调节水流泵，同时再调节氯、氢气的流量。1# 合成炉的尾部塔再次发生爆炸，两台合成炉的尾部塔上封头均被抬开，合成塔的瓷环四处飞溅。

原因分析：① 盐酸工段的仪表失灵，造成操作工不能清楚地了解氢气、氯气的流量和炉压，只能凭经验，靠观察火焰的颜色进行操作，在负荷波动的情况下，要调节好氯气、氢气的比例有一定的难度。在调节中时常会出现一会氢过剩，一会氯过剩，造成尾部塔氢、氯同时存在，形成了爆炸性的混合气体。

② 而尾气管为 PVC 材质，时间长就会由于发热而变形，在变形处会造成酸雾积聚，阻止气体通过，造成尾部塔顶部氢、氯过剩的浓度加大，达到混合气体的爆炸极限。

③ 尾部塔的上封头设计不合理，尾气从尾部塔的侧面排除，这样就会在上部形成一个死角。

④ 静电因素。由于上封头的进水管穿孔，水会直接冲撞上封头塔壁。封头的材质为 PVC，具有绝缘性质，液体在流动、过滤等过程中会产生严重静电，而用绝缘材料制成的管道对地是绝缘的，就在管道上积累危险的静电，当电压到达一定值时，便产生了静电火花，引发达到爆炸。

教训总结：① 对工段的所有仪表进行彻底更新，使操作工能根据氯气、氢气的压力和相对流量进行准确调节氯气、氢气的配比，避免频繁地进行过剩操作，杜绝有爆炸性气体的产生；

② 对水流泵的进口管进行整改，防止积液，使气体能畅通地排除，消除事故隐患；

③ 将尾部塔的尾气出口改在上面，避免产生死角；

④ 定期对上封头拆开检查，以便及时修复，避免由于静电产生火花；

⑤ 对操作工加强管理，进行技术培训，提高工人素质，加强责任心，提高技术人员的业务水平。

【案例 6】事故名称：盐酸除雾器爆炸。

发生日期：1995 年某月某日。

发生单位：浙江某厂。

事故经过：操作工在对盐酸除雾器进行检修并装瓷环时，盐酸除雾器爆炸使瓷环从除雾器的上方开口飞出，将倒瓷环的工人脸部割破。

原因分析：在对盐酸除雾器装瓷环之前没有将其内部的氢气置换干净，在操作过程中，瓷环撞击铁器壁而产生火花引起爆炸。

教训总结：首先要用氮气置换或将连通容器的几个连接处或阀门打开进行置换，置换后应分析是否合格。另外进行倒瓷环时尽量避免撞击。

【案例 7】事故名称：盐酸合成炉爆炸。

发生日期：1987 年某月某日。

发生单位：广西某厂。

事故经过：凌晨 3 点左右，操作工在对增开的 2# 合成盐酸炉进行点火时，突然发生爆炸，将一台 $10m^2$ 石墨冷却吸收塔炸毁。

原因分析：在进行 2# 合成盐酸炉点火时，没有将炉内残留氢气抽净，便开始点火生产，由于有残留的氯气，在点火后立即发生爆炸。

教训总结：① 在操作时要严格遵守操作规程，点火前必须将残留气体抽净，并分析合格后才能点火；

② 改炉内点火操作为炉外点火操作，用 6～8V 的安全发热丝作为引火源。

【案例 8】事故名称：氯化氢系统爆炸。

发生日期：1985 年某月某日。

发生单位：江苏某厂。

事故经过：该厂的氯化氢工段为一个降膜吸收塔和一个塑壳瓷环填料塔组成的两级吸收系统。吸收后的尾气经水喷射泵吸收排入下水道，不凝性气体放空，当天 8 时，工段要进行正常的点火开车，在用水喷射泵从炉口抽气对系统置换了半小时后，随即进行合成炉的点火，此时一人活动了一下氢气的入炉阀门（即打开了一下随后就关上），另一人在灯头上放燃，但点火棒只放入一半时，即发出“轰”一声巨响，塑料碎片飞出，瓷环填料从十几米高处洒落一地，降膜塔和尾气塔安置的框架（砖石和钢筋土混合结构）也被震裂错位，合成炉的防爆膜被炸破（剩余边缘烧焦），石墨冷却器被（块孔式）炸裂，降膜塔的石墨列管断裂若干根，包括 HCl 缓冲器、尾气吸收塔和水喷射泵、水封槽等在内的全部塑料设备和管道均被炸碎。

原因分析：① 该厂的入炉氢气管上除正常操作控制使用的两个阀门（两阀间为一转子流量计）之外，还有一个相同规格的旁路阀，生产中经常使用的是旁路阀。事故后发现旁路阀严重泄漏，使合成炉点火前已漏入大量氢气，在水喷射泵的抽吸作用下，氢气已充满整个系统，一点火即引起整个系统爆炸。

② 该厂只在氯化氢合成工段使用氢气，所以氢气浓度一直较高，这也增加生了氢气的泄漏，而点火前工人活动阀门时又放入了大量氢气进入系统内。

③ 虽然规定在点火前应取样分析可燃气体（氢）的含量，但是由于水喷射泵抽吸形成负压，炉门口不断进入新鲜空气，因此分析结果无法反映出系统内的真实情况。

教训总结：① 对入炉的氯气和氢气均采用双阀控制，提高阀门的密封性能。将旁路阀及转子流量计割去，以减少泄漏点。

② 对所有阀门在使用前均进行试压试漏，并定期检查。

③ 在水喷射泵下面的水封槽放空管上增设一个分析取样点，可真实地反映系统内可燃气体（氢）的含量。

④ 在入炉氢气阀后与炉体间（离炉 2m 以上）连接一截弹性较好的橡胶管，在停炉时可将此管的一头拔去，保证无氢气漏入。

【案例 9】事故名称：氯气分配器封头炸开。

发生日期：1981 年某月某日。

发生单位：湖南某厂。

事故经过：操作工发现在盐酸工段中氯的含氢高，使合成炉点不着火，于是将原氯直接通入合成炉，进行置换超标尾氯的方法。在置换后进行点火，便发现氯管道发热，在关闭氯、氢入炉阀门时，氯气分配器的尾部平板封头处炸开，造成大量氯气及氯化氢跑出，充满了操作间，使室内的 7 人中毒，其中 1 人抢救无效死亡。

原因分析：原氯没有经过氯气缓冲罐、氯气分配器及连接管，这些设备及管道里的不合格氯没得到置换，就直接通入合成炉进行置换。

教训总结：① 对故障处理必须制订周密的方案。

② 将氯气分配器的尾端接到室外。

【案例 10】事故名称：盐酸贮槽爆炸。

发生日期：1995 年某月某日。

发生单位：广东某厂。

事故经过：该氯碱车间的一名设备员对处在盐酸装车高架贮槽旁的电动机用手持电动砂轮进行基础修整，结果砂轮机产生的火花引燃了盐酸贮槽上部水封盒上方泄出的氢气，该设备员随即用干粉灭火器进行灭火，引起回火，造成盐酸贮槽发生爆炸，该设备员被炸死。

原因分析：① 盐酸贮槽区属于禁火区，在未经批准下私自用砂轮机进行磨削，属违章操作；

② 对着火后的处理不当，引起氢气回火，使贮罐内的气体爆炸。

教训总结：① 加强对职工遵章守纪的教育，防止违章现象的发生；

② 进行检修或安装设备时，要事先制订好方案，工作中不要存在任意性。

【案例 11】事故名称；盐酸贮槽爆炸。

发生日期：1998 年某月某日。

发生单位：河北某厂。

事故经过：车间在安装盐酸贮槽塑料管时，需要在贮槽外焊接塑料的钢支架。于是一名班长带领 3 人在花岗石盐酸贮槽的上方进行施工。所使用的车用电焊焊钢支架时，引起盐酸贮槽 150m^{3}的爆炸起火，使正在槽上施工的四名工人落入盐酸贮槽内。造成 3 人死亡．1 人重伤。

原因分析：没有办理动火手续就在盐酸贮槽顶部动焊，属于违章动焊。另外，在盐酸贮槽的顶部没有排气口，使氢气聚集在顶部，在动火后引起爆炸。

教训总结：① 要严格遵守动火制度，落实安全措施，严禁违章作业；

② 在盐酸贮槽顶部增设排气孔，既不使氢气积聚，又便于清洗。

【案例 12】事故名称：高纯盐酸贮槽爆炸。

发生日期：1995 年某月某日。

发生单位：安徽某厂。

事故经过：该厂的工段长安排 3 名维修工去检查高纯盐酸贮槽顶部的阀门，检修工在进行拆螺栓时，发现螺栓腐蚀严重，拆卸困难，于是一名维修工借来电砂轮机对锈蚀的螺栓切割，发生爆炸，造成 4 个螺栓被拉断，使人孔盖（ϕ600mm）掀至西北方向 14. 5m 处，该维修工被气浪冲到东北方向处的盐酸贮槽下，被送到医院抢救无效死亡。

原因分析：① 几名维修工的安全意识差，当砂轮切割螺栓会产生大量火花，应为动火作业，其他人没有制止；

② 在盐酸贮槽内有氢气和空气，在砂轮切割时产生的火花引爆槽内气体。

教训总结：① 对职工的安全教育要加强，让每个职工都能熟知动火的基本要求，严格按规章制度办事。

② 在布置工作的同时，一定要布置安全工作，防止工作中的随意性。

小　　结

1. 氯化氢合成的主要原理是氯气与氢气在适宜的条件（如光，燃烧或催化剂）下会迅速化合，发生连锁反应而生成氯化氢气体，主要的反应方程式为：

$$Cl_2 + H_2 \longrightarrow 2HCl + 18.42kJ$$

2. 氯化氢的合成工艺，目前应用的主要有两种流程。一种是用铁制合成炉或石墨合成炉合成氯化氢，另一种是三合一石墨法。这两种方法各有优缺点，在氯碱企业都有应用。

3. 氯化氢合成每一种方法的工艺流程基本相同，都是将经过氯、氢处理的氯气和氢气通入到合成塔的灯头，在灯头进行燃烧反应生成氯化氢，几种工艺的不同之处是氯、氢气到达灯头的路径不同。

4. 高纯盐酸制备的主要原理是：将在合成炉内合成的氯化氢气体，通过用高纯水进行吸收，即生成高纯盐酸。这个吸收过程的本质就是氯化氢分子穿过气液两相界面向水中扩散的过程。

5. 目前对于高纯盐酸的制备，在国内主要有三种方法：一种是三合一石墨炉法；一种是铁制合成炉或石墨合成炉再通过洗涤用高纯水吸收的方法；还有一种是用普通的工业盐酸进行脱洗后，再用高纯水吸收的方法。

6. 熟悉氯化氢合成与高纯盐酸制备中的安全操作要点，开停车操作。

7. 对于在氯化氢合成与高纯盐酸制备中出现的一些常见故障，要能找出原因并学会处理这些故障，这样才能保证生产过程的顺畅运行。

项目六　成品碱

学习目标

知识目标

★ 能掌握电碱液蒸发和固碱的工艺原理。
★ 能绘制出电解液蒸发和固碱的工艺流程简图。
★ 能说出在电解液蒸发和固碱中用的主要设备的名称及结构。
★ 能描述出电解液蒸发和固碱的开停车操作步骤。
★ 能找出在生产中出现的故障原因，并指出解决的方法。

能力目标

★ 先进行认图，再学会绘制流程简图的能力。
★ 学习对设备的结构和原理进行分析的能力。
★ 学习对出现的故障进行分析的能力。
★ 学习从以往的案例中发现问题及以后避免再发生的能力。

任务一　电解碱液的蒸发

子任务一　电解碱液蒸发的原理

【任务描述】

◆ 能够掌握电解液蒸发的生产任务和原理，能够了解离子膜电解液的特点。
◆ 能够分析电解液蒸发的特点及影响电解液蒸发的因素。

【任务指导】

从离子膜电解槽出来的碱液一般浓度较低，不能作为成品出售，因此必须再通过其他的工序处理将其浓度提高才能得到成品，这里主要涉及的就是电解碱液的蒸发过程与固碱烧碱的生成过程。

一、 离子膜电解碱液的特点

虽然离子膜电解碱液与隔膜电解液相比具有很大的优点，但由于各公司采用的离子膜电解设备不同，使电解得到的碱液的浓度及其他物质的含量也不同，目前几种主要的离子膜电解设备得到的碱液具体指标见表 6-1。

表 6-1　各公司离子膜电解碱液的标准

指标	旭化成公司	伍德公司	旭硝子公司	迪诺拉公司	ICI 公司	西方公司
NaOH/%	30～33	33	33～35	33～35	32	33
NaCl/(mg/L)	≤30	30	≤40	<50	≤50	40～50
$NaClO_3$/(mg/L)	—	—	≤15	≤20	≤15	5～15
Fe_2O_3/(mg/L)	—	—	—		—	—

从表 6-1 看出，离子膜电解液的特点为：

① 生产的碱液浓度高，NaOH 含量一般在 30%～35%；

② 碱液中的 NaCl 含量低，一般为 30～50mg/L；

③ 碱液的铝酸盐含量也低，一般为 15～30mg/L。

二、 电解碱液蒸发工段的生产任务

将从电解工段生产出的电解碱液预热后，送入蒸发器，通过蒸汽加热的方法将电解液中部分水分除去，使电解液浓缩到含氢氧化钠 50%以上，成为液碱产品或用于生产固碱，在浓缩过程中同时将结晶盐进行分离，用水配成回收盐水返回化盐工段进行重新循环使用。

三、 电解液蒸发的原理

电解碱液的蒸发就是通过加热（通常为蒸汽）使碱液的温度升高、将溶液中的水部分汽化，最终提高溶液中碱的浓度的物理过程。

四、 离子膜电解碱液蒸发的特点

1. 流程简单， 设备易于操作

在电解液中所含有的盐是微量的，在整个蒸发过程中，无须除盐。这样就使得整个流程大大简化，也不会发生管道堵塞、系统打水的问题，操作更容易进行。

2. 电解液的浓度高， 蒸发的水量少， 蒸汽消耗低

离子膜法电解的碱液浓度高，比隔膜法的要高很多，因此在蒸发时使用的蒸汽就减少了。以 32%的碱为例，若产品浓度为 50%，则每吨成品仅需蒸出的水为：

$$\frac{1000}{32\%}-\frac{1000}{50\%}=1125\text{kg(水)}$$

而如果是隔膜法的碱液同样蒸发为 50%的成品碱，则需要蒸发的水量为 6.5t。因此，对于到达同样浓度的成品碱，离子膜法比隔膜法的碱液蒸发的水量要少很多。

五、 影响碱液蒸发的因素

1. 蒸发器的液位控制

在循环蒸发器的循环过程中，液位高度的变化，会引起静压头的变化，会让蒸发过程变得极不稳定，液位低，会让蒸发和闪蒸剧烈，夹带严重，在大气冷凝器的下水中带碱甚至跑碱；如果液位高，蒸发量减小，使进加热室的料液温度增高，使传热有效温差降低，同时也降低了循环速度，会导致蒸汽能力的下降。因此，稳定液位是蒸发过程中的

重要环节。

2. 一次蒸汽压力

一次蒸汽压力的高低对蒸发有很大的影响。通常，一次蒸汽的压力较高，系统获得的温差也较大，单位时间内所传递的热量也会增加，装置的生产能力也会较大。

但是蒸汽的压力也不能太高，过高的蒸汽压力容易造成加热管内的碱液温度上升过高，使液体在管内剧烈沸腾，形成气膜，降低传热系数，使装置能力受到影响。同样，如果蒸汽的压力太低，经过加热器的碱液不能达到需要的温度，使单位时间内的蒸发量减少，降低了蒸发强度。因此必须保持合适的蒸汽压力。同样要保持蒸汽的饱和度，这样也可以保持蒸汽的压力稳定。

3. 真空度

提高真空度是提高蒸发能力、降低气耗的有效途径。真空度提高，二次蒸汽的饱和温度降低，有效的温度差就会提高，同时蒸汽冷凝水的温度也会降低，这样就可以更充分地利用热源，还会使蒸汽消耗降低。

目前提高真空度的途径之一是降低大气冷凝器下水的温度；途径之二是最大限度地排除不凝气体。常用的方法是：①采用机械真空泵；②采用蒸汽喷射泵；③采用水喷射器。

4. 电解碱液浓度和温度

如果离子膜电解碱液的浓度太高，对浓缩蒸发会很有利，气耗会低。同时如果进入蒸发器的碱液温度下降，会增加能源消耗。

5. 蒸发器的效数

采用多效蒸发可以降低蒸汽消耗，但是，它受到设备投资的约束。目前大多数氯碱厂都采用双效流程，但是由于能源的价格不断上涨，越来越多的企业选择三效蒸发流程。

【任务训练】

1. 描述电解液蒸发的生产任务和工艺原理。
2. 叙述离子膜电解液的特点及电解液蒸发的特点。
3. 电解液蒸发有哪些影响因素？

子任务二　电解碱液蒸发的工艺流程

【任务描述】

◆ 能够明白电解液蒸发流程的选择依据，并熟知电解碱液蒸发的工艺流程。

【任务指导】

目前对于电解碱液蒸发的工艺流程主要有单效升膜蒸发、单效旋转薄膜蒸发、双效顺流蒸发、双效逆流蒸发、降膜式双效逆流蒸发、三效顺流强制循环蒸发、三效逆流强制循环蒸发、三效降膜逆流蒸发八种，但是流程的选用还有一定的依据。

一、 蒸发流程选用的依据

目前氯碱企业对于离子膜电解液的蒸发流程的需用主要从以下几个方面考虑。

1. 效数的选择

对于蒸发流程的效数选择，从理论上来说，蒸发器的效数越多，则蒸汽被利用的次数就越多，气耗越低（效数与气耗的关系见表 6-2），生产的运转费用越低，产品的成本就越少，同时，效数越多，一次投资增加，折旧及产品成本也就越高。因此，氯碱企业就是要在投资的回收率最佳的情况下，尽可能地选择效数多的蒸发器，达到生产成本最低，获得的经济效益最大。

表 6-2　蒸发 1t 水耗气量与效数的关系

效数	单效	双效	三效
气耗/t	1.1～1.15	0.6～0.65	0.4～0.45

国内的大多数氯碱企业对离子膜电解液的蒸发采用的是双效流程，但如果仔细分析就会发现，采用三效在经济上是合理的。我们可以用一个例子来进行粗略的估算。

2 万吨/年离子膜电解液的蒸发，所用的镍蒸发器价格为 100 万，从表 6-2 可以看出，三效蒸发比双效蒸发 1t 水可节约 0.2t 蒸汽，那么对于碱液从 32%浓缩至 50%时刻节约的蒸汽为：

$$\left(\frac{1000}{32\%}-\frac{1000}{50\%}\right)\times 0.2=0.225\text{t}$$

若蒸汽的价格为 60 元/t，则所节约的蒸汽价值为：

$$20000\times 0.225\times 60=27\text{ 万元}$$

2. 蒸发器的选择

对常用的蒸发器按照循环方式进行分类，见图 6-1，在对蒸发器进行选择时，要综合具体情形及条件进行全面考虑，才能取得最佳的经济效果。

目前所用的蒸发器中，循环的蒸发器用得较多的是自然循环外热式蒸发器和强制循环外循环式蒸发器。近几年开始广泛使用的不循环式蒸发器具有较高的传热效率，但同时设备的加工制造和维修也比较容易。

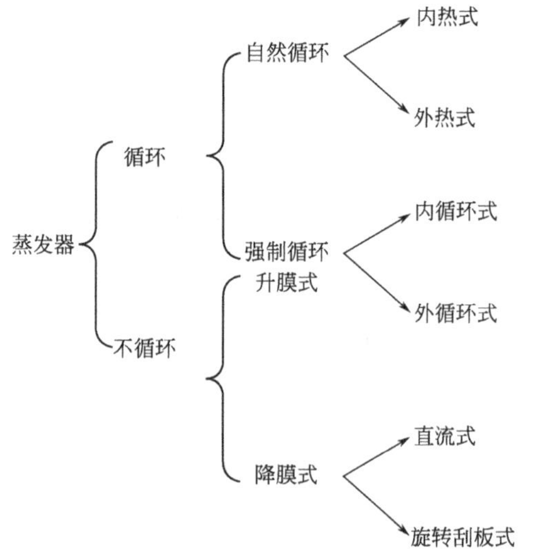

图 6-1　蒸发器按照循环方式分类

3. 逆顺流工艺的选择

设计人员在进行逆顺流工艺的选择时，大多数趋向于逆流工艺，原因如下。

(1) 可以更充分地利用加热蒸汽的热量

逆流的次级效蒸发器的碱液沸点较低，利用前效加热器的蒸汽冷凝液对本效的碱液进行预热，利用闪蒸蒸发产生二次蒸汽，用于次级效加热，可相应增加各效的加热蒸汽量。再者是末效排除的蒸汽冷凝液温度更低，这样就增加了温差，使蒸汽的热利用率得到提高。

(2) 由于是逆流流向，使得低黏度的碱液在低温下沸腾，而高浓度、高黏度的碱液在高温下沸腾，提高了传热系数，减少了设备的加热面积，减少了投资。

同时在逆顺流选择时还要考虑材质，对于逆流的浓效蒸发器是处于高温、高浓度碱的条件下，这就需要选用优质金属材料，这样就使设备投资增加了。

虽然从理论上讲，逆流优于顺流，但当投资较少的情况下可采用顺流工艺，利用强制循环来弥补传热系数不足的缺点。但一般情况下建议采用逆流工艺。

4. 循环方式的选择

强制循环蒸发器相比于自然循环蒸发器，能获得较高的传热系数。但是近年来新出现的不循环蒸发器，即升膜、降膜或旋转薄膜蒸发器，具有优良的工艺操作性能，因此越来越被广泛采用。

综合以上四个方面，在离子膜蒸发工艺中推荐采用的流程和设备见表 6-3。

表 6-3 推荐使用的蒸发流程和设备

序号	项目名称	内容	备注
1	效数	双效或三效	三效最佳
	循环方式	采用强制循环或不循环的膜式蒸发	
	逆顺流方式	尽可能采用逆流工艺	
2	蒸发器	强制循环、升膜、降膜、旋转薄膜	
3	真空设备	蒸汽喷射泵、水喷射器	
4	循环泵	轴流式	
5	换热器	板式换热器	

二、 蒸发的工艺流程

在我国的氯碱企业中，对于生产 30%的液体烧碱大多采用自然循环的蒸发器组成双效顺流或三效顺流流程。而对于生产 42%的液体烧碱的工厂则一般采用的是双效顺流、三效顺流强制循环、三效逆流强制循环或三效四体的流程。在蒸发过程中产生的副产品盐通过离心机或集盐箱进行分离。现主要介绍一下三效顺流和三效逆流的工艺流程。

1. 三效顺流流程

虽然目前氯碱行业中应用最广泛的是双效流程，但是受到能源价格提高的影响，三效蒸发工艺也开始逐渐被采用。其主要的特点是对设备的材质要求不苛刻，一次投资的费用较低同时可多次利用蒸汽，使得气耗低。

工艺流程如图 6-2 所示，电解液从贮槽内通过加料泵送入预热器进行预热至 100℃以上，送入Ⅰ效蒸发器；从Ⅰ效蒸发器出来的料液用过料泵送入Ⅱ效蒸发器，Ⅱ效蒸发器的出料液经旋液分离器进行分离后送入Ⅲ效蒸发器，Ⅲ效蒸发器出来的成品碱液送入浓碱冷却澄清桶，由冷却泵送至冷却器进行循环冷却至温度 40℃以下，经澄清后的碱液送浓碱贮槽，通过成品碱泵送至包装销售处。

在Ⅰ效蒸发器和Ⅱ效蒸发器的料液进行浓缩的过程中分离出来的盐浆，通过旋液分离器进行增稠后集中排入盐泥高位槽，和从成品碱进行沉清冷却采出的盐泥一起送入离心机进行分离，第一次分离出的碱液流入母液槽。返回Ⅰ效蒸发器的洗涤液经洗涤液水池再送入Ⅰ效蒸发器，经过洗涤后的回收结晶盐化成回收盐水经盐水池用盐水泵送往盐水工段。

蒸汽由锅炉输出后送入Ⅰ效蒸发器的加热室，生成的冷凝水流经二段电解液预热器。进行预热电解液后再送回锅炉房使用，在Ⅰ效蒸发器产生的二次蒸汽通入Ⅱ效蒸发器的加热室，其生成的冷凝水流经一段电解液预热器，进行预热电解液后输入热水槽。Ⅱ效蒸发器产生的二次蒸汽再通入Ⅲ效蒸发器的加热室，其生成的冷凝水直接送至热水槽。热水槽中的热水主要用作洗蒸发器或化盐。在Ⅲ效蒸发器中产生的二次蒸汽经捕沫器，将其中夹带的碱沫分离后，由冷凝器中的喷淋水冷凝后在Ⅰ效蒸发器内形成真空，使Ⅲ效处于真空蒸发状态，从而降低了碱液的沸点，增加了传热系数，冷凝后的废水直接排入下水池，通过凉水塔风机鼓风冷却后进行循环使用。

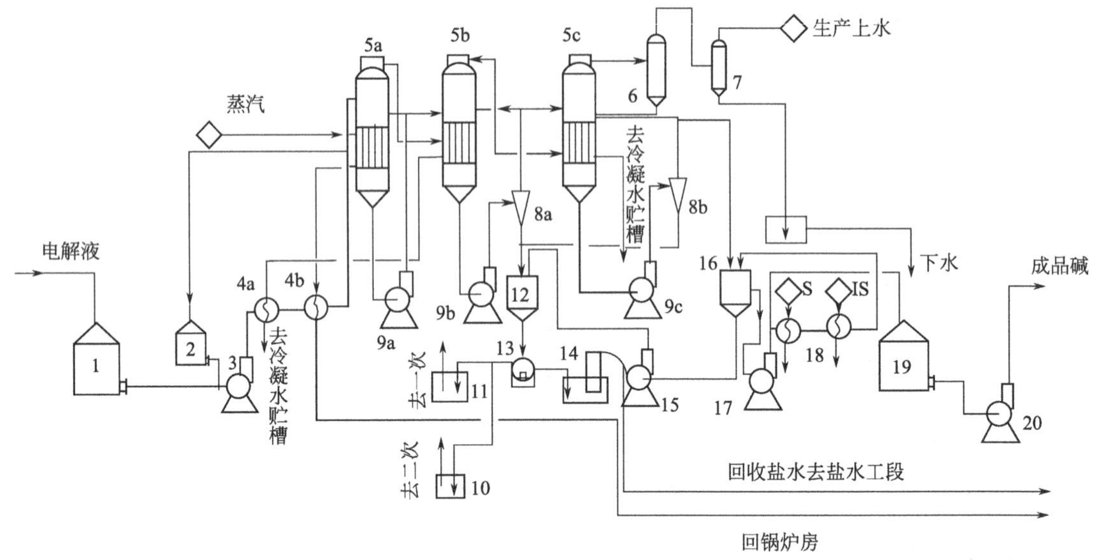

图 6-2　三效顺流工艺流程

1—电解液贮槽；2—电解液预热循环槽；3—加料泵；4—预热器；5—蒸发器；6—捕沫器；7—冷凝器；8—旋液分离器；9—循环泵；10—盐碱高位槽；11—离心机；12—化盐池；13—母液槽；14—洗涤水池；15—盐碱泵；16—冷却澄清槽；17—冷却泵；18—冷却器；19—浓碱贮槽；20—成品碱泵

2. 三效逆流强制循环流程

工艺流程如图 6-3 所示。这种工艺流程的组成与三效顺流的基本相同，唯一的区别是三个蒸发器的顺序不同，依次为Ⅲ效、Ⅱ效、Ⅰ效。电解液从贮槽内通过加料泵送入预热器进行预热至 100℃以上，送入Ⅲ效蒸发器，从Ⅲ效蒸发器出来的料液用过料泵送入Ⅱ效蒸发器，Ⅱ效蒸发器的出料液经旋液分离器进行分离后送入Ⅰ效蒸发器，Ⅰ效蒸发器出来的成品碱液送入浓碱冷却澄清桶，由冷却泵送至冷却器进行循环冷却至温度 40℃以下，经澄清后的碱液送浓碱贮槽，通过成品碱泵送至包装销售处。

蒸汽仍然是首先通入Ⅰ效蒸发器；从其中出来的二次蒸汽再进入Ⅱ效蒸发器，其中产生的蒸汽最后通入Ⅲ效蒸发器。这种流程的主要特点就是传热温度差大、传热效率高、设备能力大。

三、 其他蒸发工艺流程

1. 单效蒸发工艺流程

单效蒸发流程一般适用于蒸汽压力低（<0.4MPa），离子膜烧碱的产量较少（<1 万吨/年），产品的浓度要求较低（如 42%～45%）以及蒸汽的价格较便宜的情况。目前对于单效蒸发流程主要有单效升膜蒸发流程（见图 6-4）和单效旋转薄膜蒸发流程两种。这两种蒸发流程都是液碱只经过一次蒸发过程，单效升膜蒸发流程的蒸发器就是升膜蒸发器，而另外一种就是应用的旋转薄膜蒸发器。

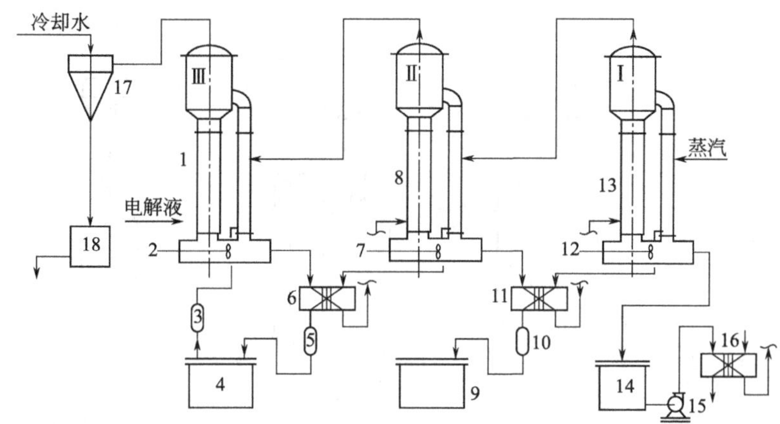

图 6-3　三效逆流蒸发流程

1—Ⅲ效蒸发器；2，7，12—循环泵；3，5，10—气液分离器；4—热水贮罐；6，11，16—板式换热器；8—Ⅱ效蒸发器；9—Ⅰ效凝水贮罐；13—Ⅰ效蒸发器；14—热碱贮罐；15—浓碱泵；17—水喷射器；18—冷却水贮罐

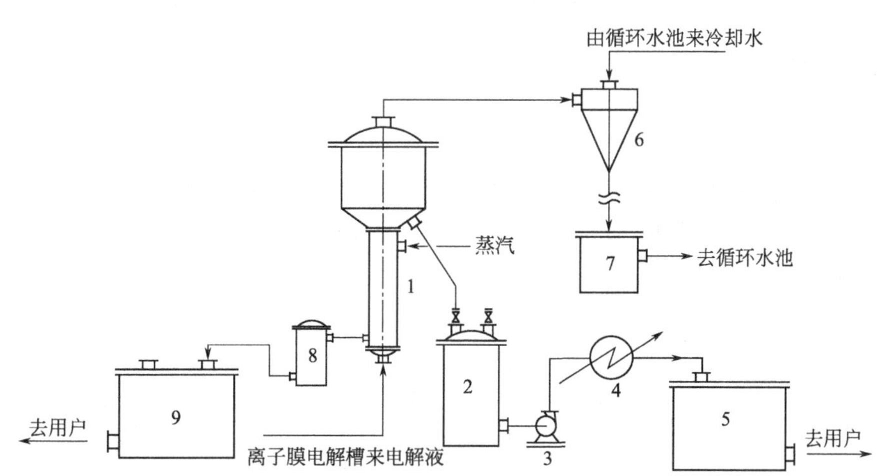

图 6-4　单效升膜蒸发流程

1—升膜蒸发器；2—升膜出料贮罐；3—浓碱出料泵；4—热交换器；5—成品碱贮罐；6—水喷射冷凝器；7—冷却水贮槽；8—气液分离器；9—凝水贮罐

2. 双效顺流流程

双效顺流工艺流程是国内目前较常使用的流程，其主要的特点是对设备的材质要求不高，使得投资造价较低，整个工艺易于操作和控制。流程如图 6-5 所示。

从离子膜电解槽出来的碱液进入Ⅰ效蒸发器，通过外加热器中表压大于 0.5MPa 的饱和蒸汽进行加热，当碱液沸腾后在蒸发室中蒸发，产生的二次蒸汽进入Ⅱ效蒸发器的加热室，使Ⅰ效蒸发器中的碱液浓度控制在 37%～39%，由于压力差使碱液进入到Ⅱ效蒸发器，被二次蒸汽加热沸腾，蒸发浓缩到产品的浓度（42%、45%、50%）。

Ⅱ效的二次蒸汽进入到喷射冷凝器中通过冷却水冷凝，将冷却水送入冷却水的贮槽。从Ⅱ效蒸发器出来的产品碱送至热碱贮罐，通过浓碱泵经热交换器冷却后送入贮罐，送往各用户单位。

在Ⅰ效、Ⅱ效产生的蒸汽冷凝水通过气液分离器分别送入热水贮罐，但是由于两效的冷凝水的质量不同（在Ⅰ效中可能含有微量的碱，且水的温度较低），因此应分别进行贮存和使用。

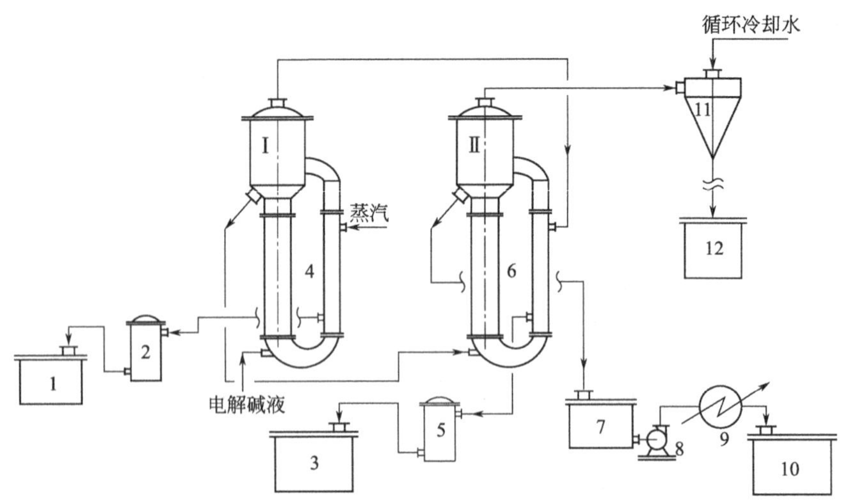

图 6-5 双效顺流蒸发流程

1—Ⅰ效冷凝水贮罐；2，5—气液分离器；3—Ⅱ效冷凝水贮罐；4—Ⅰ效蒸发器；6—Ⅱ效蒸发器；7—热碱贮罐；8—碱泵；9—热交换器；10—成品碱贮罐；11—水喷射器；12—冷却水贮罐

3. 双效逆流蒸发流程

双效逆流和顺流的流程基本一样，唯一的区别是蒸发器的顺序不同，Ⅱ效在前，Ⅰ效在后，蒸汽还是先进入Ⅰ效蒸发器，在其中产生的二次蒸汽再送入Ⅱ效蒸发器使用。实际生产过程中，为了提高过程的传热系数，通常在两效蒸发器循环中采用强制循环而不是自然循环，提高多效的碱液循环速度，提高了蒸发能力。双效逆流蒸发流程如图 6-6 所示。

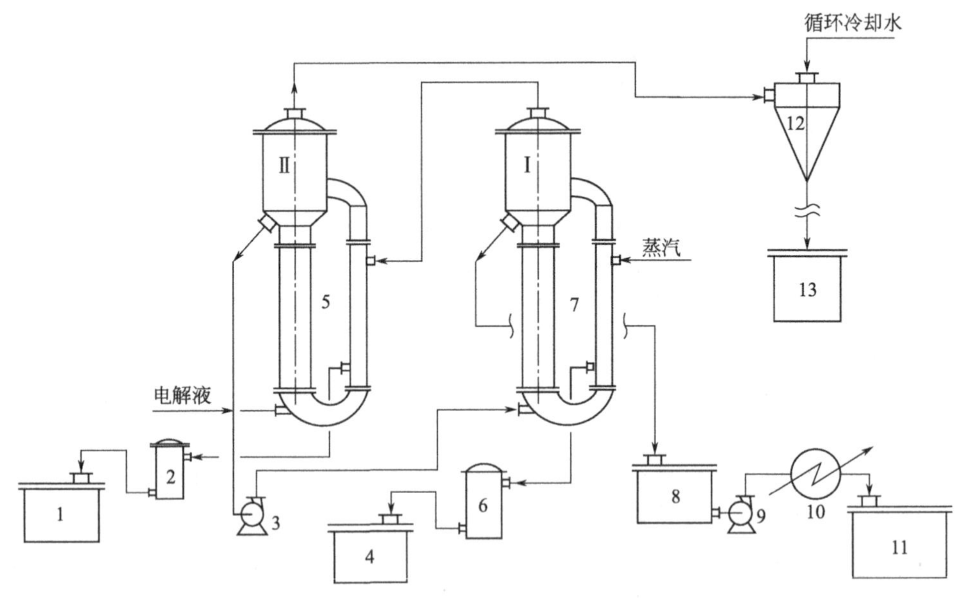

图 6-6 双效逆流蒸发流程

1—Ⅱ效冷凝水贮罐；2，6—气液分离器；3—Ⅱ效过料泵；4—Ⅰ效冷凝水贮罐；5—Ⅱ效蒸发器 7—Ⅰ效蒸发器；8—热碱贮罐；9—浓碱泵；10—热交换器；11—成品碱贮罐；12—水喷射器；13—冷却水罐

4. 降膜式双效逆流蒸发流程

此种工艺流程与双效逆流的区别就是所使用的蒸发器为降膜式蒸发器，其主要特点就是能力大、强度高、工艺操作简单。这种工艺流程目前已经在国内外的离子膜烧碱蒸发中被采用。

5. 三效降膜逆流强制循环流程

该种工艺流程与三效逆流强制循环是相同的，区别就在于所使用的蒸发器为降膜蒸发器。其特点是能耗低、设备能力大。但是一般在国外能耗费用高的地区使用该流程，在国内目前没有使用该流程的企业。

四、 工艺控制指标（表 6-4）

表 6-4 生产液碱的工艺控制指标

序号	控制项目	控制指标	检测点
1	原料碱液	NaOH ≥32%（质量分数） NaCl <40mg/L Fe_2O_3<3 mg/L $NaCO_3$<350 mg/L $NaClO_3$<20 mg/L	32%液碱贮槽
2	32%碱泵出口压力	≥0.5MPa	泵出口
3	40%碱泵出口压力	≥0.5MPa	泵出口
4	50%碱泵出口压力	≥0.5MPa	泵出口
5	表面冷凝器真空度	−75～−85kPa	冷凝器二次蒸汽进口
6	冷凝器进水温度	≤32℃	冷凝器进水口
7	Ⅰ效蒸发器碱温度	145～170℃	Ⅰ效蒸发器、蒸发室
8	Ⅱ效蒸发器碱温度	95～110℃	Ⅱ效蒸发器、蒸发室
9	Ⅲ效蒸发器碱温度	55～70℃	Ⅱ效蒸发器、蒸发室
10	50%碱进贮槽温度	≤75℃	50%碱贮槽、进口

【任务训练】

1. 你认为如何选择电解液蒸发的流程？
2. 试着叙述几种电解液蒸发的主要工艺流程过程，并能绘制出简图。
3. 说出电解液蒸发的主要工艺控制指标？

子任务三 电解碱液蒸发的主要设备

【任务描述】

◆ 能够描述离子膜碱液蒸发中的主要设备的作用、结构和功能。

【任务指导】

一、 主要设备及作用

1. 蒸发器

蒸发器是电解液蒸发过程中的主要设备，蒸发器性能的好坏直接影响装置的生产能力、产品质量和能源的消耗。

蒸发器一般是由蒸发室、加热室和循环系统三部分构成的。目前常见的蒸发器主要有标准式蒸发器、悬框式蒸发器、列文式蒸发器、结晶外加热式蒸发器、强制外循环式蒸发器、强制内循环式蒸发器、升膜蒸发器、降膜蒸发器和旋转薄膜蒸发器等。但是不管是哪种，其主要的结构和工作原理是相同的。下面先就几种常用且简单的做一下介绍。

（1）标准式蒸发器

这种蒸发器是圆柱形筒体，在加热室的中央有一根直径较大的循环管，由于中央循环管的截面积较大，使得循环管的传热表面远比加热管内传热表面小得多。在进行加热时，由于中央循环管和加热管内的受热程度不同，引起碱液密度不同，同时在蒸汽上升抽吸的作用下，使电解液形成由中央循环管下降再从加热管上升的不断循环，从而保证了蒸发器的传热系数和生产强度。标准式蒸发器如图 6-7 所示。标准式蒸发器具有结构紧凑，传热条件良好，投资少的优点，但也存在循环速度小、检修不方便等缺点。它一般比较适合于生产规模较小的氯碱企业。

（2）悬框式蒸发器

悬框式蒸发器实际上就是标准式蒸发器的改进，其结构如图 6-8 所示。主要是把加热室改进成可整体装拆的并将其悬吊在蒸发器中，便于检修。但是其循环通道比标准式的大，可以产生较大的循环速度和传热系数，由于循环通道位于外周，因此热损失小。但也存在制造费用较大、结构复杂的缺点。它一般应用在大、中型的氯碱厂。

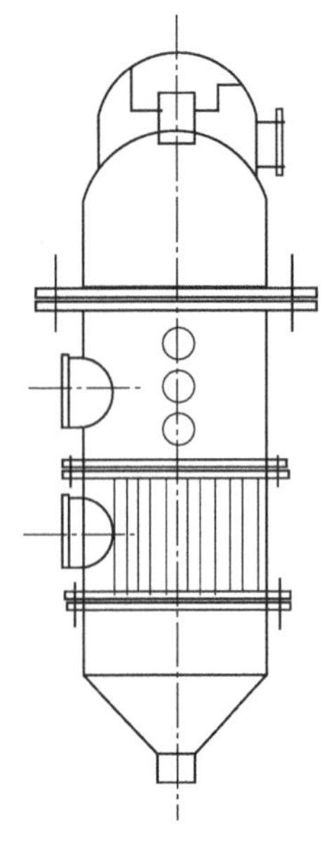

图 6-7　标准式蒸发器

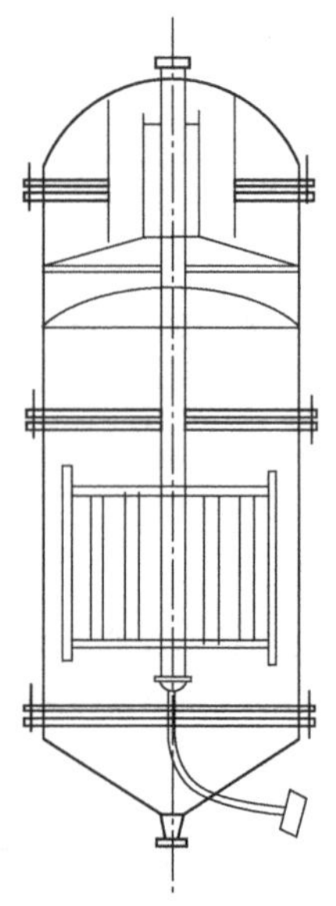

图 6-8　悬框式蒸发器

（3）列文式蒸发器

列文蒸发器也属于自然循环式蒸发器，其主要结构（见图 6-9）特点是：

① 在加热室的上方新增加了一段液柱，作用是使碱液的沸腾区移至加热室外面，从而减少加热室的结盐机会；

② 这种的循环管通道更大，可以提高循环速度，也可以相应地提高传热系数；

③ 它的缺点也是同样存在设备庞大、结构复杂、工艺要求高等问题，一般在大、中型

氯碱企业中使用。

(4) 结晶式蒸发器

结晶式蒸发器也被称为改进的列文式蒸发器（见图 6-10）。它保持了原列文式蒸发器的一些特点，同时又在循环管与加热室之间新增加了一个有利于 NaCl 结晶析出及分离的结晶罐，这样就可以减少固体盐垢对加热室的传热影响，延长了洗罐周期。目前在我国的氯碱厂较普遍采用的是列文式及结晶式蒸发器。

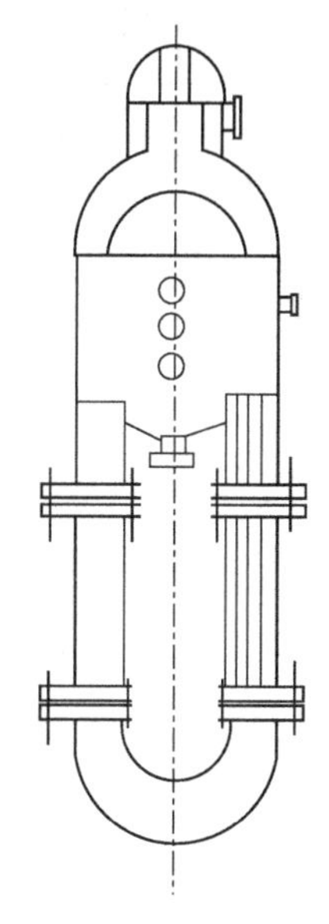

图 6-9 列文式蒸发器

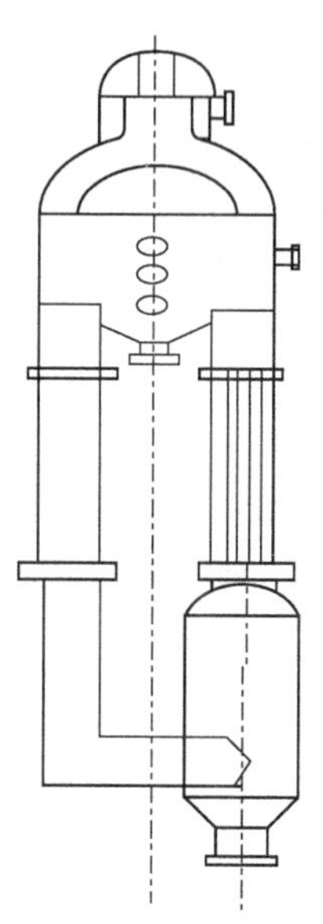

图 6-10 结晶式蒸发器

2. 旋液分离器

旋液分离器的结构如图 6-11 所示，其工作机理为：当含结晶盐的液碱料液经切向高速进入旋液分离器后，液体就以螺旋向下的外捅流和锥底螺旋上升的内涡流的形式开始运动。当料液（悬浮液）螺旋下行至圆锥部分时，所受到的离心力作用加剧。将固体盐颗粒在离心力的作用下抛向器壁，并沿外螺旋下降至底部出口排出，而清液带着细小的颗粒，将会随内涡流旋转上升至顶部的溢流管排出。旋液分离器的特点是：体积小、结构简单、生产能力大和投资少，并可连续生产，其分离颗粒的直径范围广，被广泛运用于氯碱生产中。

二、 其他主要设备

目前国内的各氯碱厂家对于在蒸发过程中分离出来的盐泥主要是采用滤盐器（亦称盐箱）或离心机集中处理。

1. 滤盐器

其主要由花板、镶丝滤网、喷嘴等部件构成（见图 6-12）。这种设备具有结构简单，检修方便，投资少，工人劳动强度大，操作时间长的特点。

生产过程中滤盐器的操作步骤为：

① 将盐泥从进料口放入，通过压缩空气将碱液压出，然后排出废气；

② 通水洗涤盐泥，再通过压缩空气压干料液，将黏滞在结晶盐粒表面的碱液带出；

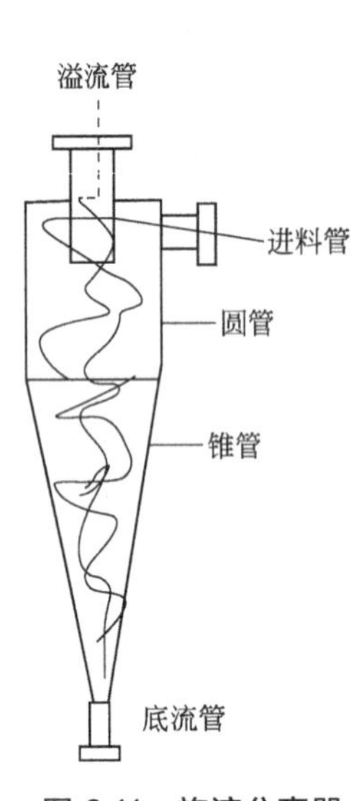

图 6-11 旋液分离器

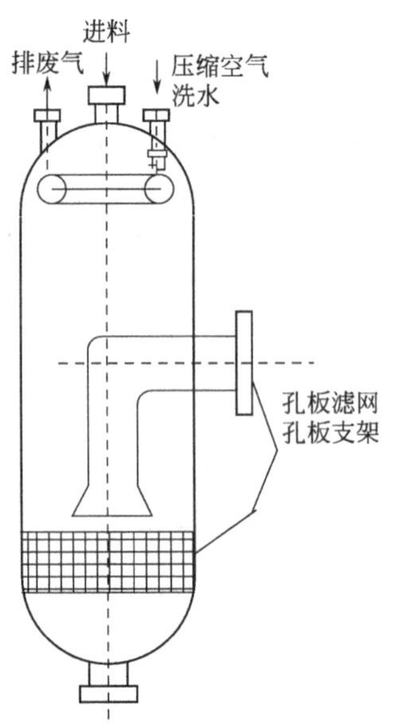

图 6-12 滤盐器结构

③ 经过多次洗涤压干后，取样测其洗盐水的波美度（波美度一般控制在 27°Bé 以下）；

④ 当测得的波美度值合格后，可通入冷凝水，进行化盐后送至化盐工段重复使用。

2. 离心机

在氯碱厂进行分离盐泥使用的是刮刀卸料式离心机，它主要由主轴、机壳、转鼓、刮刀等部件构成（见图 6-13）。在离心机转鼓壁上钻有直径 8～10mm 的小孔，开孔率为 5%左右，在转鼓内壁上衬有镍丝滤网，供截留结晶固体盐用。离心机的特点是：操作劳动强度低、可采用计算机集中多台自控管理，是一种高效率处理碱、盐的分离设备；存在刮刀卸料不彻底的缺点，可使工作周期内的过滤阻力逐渐增大，必须定期进行清洗，投资费用较大。离心机主要操作步骤：多次加料→甩干→洗涤→甩干→刮料→溶盐。

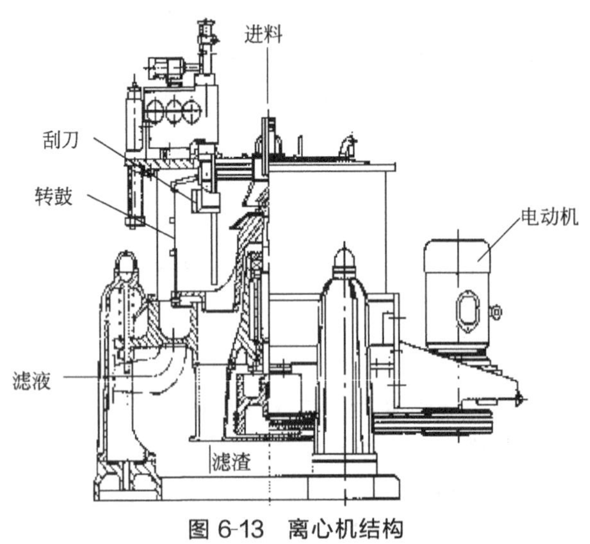

图 6-13 离心机结构

目前一台 WG-1600 型离心机处理蒸发过程分离出来的盐泥能力可平衡年产 2 万～3 万吨烧碱的规模。一台 WG-1800 型离心机年处理能力可平衡 3.5 万吨烧碱的规模。

【任务训练】

1. 用自己的话描述几种常用的蒸发器的主要结构及工作原理。

2. 描述滤盐器及离心机的结构。

子任务四 电解碱液蒸发的岗位操作

【任务描述】

◆ 离子膜碱液蒸发的正常操作要点、开停车操作。

【任务指导】

一、 离子膜碱液蒸发的正常操作

在离子膜碱液的蒸发过程中，必须严格按照工艺规程进行均衡平稳的操作，这样才可以达到装置的生产能力最大，气耗最低的效果。

一般的正常操作要点如下。

① 对进入各蒸发器加热室的蒸汽压力要严格控制，必须保持平稳而波动少，让蒸发器在规定的压力条件下工作。

② 保证各蒸发器的液面在设定的规定值内，使其稳定、不过高、过低或频繁大幅度的波动。

③ 严格控制真空效的蒸发器的蒸发度，保证水压和下水温度符合设计的要求，密切注意真空的波动，如有问题及时查找原因并进行处理。

④ 对进出蒸发器的碱液流量要严格控制，随时注意观察并记录各蒸发器中的碱液的浓度、温度。

⑤ 要定时进行巡回检查

a. 对泵的温升，轴承的润滑状况检查好。

b. 对大气冷凝器的下水是否有碱进行检查。

c. 检查并不定期排放加热室中的不凝气。

d. 对各指示仪表的指示数据是否正常进行检查。

⑥ 对岗位的生产记录要按时填写。

二、 离子膜碱液蒸发的开、 停车操作

1. 开车前的检查工作

① 对各润滑部位的油量进行检查是否适宜，润滑良好。

② 对各安全设施进行检查是否齐全牢固，是否符合安全要求。

③ 对各控制仪表和就地仪表进行检查是否齐全良好，确定各阀门开启灵活正常且处于规定的状态。

④ 将影响设备运转的障碍物排除，并通知设备周围的工作人员立即离开设备。

⑤ 将使用的各碱泵、工艺冷凝水泵、真空泵进行盘车，并检查是否灵活好用，是否将控制按钮打到停止位置。

⑥ 向工艺冷凝水罐、蒸汽冷凝水罐、真空泵的泵体水箱注水 50%左右。

⑦ 与上下工序及有关单位联系好，将一切配合准备工作做好。

⑧ 确认各类工具是否齐全，为开车过程出现的异常问题作好准备。

2. 开车条件确认

① 保证水、电、汽、仪表、空气等公用工程都已具备，且符合工艺要求。

② 保证碱液缓冲槽的液位在50%～70%。

③ 确认DCS的数据与现场一致，自动阀与现场同步，并将自动阀全关打开手动阀。

④ 确认电解输送的碱液满足工艺要求，且原料的来源正常不间断。

⑤ 通知各岗位人员到位，将防护用品佩戴齐全，保证通信设备好用，等待开车通知。

⑥ 将蒸汽管道内的冷凝水排除。

⑦ 保证水、汽、碱管路和阀门开关正确。

3. 开车操作

① 打开水环真空泵，同时将表面冷凝器的循环冷却水进、出口阀打开，并打开总阀和调节阀，对水流量进行适当的调节，使真空度达到规定范围内。

② 通知DCS的操作工将蒸汽调节阀开启，将压力控制在0.1MPa以内，等有少量蒸汽进入换热器，且当有蒸汽从排空阀通过时，将排空阀及蒸汽调节阀关闭。

③ 打开碱泵的入口阀。

④ 打开第一个碱液泵，通知DCS操作工通过手动打开液碱的调节阀，控制其流量在规定值，向第一个换热器送碱，当蒸发器的液位有报警时停止，当液位达到15%时，打开第二个碱泵，使碱液经碱预热器再进入第二个换热器，将液位控制在25%～30%。

⑤ 同样当第二个蒸发器的液位报警时停止，当液位达到15%时，打开第三个碱泵，让碱液经碱预热器，进入第三个换热器，将液位控制在25%～30%。

⑥ 当第三个换热器的液位报警时停止，当液位达到15%时，开启第四个碱泵，碱液经碱预热器，控制液位保持在25%～30%，通过开车临时管路阀，送入液碱贮槽。

⑦ 通知DCS操作工缓慢（手动）打开蒸汽的调节阀，并观察碱液的温度变化，调整蒸汽的调节阀开度，使碱液的温度升到规定温度，同时当工艺冷凝罐的液位达到规定值时，通过手动调整使液位保持在50%。

⑧ 当工艺冷凝罐的液位超过50%时，打开工艺冷凝液泵。

⑨ 让DCS的操作工手动调节各自动阀到工艺规定的参数范围。

⑩ 当指标正常后，将所有自控阀打到“自动”位置，将所有的泵打到自控位置，并将浓度控制器设为自动。

⑪ 取样并分析碱的浓度，分析仪器所显示的是否正确。

⑫ 将增湿减温阀打开，当运行稳定后，将工艺冷凝罐的液位设为自动。

⑬ 当浓度稳定显示为50%时，打开碱的手动阀向罐区送碱，将开车临时管阀门关闭，同时打开碱冷却器的冷却水进出口阀，调整流量并保证液碱的温度在45℃以下。

⑭ 将所有相关原始数据记录。

4. 停车操作

① 在接到通知后，立即将供料的碱泵停止，并迅速关闭碱冷却器的冷却水进口阀门。

② 通知DCS操作工将蒸汽阀门缓慢关闭。

③ 让操作工停止真空泵。

④ 将开车临时管阀门打开，向碱液缓冲罐送碱，将向罐区送碱的碱手动阀关闭。

⑤ 当各效蒸发器的液位降到低位时，打开各效的冲洗水阀，将碱液稀释为稀溶液，当液位不少于5%时，停水。

⑥ 等碱泵为自动联锁时停泵，并对现场进行检查确认停泵。

⑦ 关闭工艺冷凝液泵。

⑧ 关闭真空泵、机封水和增湿减温的阀门。

⑨ 如果在短期内（8h）不开车可关闭表面冷凝器的循环水并通知调度。

【任务训练】

1. 简述说出碱液蒸发过程的开、停车操作步骤。
2. 描述碱液蒸发过程的安全操作要点有哪些。

知识链接

进行蒸发的离子膜电解液中氢氧化钠含量的测定

近年来，离子膜电解法生产烧碱在我国得到了飞速发展，许多企业纷纷对原工艺进行改造或引进离子膜新技术。由于缺少离子膜温差校正系数表，故现在生产电解液的中控分析均以质量百分含量法（质量分数）表示电解液浓度，而为了便于核算电解液产量和碱损失，常常要经过许多步骤的核算，最后折算为生产操作温度时的质量浓度(g/L)，不但费时，而且很繁琐。因此，为了能够直观地反映生产情况，简化分析步骤，探索了能够直接用操作温度时的质量浓度(g/L)表示碱液含量的方法——质量浓度温度校正系数法。

1. 方法原理

试样溶液中先加入氯化钡溶液，则碳酸钠转化为碳酸钡沉淀，然后以酚酞为指示剂，用盐酸标准滴定溶液滴定至终点。反应如下：

$$Na_2CO_3 + BaCl_2 \longrightarrow BaCO_3\downarrow + 2NaCl$$
$$NaOH + HCl \longrightarrow NaCl + H_2O$$

2. 试剂和溶液

① 氯化钡：GB 652—2003，100g/L 溶液。

② 酚酞：10g/L 乙醇溶液，按 GB/T 603—2002 配制。

③ 盐酸：$c(HCl)=1mol/L$ 标准滴定溶液。

④ 样品：离子膜电解液。

3. 分析步骤

(1) 样品的冷却

将取来的样品放入水箱中冷水（或冰水）冷却至（20±2）℃并记下此时温度。

(2) 试样溶液的制备

用洁净的移液管（校正）迅速移取50mL试样，置于已盛有约300mL水的1000mL容量瓶中，抽洗内瓶壁附着的试样，共抽洗3次，洗涤时不得超过移液管刻度处，然后加蒸馏水至接近刻度，冷却至室温后，再稀释至刻度，摇匀备用。

(3) 测定

用移液管准确吸取50mL试样溶液注入250mL具塞三角瓶中，加入10mL氯化钡溶液，再加入2～3滴酚酞指示剂溶液，在磁力搅拌器搅拌下，用1mol/L盐酸标准滴定溶液密闭滴定至溶液呈微红色为终点。记下消耗盐酸标准滴定溶液的体积V_1。

(4) 结果的表示与计算

氢氧化钠质量浓度（g/L）按下式计算：

$$\rho_{NaOH} = \frac{cV_1 \times 40g/mol}{V} \times K$$

式中 c——盐酸标准滴定溶液的浓度，mol/L；

V_1——滴定氢氧化钠时消耗盐酸标准滴定溶液的体积，mL；

V——试样的制备中移取试样的体积，mL；

K——温差为 $t-t_1$ 时的电解液的校正系数。

K 取值见表 6-5。

表 6-5 离子膜电解液温度校正系数表

$t-t_1$	K	$t-t_1$	K	$t-t_1$	K
40	0.9807	54	0.9739	68	0.9668
41	0.9802	55	0.9734	69	0.9663
42	0.9797	56	0.9729	70	0.9658
43	0.9793	57	0.9724	71	0.9653
44	0.9788	58	0.9719	72	0.9648
45	0.9783	59	0.9714	73	0.9643
46	0.9778	60	0.9709	74	0.9638
47	0.9773	61	0.9704	75	0.9633
48	0.9768	62	0.9699	76	0.9628
49	0.9763	63	0.9694	77	0.9623
50	0.9758	64	0.9689	78	0.9617
51	0.9753	65	0.9684	79	0.9612
52	0.9748	66	0.9679	80	0.9607
53	0.9744	67	0.9673		

4. 结论

① 此方法适用范围为离子膜电解液浓度为 26%～34%（质量分数），操作温度为 60～100℃。超出此范围可参考使用，但应以质量百分含量法为主。

② 此方法作为电解液中控分析时使用，同行可参考使用，从而提高分析速度，更好地准确地指导生产。

③ 此方法在某公司运行效果较好，基本上达到了预期的目的。

④ 由于考虑到碱液对容量瓶、移液管等玻璃仪器的腐蚀而影响分析结果的准确度，应至少半年对其进行重新校验。

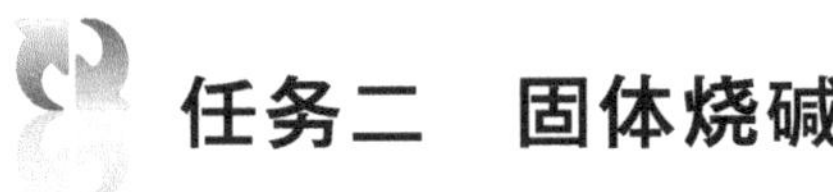

任务二 固体烧碱

子任务一 固体烧碱生产的工艺原理

【任务描述】

◆能够熟知固体烧碱的种类及固体烧碱的生产原理。

【任务指导】

一、 离子膜固体烧碱的种类

1. 桶状固碱

一般是用 0.5mm 的薄铁皮制成的容器装入熔融离子膜烧碱而得，常用的桶重 200kg。

生产的工艺就是通过大锅熬制而成的。使用的桶碱的外包装材料价格较高，在使用的时候需要破碎桶，一般是麻烦又不安全。但这种仍然是国内的一种主要的固碱生产包装方式。

对于离子膜桶状固碱的质量指标目前还没有标准，常通过企业标准进行控制。表 6-6 为某企业的标准。

表 6-6　离子膜桶状固碱的质量标准

项目	规格		
	Ⅰ级	Ⅱ级	Ⅲ级
NaOH 含量/%	99	98	97
NaCl 含量/%	0.04	0.04	0.04
Na_2CO_3 含量/%	0.5	0.5	0.5
Fe_2O_3/%	0.005	0.005	0.005
颜色	白色	白色	白色

2．片状固碱

由锅式法和膜式法生产的熔融烧碱，经过片碱机生产为片状固碱。片碱的厚度和温度会随着片碱机刮刀调节的距离和冷却水的冷却状况不同而不同。一般碱片的厚度在 0.5～1.5mm，温度一般控制在 60～90℃。对于进口的片碱机制出的厚度在 0.8～1.2mm，块状的大小是 0.3～1.2cm^2，而使用的温度为 60℃。

对于片碱的包装材料有很多，有的使用小桶包装，有的用一层带有改性聚丙烯塑料袋的牛皮纸。对于进口的片碱机的片碱经常使用聚丙烯塑料袋或聚乙烯塑料袋包装。对于选用何种包装材料，主要取决于贮运的方法和碱片的出口温度。在贮运方便的条件下，最好选择价廉、耐用的材质，可以降低包装的成本。

对于国内的片状固碱也没有统一的国家标准，还是按企业标准进行。表 6-7 和表 6-8 为某企业的标准。

表 6-7　片碱的质量标准

项目	规格		
	Ⅰ级	Ⅱ级	Ⅲ级
NaOH 含量/%	99	98	97
NaCl 含量/%	0.04	0.04	0.04
Na_2CO_3 含量/%	0.5	0.5	0.5
Fe_2O_3/%	0.005	0.005	0.005
Na_2SO_4/%	0.07	—	—
Ca/%	0.008	—	—
SiO_2/%	0.006	—	—
Cu/%	0.003	—	—
颜色	白色	白色	白色

表 6-8　某引进装置的片碱质量标准

指标名称	规格	指标名称	规格
NaOH 含量/%	>98.7（质量）	Na_2CO_3 含量/%	<0.15（质量）
NaCl 含量/%	<0.012（质量）	Fe/%	<0.015（质量）

3. 粒状固碱

将熔融的碱通过造粒塔制成 ϕ0.25～1.3mm 的小粒，进行自由落体与塔底进入的干燥空气进行逆向流动，进行冷却凝固得到的就是粒状固碱。粒状固碱具有包装小、使用方便的特点，目前更适合于一些小用户，以后也会有大的市场空间。

二、固碱的生产原理

本工序的主要任务是将蒸发得到的液碱浓缩至 98.6%的熔融碱后通过制片机生产出合格的固碱。对于制得的碱的种类，根据企业的需求选择合适的制片机。

目前对于固体烧碱熔融的生产方法主要有大锅熬制法和膜式法两种，现就两种方法的原理介绍如下。

1. 大锅熬制法

大锅进行熬制的过程是一个物理化学过程，首先通过直接火进行加热，当达到沸点以后，进行常压的蒸发，将碱液中的水分脱掉，使碱液的浓度升高，同时碱液的温度也不断升高，其中所含有的氯酸盐也会随着温度的升高而不断分解，但是在这个过程中会对锅产生腐蚀，并且由于不同温度下，氧化还原的离子价位和种类的不同，导致了碱液发生颜色的变化。为了将这些杂质离子除掉，在熬制的前期加入硝酸钠，后期也就是停火后，加入硫黄和杂质进行氧化还原反应生成沉淀，经过降温，沉淀过程，把得到的熔融碱进行包装得到成品固碱。在这个过程中发生的主要化学反应如下。

（1）除铁反应

铁锅腐蚀：$Fe+2H_2O \longrightarrow Fe(OH)_2+H_2$

熬制过程：$10Fe(OH)_2+2NaNO_3+6H_2O \longrightarrow 10Fe(OH)_3\downarrow+2NaOH+N_2\uparrow$

$2Fe(OH)_3 \longrightarrow Fe_2O_3\downarrow+3H_2O$

加硫过程：$6NaOH+4S \longrightarrow 2Na_2S+Na_2S_2O_3+3H_2O$

$8Fe(OH)_3+9Na_2S \longrightarrow 8FeS+4H_2O+Na_2SO_4+16NaOH$

在进行除铁的过程中，一般采用的先加硝酸钠氧化再用硫还原的工艺，这样可以得到颗粒大又容易沉降的三价铁。一般硝酸钠是在开始时加入的，它的主要作用是使铁锅的表面钝化，缓解并减少腐蚀，同时还能让溶在碱液中的离子氧化。

（2）除锰反应

$$Na_2S+4Na_2MnO_4+4H_2O \longrightarrow Na_2SO_4+8NaOH+4MnO_2\downarrow$$

$$Na_2S_2O_3+4Na_2MnO_4+3H_2O \longrightarrow 2Na_2SO_4+6NaOH+4MnO_2\downarrow$$

在加硫进行“调色”的过程中，一定要控制温度在 420～440℃。如果加入的硫过量，可以通过加入硝酸钠进行反调，主要反应为：

$$5Na_2S+4MnO_2+4H_2O \longrightarrow Na_2SO_4+8NaOH+4MnS\text{（粉色）}$$

$$2NaNO_3+MnS \longrightarrow MnO_2\downarrow+N_2\uparrow+Na_2SO_4$$

若碱液的颜色为蓝绿色，这可能是 Na_2FeO_4 的颜色，要补加硫黄。

2. 膜式固碱法

这种方法就是利用碱液与加热源的沸腾传热蒸发过程在薄膜传热状态下进行。一般采用熔盐进行加热，过程可在升膜或降膜状态下进行，并进行真空蒸发。

（1）原料的性质和用途

本工艺所用原辅材料有：液碱、糖、氮气、熔盐、天然气。

① 熔盐。主要成分：亚硝酸钠（$NaNO_2$）40%、硝酸钠（$NaNO_3$）7%、硝酸钾（KNO_3）53%。

还可能的成分：S、Na_2O（量很少）。

用途：片碱生产的载热体。

性质：这种熔融硝酸盐的混合物具有均热性、导热性、流动性及化学稳定性等优点，在工业上普遍采用，这一特定的配方又称为“HTS”。HTS 的熔点为 142.2℃。温度升高会加速熔盐的分解和与容器材料的反应。熔盐分解的主要反应是：

$$5NaNO_2 \longrightarrow 3NaNO_3 + Na_2O + N_2$$

在 HTS 中，单盐的热分解温度分别为 KNO_3 550℃、$NaNO_3$535℃、$NaNO_2$430℃；而混合盐的热稳定性优于单纯盐。一般 HTS 在 427℃以下非常稳定，可连续使用多年而不变质，只是对碳钢和不锈钢仅有轻微腐蚀，当超过 450℃开始有缓慢分解，达到 550℃以上开始加速分解，600℃以上分解明显，同时熔点升高，颜色从透明的琥珀色变成棕黑色。所以在使用中要控制上限温度，以减缓熔盐的分解。HTS 的热分解与表面材料互有影响，它在碳钢和低合金钢中，比在不锈钢中分解显著。当达到热分解温度时，硝酸盐放出的氧气，可加速分解反应并腐蚀容器与管道。如果 KNO_3 过热，它与铁或铸铁产生激烈的放热化学反应，会引起爆炸。因此，无论从 HTS 的热稳定性还是从和与一般材料的反应来看，使用温度以低于 540℃为宜。同时 HTS 是一种强氧化剂，在使用时不得混入煤粉、焦炭、木屑、布片纸张、有机物及铝屑等，否则会引起燃烧，甚至发生爆炸等。在熔盐贮槽内通入 N_2 封闭保护，可减少 HTS 中 $NaNO_2$ 的氧化，熔盐一般可用 3～4 年。若不通入 N_2 保护一般只能使用半年或 1 年就全部更换熔盐，否则熔点可升至 210℃以上。

② 蔗糖。一般可用食品级砂糖，配制成 10%的水溶液，加在烧碱中，可防止高温熔融碱对镍制设备的腐蚀。

③ 天然气。规格：$CH_4 \geqslant 95.9\%$ 、$CO_2 \leqslant 3\%$、总硫 $\leqslant 20mg/m^3$（标态），热值为 31800～32800kJ/m^3（标态）。

用途：主要用于熔盐的加热。

④ 氮气。可使用公用工程的纯氮气，作用主要是密闭熔盐槽，保护熔盐，避免遇到空气使熔盐氧化分解，减短熔盐使用寿命。

（2）沸腾传热过程的原理

当碱液进入蒸发器中垂直的加热管内，加热源将液体（蒸汽或熔盐）加热而达到沸腾。在沸腾的流体中，液体和蒸汽形成两相混合流动，是两相流动的沸腾给热的过程。

在液体的蒸发过程中，在液体的加热面上有足够的热流强度或壁面温度，超过液体温度一定值时，液体和加热面之间就会产生一层极薄的液层（滞流热边界层）而形成温差，这极薄的液层（膜）受热就会发生相变，吸收潜热而蒸发，从而管内液体不必全部达到饱和温度，在加热面上就产生气泡而沸腾，这时气泡的过热度超过膜内传热的温差，使得蒸发过程完全是在膜表面进行的，这种沸腾就是表面沸腾。发生表面沸腾的蒸发，必须具备如下两个条件。

① 液体必须过热。当碱液在表面沸腾进行蒸发时，液体就从壁面获得热量升高温度，达到形成气泡的过热度时，紧贴在加热面上的液体薄膜层内存在着很大的温度梯度，就会使液体汽化，蒸发形成气泡，气泡内的液体随壁面的过热度的增加而增大，使气泡不断地从壁面上产生、长大和脱离，最终形成表面沸腾。

② 有汽化核心。产生汽化核心的原因是在加热面上有细小凹坑所形成的空穴，以及空穴中所密封的气体或蒸汽，汽化核心在加热面上所产生时是很小的，在开始成长时，由于受到惯性效应和表面张力效应的支配，在气液交界面上加剧了蒸发和传热程度。这是由于生成的气泡压力和温度始终大于周围液体的压力和温度。当周围液体达到了饱和温度，沸腾就转为饱和泡核沸腾。在进行蒸发浓缩的过程中，由于形成的二次蒸汽的流速很高，使液体形成一层薄膜，由于流动速度很快，在环状流中有一个高速的蒸汽中心和一个流体环，在气液界面上受到高流速的蒸汽干扰，使紊流的程度剧烈，让壁面的传热机理由饱和泡核沸腾给热转变为通过液膜的强制对流给热，热量的传递方式变为通过薄膜液层在液膜表面上产生强烈的蒸发，称为薄膜蒸发。

(3) 加糖原理及反应机理

在片碱的生产中，高温的浓碱对镍设备会有一定的腐蚀性。原因主要是碱液中所含的氯酸盐在250℃以上会逐步分解，放出新生态的氧与镍材发生反应，生成氧化镍层。氧化镍易溶于浓碱中而被碱液带走。这样的过程在浓碱蒸发中如果反复进行就会导致镍制设备的腐蚀损坏。离子膜碱虽然含氯酸盐仅有20～30mg/L，一般为了保持设备的长期寿命，仍需要除去氯酸盐的操作。常用的处理方法是在原料液中加入糖液。这种方法比其他方法如离子交换法、亚硫酸钠法优越得多，其主要原因是操作简单、无须用许多设备，另外糖资源易得，而且价格低廉。

其反应机理为：$C_{12}H_{22}O_{11}+8NaClO_3 = 8NaCl+12CO_2+11H_2O$

生成的 CO_2 即与 NaOH 反应：$CO_2+2NaOH = Na_2CO_3+H_2O$

在实际生产中加入的糖量是理论量的2倍，有的甚至是建议值的6～8倍，这样做会使反应进行得很完全。但是由于在反应过程中产生 CO_2，因此在碱产品中 Na_2CO_3 的含量会增加一些，当然也就增加了产品中 NaCl 的含量。

(4) 真空蒸发的原理

一般在液体表面的压力越低，沸点就越低。因此，在无法增大供汽能力和设备生产能力的情况下，可采用真空装置（在效体后设置真空泵）来降低液体内碱液表面的压力，从而达到增加传热温差，加快蒸发速度的目的。在氯碱的生产过程中，可为了降低液体的沸点、提高温差、加速二次蒸汽的逸出，使蒸发器在负压下工作。

【任务训练】

1. 试着互相讲述固碱的生产原理。
2. 指出目前固体烧碱的种类有哪些？

子任务二　固体烧碱生产的工艺流程

【任务描述】

◆ 固碱生产的工艺流程

【任务指导】

目前在进行固碱生产以前先要将碱液熔融，而熔融的工艺方法主要是大锅熬制法和膜式法两种，现将这两种方法的工艺流程介绍如下。

一、 大锅熬制法的工艺流程

1. 大锅熬制固碱的工艺操作条件

在用大锅进行熬制固碱的过程中，主要的工艺条件见表 6-9。

表 6-9 主要工艺控制指标

项目	控制指标	项目	控制指标
原料碱液 NaOH 的含量	32%、45%、50% 均可	固碱桶包装温度	340～355℃
锅的预热温度	130～180℃	燃氢喷嘴压力	400～500Pa
分解和补液的温度	230～280℃	燃油压力	0.2～0.3MPa
反应期温升	10～15℃/h	油预热温度	70～80℃
止火后的沉降时间	＞12h	雾化蒸汽压力	0.2～0.3MPa
止火温度	450～460℃	片碱袋温度	＜60℃

2. 大锅熬制的工艺流程

大锅熬制的工艺流程如图 6-14 所示。把离子膜碱液送入预热锅Ⅰ中，炉膛内的烟道气将其预热，使温度升至 130～170℃，之后碱液通过临时液下泵送到清洗干净的熬碱锅内，用直接火加热碱液；当进行燃氢时，氢气依次经过沙砾阻火器、水封罐至喷嘴处燃烧；重油先进过滤器，再经过油预热器预热后由齿轮泵送至燃烧器燃烧。碱液经过加热后温度升高发生沸腾，水分被蒸发，烟囱将水蒸气排出，由于水分的不断蒸发出，碱液的浓度升高，碱液的温度也不断升高，当温度升高到止火温度后停火，进行静置沉降，降温，当达到出料温度时，通过移动出锅泵抽出上部的清液，经硫槽装入桶内，或直接送入片碱机制成片碱固碱后装袋，锅底的碱及洗锅液送至贮罐。

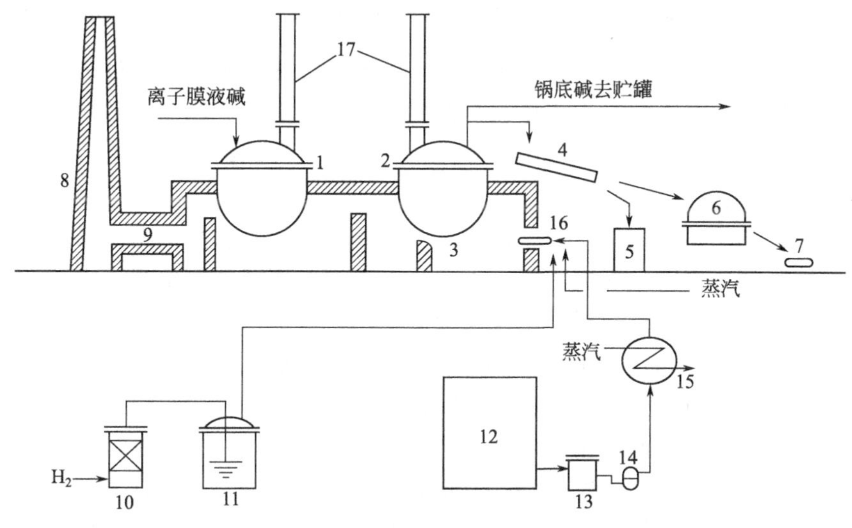

图 6-14 大锅熬制法的流程

1—预热锅；2—熬碱锅；3—加热炉膛；4—出碱溜槽；5—固碱桶；6—片碱机；7—袋装片碱；8—烟囱；9—烟道；10—H_2阻火器；11—H_2水封罐；12—重油贮槽；13—过滤器；14—油齿轮泵；15—油预热器；16—燃烧喷嘴；17—二次蒸汽烟囱

二、 膜式法的工艺流程

目前利用的比较典型的膜式法的工艺流程主要有三种，升膜降膜流程、双效降膜流程和升膜闪蒸流程。

1. 工艺流程

(1) 升膜降膜工艺流程（见图 6-15）

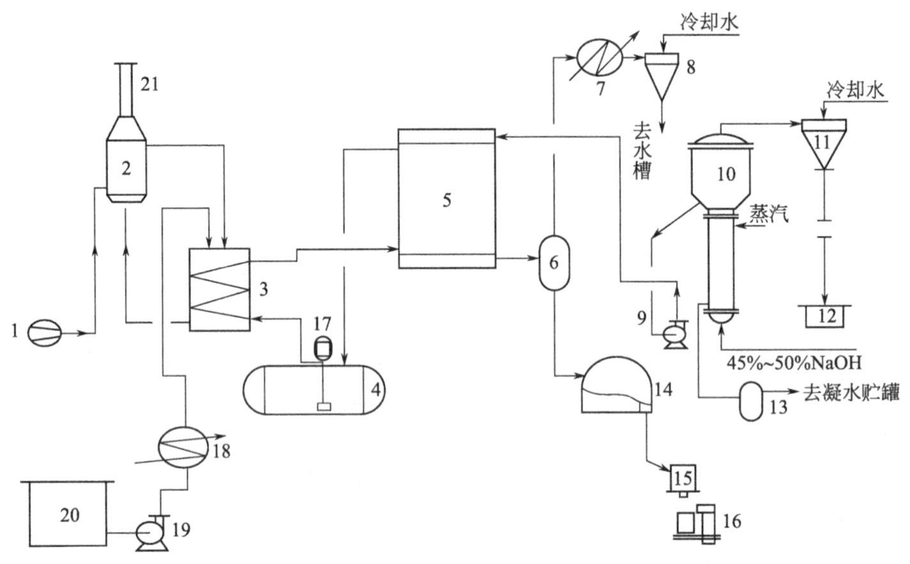

图 6-15 升膜降膜流程

1—鼓风机；2—余热交换器；3—熔盐炉；4—熔盐贮罐；5—降膜浓缩器；6，13—气液分离器；7，18—热交换器；8，11—水喷射泵；9—过料泵；10—升膜蒸发器；12—冷却水槽；14—片碱机；15—秤；16—封袋机；17—熔盐泵；19—油输送泵；20—重油贮罐；21—烟囱

从蒸发工段过来的碱液先进入升膜蒸发器，由蒸汽加热至沸腾，经过蒸发后的碱液由浓碱泵送入降膜蒸发器，在降膜管中液体被高温熔盐加热，沸腾、浓缩得到熔融浓碱。将该碱液用气液分离器分离后送入碱片机，制得片碱，经过秤将片状的固碱称量后包装入袋，由封口机封口后即得成品。

升膜降膜工艺中的蒸汽先进入升膜蒸发器，在此产生的二次蒸汽送入降膜蒸发器，产生的蒸汽经表面冷凝器冷凝后的冷凝水进入工艺冷凝水槽，送至脱盐水站。未被冷凝的蒸汽及浓缩过程中产生的不凝性气体通过真空泵抽吸放空。

在原始开车时，将熔盐一次性投入熔盐贮槽，通过过热的蒸汽（压力 0.8～1.0MPa，温度>142.2℃）熔化，用熔盐泵将其送至熔盐加热炉，当加热到使用温度（420℃）送往蒸发器。从浓缩器出来的被冷却的熔盐仍送回到熔盐贮槽；如果熔盐没有加热到规定的使用温度，则仍旧送回到熔盐贮槽，继续用熔盐泵送到熔盐加热炉加热，熔盐可循环使用。

从管网来的天然气一路用来点火，另一路可在紧急情况下用于排空，第三路送入熔盐炉点火器作为熔盐加热的燃料使用。

经助燃风机将助燃空气送至空气预热器，与从熔盐炉出来的热废气进行换热，再作为天然气燃烧的助燃物，燃烧后的热废气从熔盐炉烟囱出来，再送入空气预热器与冷空气换热后由鼓风机送往烟囱排放。

从公用工程过来的循环水（33℃）进入片碱机，将转鼓上的碱膜进行冷却，冷却作用后的冷却水送回到冷却水槽，可作为循环使用。

将从公用工程来的生产上水送入尾气洗涤槽，通过尾气洗涤泵送入尾气洗涤塔上部，与片碱机和包装机所产生的尾气进行逆流接触，洗涤水通过填料层与尾气充分接触洗涤，洗涤到到一定浓度后，通过洗涤液的循环泵送回一次盐水的配水槽，没有被吸收的尾气可通过尾气风机抽吸排空。

（2）双效降膜浓缩流程（见图 6-16）

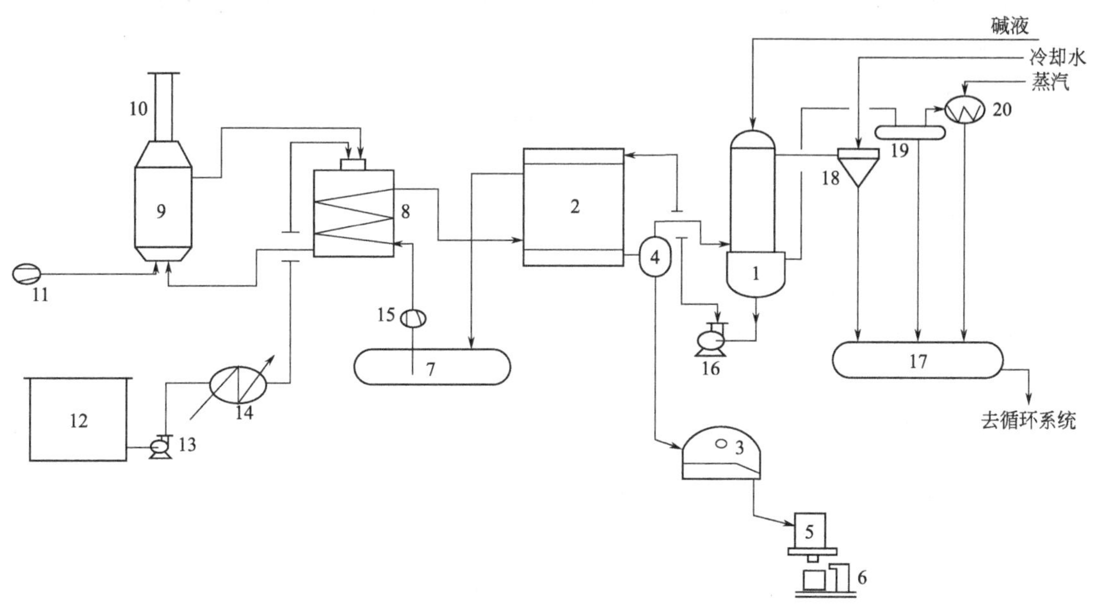

图 6-16　双效降膜流程

1—Ⅰ效降膜蒸发器；2—Ⅱ效降膜浓缩器；3—片碱机；4—分离器；5—包装秤；6—封口机；7—熔盐罐；8—熔盐炉；9—余热交换器；10—烟囱；11—鼓风机；12—重油贮罐；13—油泵；14—热交换器；15—熔盐泵；16—过料碱泵；17—冷却水罐；18—直接冷却器；19—表面冷却器；20—蒸汽喷射泵

从蒸发工序过来的碱液先进入最终Ⅰ效降膜蒸发器，经过加热蒸发后加入糖液，用过料碱泵送入最终Ⅱ效降膜浓缩器，用高温融盐进行加热浓缩。最终将从降膜器产出的熔融碱送入碱分配器再送入片碱机，经片碱机转鼓转动后，再用循环水将转鼓上的碱冷却，由刮刀制片后送入料仓落到包装机内，自动包装后送往成品仓库贮存。在包装系统产生的碱粉尘等杂质空经除尘系统除去。

双效降膜浓缩工艺中从Ⅰ效降膜浓缩器产生的二次蒸汽作为Ⅱ效降膜浓缩器蒸发的热源，产生的蒸汽经表面冷凝器冷凝后的冷凝水进入工艺冷凝水槽，送至脱盐水站。未被冷凝的蒸汽及浓缩过程中产生的不凝性气体通过真空泵抽吸放空。

在原始开车时，将熔盐一次性投入熔盐贮槽，通过过热的蒸汽（压力 0.8～1.0MPa，温度＞142.2℃）熔化，用熔盐泵将其送至熔盐加热炉，当加热到使用温度（420℃）送往蒸发器。从浓缩器出来的被冷却的熔盐仍送回到熔盐贮槽；如果熔盐没有加热到规定的使用温度，则仍旧送回到熔盐贮槽，继续用熔盐泵送到熔盐加热炉加热，熔盐可循环使用。

从管网来的天然气一路用来点火，另一路可在紧急情况下用于排空，第三路送入熔盐炉点火器作为熔盐加热的燃料使用。

经助燃风机将助燃空气送至空气预热器，与从熔盐炉出来的热废气进行换热，再作为天然气燃烧的助燃物，燃烧后的热废气从熔盐炉烟囱出来，再送入空气预热器与冷空气换热后由鼓风机送往烟囱排放。

从公用工程过来的循环水（33℃）进入片碱机，将转鼓上的碱膜进行冷却，冷却作用后的冷却水送回到冷却水槽，可作为循环使用。

将从公用工程来的生产上水送入尾气洗涤槽，通过尾气洗涤泵送入尾气洗涤塔上部，与片碱机和包装机所产生的尾气进行逆流接触，洗涤水通过填料层与尾气充分接触洗涤，洗涤到到一定浓度后，通过洗涤液的循环泵送回一次盐水的配水槽，没有被吸收的尾气可通过尾气风机抽吸排空。

(3) 升膜闪蒸工艺流程

升膜闪蒸工艺流程如图 6-17 所示。这种流程主要采用连体的两段升膜蒸发器进行蒸发浓缩，下段通过蒸汽进行加热，上段通过熔融盐作热源进行加热。从蒸发工段过来的碱液先进入两段的升膜蒸发器，经过加热蒸发浓缩后，出来的碱液进入闪蒸罐进行闪蒸，得到熔融固碱再送入制片机制得片状固碱。

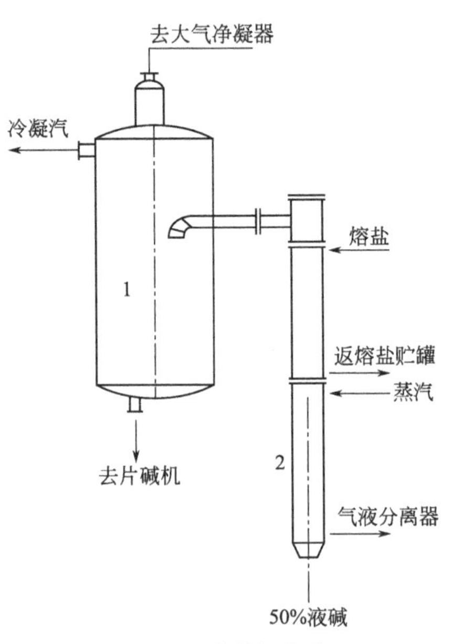

图 6-17 升膜闪蒸流程

1—闪蒸罐；2—二段升膜蒸发器

升膜闪蒸工艺则是利用上下段的不同热源产生的蒸汽进行加热。所产生的蒸汽经表面冷凝器冷凝后的冷凝水进入工艺冷凝水槽，送至脱盐水站。未被冷凝的蒸汽及浓缩过程中产生的不凝性气体通过真空泵抽吸放空。

在原始开车时，将熔盐一次性投入熔盐贮槽，通过过热的蒸汽（压力 0.8～1.0MPa，温度＞142.2℃）熔化，用熔盐泵将其送至熔盐加热炉，当加热到使用温度（420℃）送往蒸发器。从浓缩器出来的被冷却的熔盐仍送回到熔盐贮槽；如果熔盐没有加热到规定的使用温度，则仍旧送回到熔盐贮槽，继续用熔盐泵送到熔盐加热炉加热，熔盐可循环使用。

2. 工艺控制指标

膜法中的三种工艺流程在实际生产中需要控制的工艺指标是不同的。

(1) 升膜降膜流程工艺控制指标

升膜降膜流程工艺控制指标见表 6-10。

表 6-10 工艺控制指标

项目		指标
原料液成分	NaOH	45%～50%
	$NaClO_3$	＜30mg/L
	NaCl	＜50mg/L
	Fe	＜10mg/L

续表

项目		指标
升膜蒸发器	蒸汽压力	0.3～0.4MPa
	出料碱浓度	>60%
	真空度	>80.0kPa
	冷却下水温度	<38℃
	出料碱温	110℃
降膜浓缩器	熔盐进浓缩器温度	500～530℃
	熔盐出浓缩器温度	460～490℃
	碱液进浓缩器温度	120～140℃
	碱液出浓缩器温度	360～380℃
片碱机（国内）	碱液进料温度	340～350℃
	进口冷却水温度	25～28℃
	片碱出料温度	60～80℃
	出口冷却水温度	32～36℃

(2) 双效降膜流程

双效降膜流程见表 6-11。

表 6-11 工艺控制指标

项目		指标
原料液成分	NaOH	45%～50%
	$NaClO_3$	<30mg/L
	NaCl	<50mg/L
	Fe	<10mg/L
二效降膜蒸发器	二次蒸汽压力	0.1MPa
	出料碱浓度	>60%
	真空度	86.7～90.7kPa
	冷却下水温度	<36℃
	出料碱温	96～98℃
	喷射泵进口压力	0.3～0.4MPa
降膜浓缩器	熔盐进浓缩器温度	430℃
	熔盐出浓缩器温度	410℃
	碱液进浓缩器温度	96～98℃
	碱液出浓缩器温度	413～416℃
片碱机（引进）	碱液进料温度	400～405℃
	进口冷却水温度	25～28℃
	片碱出料温度	55～60℃
	出口冷却水温度	32～36℃

（3）升膜闪蒸流程

升膜闪蒸流程见表6-12。

表6-12 工艺控制指标

项目		指标
原料液成分	NaOH	45%～50%
	$NaClO_3$	＜30mg/L
	NaCl	＜50mg/L
	Fe	＜10mg/L
升膜蒸发器	碱液进蒸发器浓度	50%
	碱液出蒸发器浓度	98.5%
	熔盐进蒸发器温度	430～440℃
	熔盐出蒸发器温度	410～420℃
	加糖溶液浓度	10%～15%
	蒸汽进蒸发器压力	＞0.7MPa
闪蒸罐	碱液出闪蒸罐浓度	99.5%
	大气冷凝气真空度	13.3kPa
	二次蒸汽温度	360～370℃
片碱机（引进）	碱液进料温度	400～405℃
	片碱出料温度	55～60℃
	进口冷却水温度	25～28℃
	出口冷却水温度	32～36℃

三、 产品的性质和规格

一般生产的固碱的浓度为98.5%，其分子式为NaOH，相对分子质量为40.005。

1. 固碱的性质

固碱即烧碱又名火碱、苛性钠，纯品是无色透明的晶体，密度为2.130g/cm^3，熔点为318.4℃，沸点为1390℃。在空气中易吸收水分而发生潮解。片碱粉尘对人体危害很大。固体烧碱及其水溶液对动物及植物等有机物质有强烈的腐蚀作用，也能从空气中吸收二氧化碳而变成碳酸钠，因此，必须存放在密闭的铁罐或塑料的包装容器中。

2. 烧碱的用途

固碱和液碱是用途极广的基本化工原料。主要可应用于：轻纺工业，如造纸、印染、皮革、制皂等；化学工业，如农药、染料等；石油工业，如精炼石油，油脂等；还可用于国防、机械、医药工业等。

【任务训练】

1. 描述固碱的主要工艺流程过程，绘制出流程简图。
2. 指出固碱主要工艺流程有哪些相关的工艺控制指标？
3. 说出固体烧碱的性质和用途。

子任务三 固体烧碱生产的主要设备

【任务描述】

◆ 固体烧碱生产的主要设备。

【任务指导】

一、 大锅

熬碱的大锅目前仍然是国内固碱生产中的主要设备，一般使用的大锅的主要规格见表 6-13。

表 6-13 大锅的规格

项目	规格	项目	规格				
生产能力	18t/台	外形尺寸	φ3096mm，高 2155mm				
运转寿命	120～150 次	锅体自重	约 11.6t				
容积	$11m^3$	材质	C/%	Si/%	Mn/%	P/%	S/%
			2.8～3.4	1.4～2.0	0.5～0.9	≤0.3	≤0.12

二、 片碱机

片碱机的结构（见图 6-18）主要包括：滚筒结构、冷却结构、刀架结构、转动结构和卸料结构。滚筒结构主要由鼓面、端盖和端轴组成。在滚筒和弧形碱槽有接触碱的部分是由镍材料制成的，而使用的刮刀则是由特种的合金制成的。在滚筒的表面有一个上宽 4.5mm，下宽 6mm，深 3mm 的燕尾槽，这个槽的作用是让碱膜能更好地附着在滚筒的表面上，不容易鼓起，从而更有利于冷却。

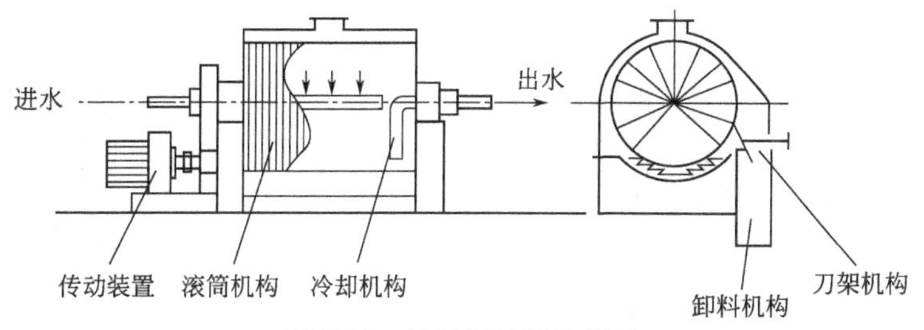

图 6-18 片碱机的结构组成

冷却结构主要由进、出水管和分布水的喷嘴组成。在片碱机内的冷却水采用喷淋式的供给方式。从滚筒的中心将冷却水引入，到达管上面的喷嘴后就呈 120°的扇形喷出，这样就可以在滚筒的内壁上形成一层持久的连续冷却膜，就大大提高了冷却液膜的给热系数。

片碱机的刀架结构主要由刀片和刀片调节系统组成。刀片一般采用的是 45 号钢制作，目的是为增加刀片的硬度，通常需要淬火热处理。通常使用的硬度一般控制在 HB 为 5 左右，如果刀刃太软容易造成磨损和变形，而太硬则对转鼓磨损太大。对于刀片的调节系统，就要能使刀片能上、能退的来回调节，又能固定刀片，这样就防止刀片工作时发生向后退刀，此外还要能对刀片进行细微调节，来控制刀刃线与鼓面的接触吻合且均匀。在刀刃与转鼓的接触角度一般非常重要（见图 6-19），因为这会影响烧碱在转鼓上的冷却时间，p 角则会直接影响到刀刃对转鼓的作用力大小和方向。

片碱机的传动机构主要包括：电机、减速机、变速机和传动齿轮以及转动轴承。而卸料机构则主要由底锅、片碱卸料槽、溢流槽和罩壳组成的。

此外对于一般的片碱机的冷却滚筒是一个回转的圆筒，一般采用下给料的方式进行给料，这种方式与上给料的区别是会有更长的冷却时间和有效的冷却面积。另外，片碱机还具有密封性好的特点，这样就可以避免进入空气，造成二氧化碳和碱反应，最终使得成品碱中的碳酸钠含量升高，或者吸入水分使产品潮解，影响产品质量。

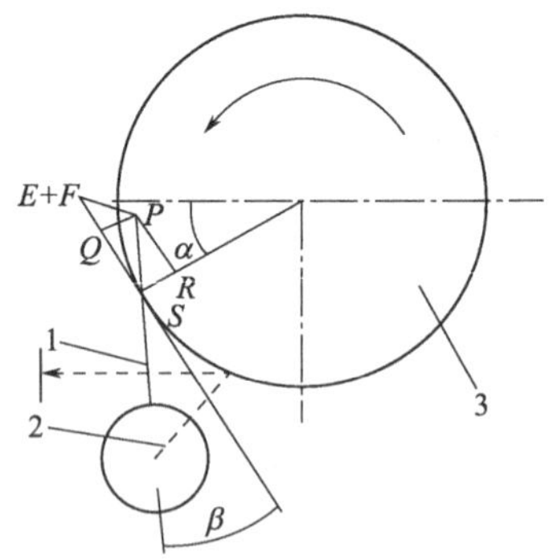

图 6-19　滚筒转动时的受力分析

1—刀片；2—螺杆式刀片调节杆；3—转鼓

三、 降膜浓缩器

降膜浓缩器一般是由降膜单元组成的，而每个降膜单元是由两层套管所组成的，一般熔盐走外层，碱液走内层，两种流体进行逆流接触并进行传热。传热使用的加热管的材料一般是镍管或超纯铁素体高铬钢管，一般管径为 ϕ50～100mm。一般采用的长径比为 $L/D<120$。对于现在的国产浓缩器的单元日产碱的能力一般在 12.5t/(单元·日)。一套浓缩器可以根据企业的具体生产能力由几个单元进行组合。降膜浓缩器的结构如图 6-20 所示，国产降膜单元的结构如图 6-21 所示。

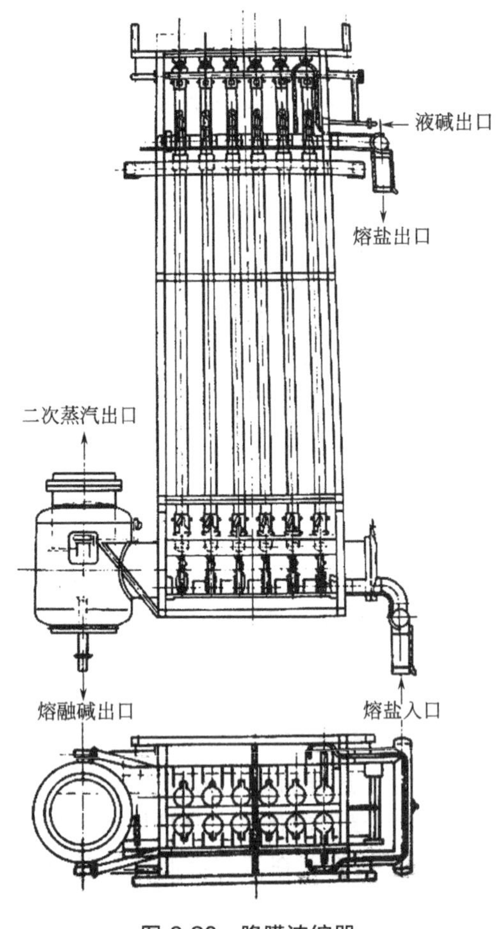

图 6-20　降膜浓缩器

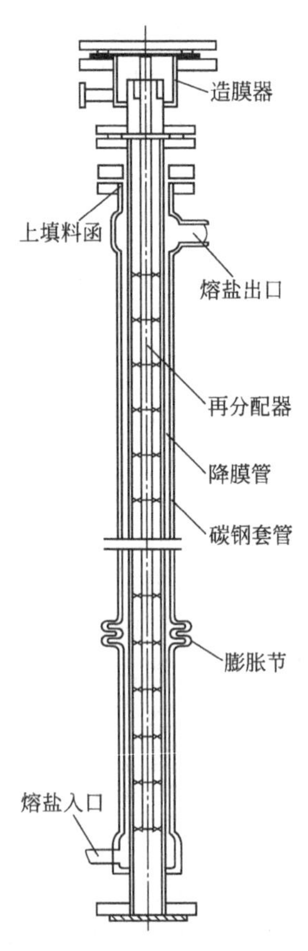

图 6-21　国产降膜单元结构

四、 熔盐炉

目前使用的熔盐炉有很多形式，以高效立式熔盐炉为例（结构如图 6-22 所示）。主要结构包括：壳体、内外盘管。此熔盐炉的加热盘共有两层，分布在炉的内外侧。从上部的燃烧入口进入燃烧的燃料，从下部的燃烧气出口将燃烧后的气体导出，从熔盐入口先将熔盐送入内盘管，进行加热后从外盘管的熔盐出口排出，一般使用的盘管是用 15Mo3 管盘制再通过加热处理而成的。

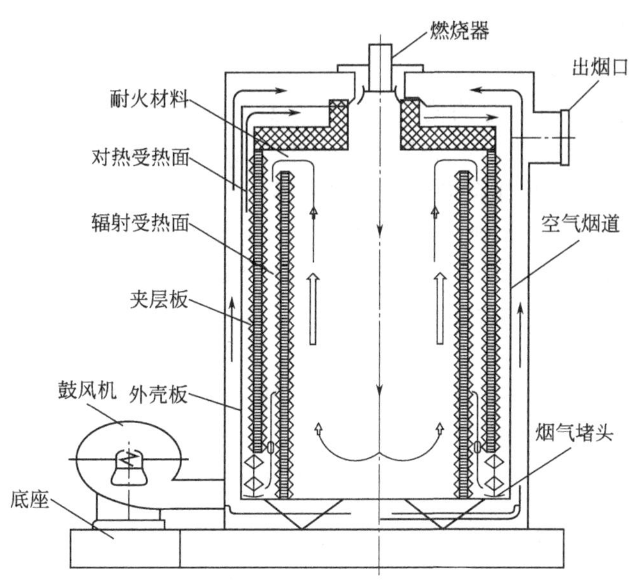

图 6-22 熔盐炉结构

这种熔盐炉的特点就是热利用率高，体积小，但是在国内用得比较少。

【任务训练】

1. 指出在固碱过程中有哪些常用的设备?
2. 分组描述几种常用设备的主要结构及工作原理，每组描述一种。

子任务四 固体烧碱生产的岗位操作

【任务描述】

◆ 固体烧碱的正常操作要点、开停车操作。

【任务指导】

一、 正常操作点

1. 大锅熬制法的正常操作点

① 在点火前，先加入定量的硝酸钠。

② 必须严格按照升温曲线进行工作。

③ 严格控制操作时的止火温度。

④ 严格控制调色的温度，在加硫前先取小样做一个试验，将硫一次性加入。

⑤ 严格控制出锅的温度。

⑥ 在熔融碱出锅前，放出少量碱液进行管道的清洗。

⑦ 当熔融碱出锅后，加入热水，多次清洗锅底的碱渣。

⑧ 一定要定期转锅，可以防止局部过热现象。

⑨ 要严格控制燃油的预热温度，随时注意观察炉膛火焰的燃烧情况，严格调节油量和蒸汽雾化的配比。

⑩ 在进行烧氢时，要严格进行点火操作。在首次进行点火时分析氢气纯度。

⑪要定期进行巡回检查，必须按时进行岗位记录。

2. 片状离子膜固碱的正常操作点

① 严格控制碱液的加入量。

② 严格控制蒸汽压力在规定的范围内，一定要保持压力的稳定。

③ 调节真空度在规定范围内，如果数值发生波动，进行检查和调节下水的温度、水喷射器的压力和水量、蒸汽喷射泵的蒸汽压力和气量。

④ 严格控制蒸汽和空气进量，并控制燃油的进量，使其保持完全的燃烧，在这个过程中不冒黑烟。及时对熔盐炉的火焰和炉膛的温度调节使出口的熔盐温度在规定的范围之内，还要对熔盐的回流量、熔盐的循环量、保持进出降膜浓缩器的熔盐温度在规定的范围内。

⑤ 调节片碱机冷却水的温度和流量，调节熔融碱的进料量，让生产的片碱在进入包装时就已经到达规定的温度和厚度。

⑥ 按规定向碱液中加入配制好规定浓度的糖溶液。

⑦ 按规定进行巡检并做好岗位记录。

二、 双效降膜法固碱装置的开车操作

1. 片碱系统的开车操作

① 首先检查各蒸发器、管路、贮槽是否有积水，除工艺冷凝水贮槽、尾气洗涤槽、真空泵泵体水箱有规定的存水外，其他设备或管道如果有存水，应及时排除。

② 对调试片碱机组、包装机组、码垛机组是否正常好用进行检查。

③ 对调试真空系统、糖液系统、燃烧系统是否正常进行检查。

④ 保证碱液预热器出口的液碱满足工艺要求，且能连续正常供应；保证水、汽、碱、熔盐管路的阀门开关都正确；保证碱分配器的蒸汽吹扫合格；使片碱机浸槽的排废管道畅通，包装和码垛系统具备开车条件；检查包装袋和托盘是否已经准备充足。

⑤ 对熔盐泵、冷却水泵、洗涤液循环泵、片碱包装尾气风机、工艺冷凝水泵、真空泵、助燃风机进行盘车并检查是否灵活好用，确认润滑油液位和冷却水流量正常，操作盘已经打到就地停止位置。

⑥ 将糖液配制好，同时启动糖液计量泵，确认在不同冲程和速度下，出糖量都符合要求。在进行正常生产时，必须每天在糖液贮槽配制一次，糖液配制浓度为10%～15%。

⑦ 向熔盐贮槽投入熔盐，并通知生产开始送蒸汽，用蒸汽加热熔盐熔化，当观察疏水器冷凝水排出正常后，开启碱液、熔盐管道的电伴热。

⑧ 对熔盐进行升温操作

a. 当熔盐槽内的熔盐由中压伴热蒸汽升温至≥180℃，通过手盘动熔盐泵及熔盐阀门均能灵活转动。

b. 当熔盐融化后，向熔盐贮槽内通入氮气，保持通入的氮气压力在0.5bar，可以保护

熔盐不被氧化分解。

c. 保证电伴热正常工作，且熔盐管道通过电伴热预热至200～220℃。

d. 对熔盐样品取样，分析其中的$NaNO_2$含量和熔盐熔点是否已经达到标准。

e. 检查熔盐的阀门，将去Ⅰ效浓缩器的熔盐阀门关闭，并打开回流阀门，检查熔盐泵的冷却水及油液位是否正常，在液碱能正常生产的前提下，保证水、电、汽、氮气等公用工程符合工艺要求；对于片碱装置部分，保证所有阀门都处在规定状态。

f. 通过DCS的控制员、巡检工自控阀、压力表、温度表、液位计、流量计检查核对是否好用，并启动冷却水泵，将冷却器的冷却水循环进出口阀门打开，将片碱机（先进风，后进水）启动，并保证其运转正常。

g. 确认天然气的供应正常，将燃烧器控制系统保持在“预热”位置，将可控程序温度控制器上限调节到240℃，将燃烧炉熔盐内管设为350℃，外管设为180℃。

h．将助燃空气风机启动，将燃烧器进行点火，随时观察加热炉熔盐管内外温升情况。

i. 当熔盐炉盘内管的温度达180℃以上时，启动熔盐泵，在熔盐旁路进行小循环，随时观察熔盐泵的电流情况，检查熔盐系统有无泄漏点，发现问题及时处理。

j. 在可控程序的温度控制器达220～230℃时，将去往Ⅰ效浓缩器的熔盐阀门打开，将DCS的回流阀关闭，观察熔盐泵电流情况，正常泵电流为170A。

k. 将加热炉内层盘管温度的设定从350℃调到450℃，并将可控程序温度控制器的终端设定调整到400℃，加热速率为45℃/h。

l. 关闭所有的融盐管路电伴热。将熔盐系统打到“HEATING”程序，使熔盐开始梯度升温直到400℃。

m. 当熔盐的出口温度达到350℃时，启动片碱机。

⑨ 打开片碱机，要先开仪表空气，使仪表空气压力为0.05MPa，调整冷却水压力为0.4MPa，确保片碱机的转鼓两端轴封不漏，把片碱机的刮刀调至合适位置，调节浸槽到位，使转速为3.0r/min。

⑩ 将表面冷却器和真空泵循环水的进出口阀打开，让流量达到规定值后启动真空泵，并使真空度达到规定范围。

⑪ 打开碱液系统碱预热器去Ⅱ效浓缩器的手动阀门，同时将成品碱冷却器循环水进口阀门关小，通知控制员手动打开液碱的调节阀，让其流量控制在规定范围，并向Ⅱ效浓缩器送碱，当Ⅱ效分离器液位低报警停止时，启动碱泵。手动调节使其流量达到规定值。

⑫ 打开糖泵并向62%碱泵的进口碱液中加糖。

⑬ 在准备向最终浓缩器进碱前，将点火器打到“操作”的位置，当燃烧器开始燃烧时，将熔盐温度逐渐提高到熔盐温度在420～430℃，而熔盐回贮槽温度在410℃左右。

⑭ 观察最终浓缩器的熔盐、碱液的温度变化情况，当发现有转鼓挂碱时，应及时调整刮刀位置。

⑮ 根据最终进浓缩碱流量及片碱的切片情况，及时调整转鼓的速度。

⑯ 将片碱包装尾气风机和洗涤液循环泵打开，通过手动调节各阀门，使尾气洗涤液槽的液位控制在50%左右。

⑰ 当所有指标正常后，将所有自控阀门打到“自动”位置。

⑱ 按规定及时巡检，并及时认真地做好记录。

2. 片碱包装开车

① 当开始有片碱落下时，将自动包装系统和自动码垛系统启动。

② 通过自动码垛机将包装好的片碱码好垛后，再通过叉车送到片碱库房的指定地点进行存放。

三、 停双效降膜法固碱装置的停车操作

1. 固碱系统正常停车操作

① 当接到停车通知后，各岗位要做好停车准备。

② 立即将去Ⅱ效降膜浓缩器的碱路手动阀全关，同时还将去62%碱泵进口糖液手动阀全关，最后将糖泵停止。

③ 关闭真空泵，通过手动操作将Ⅱ效降膜浓缩器的真空放掉，再将工艺冷凝水泵停止后，并保持工艺冷凝水槽的液位50%。

④ 将燃烧器的程序选择开关由“操作”打到“预热”，使HTS在整个系统保持循环。

⑤ 当片碱机转鼓无料时，将刮刀撤下，通过蒸汽和水进行冲洗转鼓和料仓，并放下片碱机浸槽，将浸槽中的残碱排到地沟。同时将进碱分配器低压蒸汽阀门立即打开，并吹扫碱分配器去片碱机熔融碱管道、碱分配器，吹扫时间保持8h以上，并观察是否畅通。

⑥ 立即调节浓缩器与生产负荷相适应，将成品冷却器循环水流量开大。

⑦ 通过水冲洗包装系统及周围的现场，将溢流的碱液处理干净，并通过干空气把包装系统吹干。

⑧ 如果在短时间不开车，就要先关片碱机的冷却水，再关片碱机的仪表空气，最后停片碱机。同时将洗涤液循环泵和尾气风机停止，并保持洗涤液的循环槽液位在50%。

⑨ 将所有电伴热停止。

⑩ 如果碱系统需要全部停车，则继续液碱的停车步骤。

2. 长期停车操作

① 首先按片碱的停车步骤进行。

② 开启熔盐管路电伴热，并保证能正常工作。

③ 当熔盐温度在400℃时，就可先停熔盐泵，再打开熔盐的手动回流阀门，让熔盐全部倒回罐中。保持管路电伴热工作一天，确保系统内的熔盐全部回流至熔盐槽中。

④ 保证熔盐贮槽的氮气保护不停。

⑤ 当熔盐的温度降至熔点142℃以下，就可停保护氮气通入。

3. 紧急停车操作

① 当发生下列情况时，必须紧急停车。

a. 当发生电气或设备故障造成熔盐泵跳闸。

b. 当熔盐管路、设备突然泄漏或其他故障时。

② 紧急停车步骤。立即将熔盐回流阀全开，使熔盐全部倒回熔盐贮槽。其余步骤就按长期停车的步骤进行操作。

【任务训练】

1. 描述固碱过程的开、停车操作步骤。
2. 说出固碱过程有哪些正常操作要点？

知识链接

固碱生产工艺比较

在离子膜固碱中一直有传统的锅式法与熔盐法（膜式法）生产工艺，对两种工艺进行比较，可以对固碱的设计、生产有一定的帮助。

1. 生产工艺

传统的锅式法固碱生产，直接用煤燃烧，火焰在炉膛燃烧室内燃烧后，热烟气入固碱锅的炉膛传热给固碱锅。常压条件下，将碱液浓缩至质量分数大于99%后装桶、结片或用泵打入造粒塔生产粒碱。

熔盐法是通过碱泵把48%的碱液送至降膜蒸发器，碱液质量分数从48%提升至61%。61%的碱液通过碱泵从降膜蒸发器底部抽出，并送至浓缩器。61%的碱液一次流过特殊设计的最终浓缩器，浓缩至99%。浓缩器的物料侧在微正压下操作，产生的二次蒸汽用来加热降膜蒸发器。99%的碱液进入片碱机结片，再通过包装秤包装成垛。将碱液从61%浓缩至99%（总固体含量）所需的热量由熔盐提供。

2. 加热方式

传统的锅式法直接用火加热碱锅，煤燃烧不完全，灰分及煤烟垢积存在炉膛及固碱锅上，传热效率低。为了节约能源，一般采用三连锅法，即预热锅、蒸煮锅和调色锅。

熔盐加热单元是以煤为燃料的熔盐加热系统，该系统用来控制到达浓缩器的熔盐的温度，以满足高浓度单元的工艺要求。以煤为燃料的熔盐进入炉子温度为浓缩器所需的温度430℃。熔盐离开高浓度单元时的温度为400℃，通过重力流入熔盐罐。然后用熔盐泵输送熔盐来循环整个熔盐系统。从熔盐炉出来的高温烟道气进入蒸汽发生器，再通过空气预热器降温后进入水膜除尘器，烟气经除尘、脱硫后进入引风机经引风机引入烟囱排至大气。

3. 控制方式

传统的锅式法控制简单，自动化程度低，工人劳动强度大。

熔盐法自动化程度高，生产工艺复杂，可DCS集散控制。熔盐系统升降温控制非常关键，必须按照如下方式控制操作。

(1) 梯度升温

熔盐炉在空管预热完成后开始进盐升温，此时由于用热设备的要求，升温速度必须控制在30℃/h，直至盐温达到400℃，此时的控制状态为梯度升温状态，该状态下系统的控制操作为：当熔盐炉在空管预热完成后开始进盐时，设定温度值自动切换至220℃，运行温度为(220±3)℃。鼓风机变频器的频率自动设定为≤20Hz，燃烧系统进入低负荷运行状态，此时燃烧系统最大的运行负荷约为总负荷的15%。达到220℃后温度设定值开始自动提高，温度设定值提高的速率为每2min升1℃（30℃/h），运行温度为设定温度值±3℃。当熔盐出口盐温达到400℃时，梯度升温状态结束，解除对鼓风机变频器的限制，进入正常运行状态。

(2) 无热负荷状态

当遇到突然停电或用热系统断碱时，熔盐炉处于零热负荷状态，该状态下系统的控制操作如下。

① 遇到突然停电时，熔盐系统中的盐倒流回熔盐槽。控制系统利用CPU自带电源发出声光报警，提醒操作人员打开炉门对熔盐炉散热，必要时进行湿煤压火操作。

② 遇到用热系统断碱时，为防止熔盐超温，控制系统在出口盐温达到高于设定温度值5℃时，自动停止鼓风机；出口盐温达到高于设定温度值8℃时，发出声光报警，提醒操作人员打开炉门对熔盐炉散热，必要时进行湿煤压火操作。

(3) 梯度降温

① 熔盐炉在进行有计划的降温时，按用热设备的要求，降温速度必须控制在30℃/h。操作人员部分打开炉门对熔盐炉散热，为防止盐温下降太快，此时燃烧系统仍需保持低负荷运行状态，操作人员每10 min将温度设定值调低5℃。

② 当熔盐温度降至240℃时，以湿煤压火，关紧炉门，熔盐炉系统进入待机状态。

③ 若需由待机状态进入停炉，应先停熔盐泵，使熔盐全部放回熔盐槽，再关闭鼓风机，打开炉门，放下煤闸门，将着火的煤排出熔盐炉。

4. 产品质量及产量

锅式法生产固碱过程中，由于水分蒸发及碱液沸腾，在锅壁、锅沿等处附着了一定的碱液，而且碱蒸气中也夹带一定的碱液，凝结于排汽筒壁。这些残留部分停留时间过长，增加了碱液与空气中 CO_2 的接触时间，使成品碱中 Na_2CO_3 含量增加，产品的一等品率降低，固碱熬制周期长，单位炉台产量低。

熔盐法用高温熔盐作为碱液蒸发热源，连续操作，在整个生产过程中不与空气接触，产品质量高，生产连续稳定，产量高。

表 6-14 列出了两种方法生产的离子膜固碱优级品质量标准。

表 6-14 离子膜固碱优级品质量标准

生产方法	$w(NaOH)/\%$	$w(Na_2CO_3)/\%$	$w(NaCl)/10^{-6}$	$w(Fe_2O_3)/10^{-6}$
锅式法固碱	99.5	0.45	400	40
熔盐法固碱	99.5	0.30	135	12

5. 设备维修费用

由于碱熬制周期长，增加了碱液对大锅的腐蚀时间，降低了固碱锅的使用寿命（锅次）。不计设备维修费用，每年因炉条损坏而发生的维修费用在万元以上。

熔盐法生产固碱一次性投资费用高，维修费用低，生产成本低。

6. 经济效益评价

锅式法固碱生产工艺简单、设备繁多、布置松散、占地面积较大、控制操作简练、间歇操作。生产过程中洗锅碱损失量大、工人劳动强度高，现场操作环境恶劣，生产成本高，吨碱耗煤在 450kg（按煤 $Q=29260kJ/kg$ 计），经济效益低。

熔盐法生产固碱工艺技术先进，设备较少，布置紧凑，占地面积小，自动化程度高，控制复杂，但操作简单，工人劳动强度低，现场操作环境良好，无污染，安全环保。生产成本低，吨碱耗煤 330kg，经济效益高。经计算可知，锅式法生产 1t 固碱综合能耗（折标准煤 ）比熔盐膜式法高 119.9 kg。

任务三 常见故障及处理

【任务描述】

◆固体烧碱生产中出现的异常现象及处理方法。

【任务指导】

在固体烧碱的生产过程中经常出现的异常现象见表 6-15～表 6-17，这就需要我们能及时找到原因并找到解决的方法。

表 6-15 大锅熬制法中出现的异常现象及处理方法

序号	故障及异常现象	产生原因	处理方法
1	加热后锅碱呈淡红色或棕红色	锅洗得不干净	(1) 向锅里多加硝酸钠 (2) 将止火的温度提高
2	烟囱冒黑烟	油气的比例不当	(1) 将油量调小 (2) 将气压加大
3	火焰闪动伴有爆鸣声	氢气中的含水量多	查找原因并将积水清除

续表

序号	故障及异常现象	产生原因	处理方法
4	桶内的碱液四溅并伴大量的冒汽	桶里面有水	对空桶进行检查并擦干
5	桶焊缝有漏碱	桶的弧焊不严	(1) 如果是小漏，就用水浇通 (2) 如果大漏立即停止装碱，并放入回收池
6	液下泵抽不上液或量小	电机反转	让电工修理
		泵轮腐蚀严重	进行换泵
7	在反应期的泡沫大并有跑锅的危险	温度升高太快	将温升减慢，停止补料
		原料液中氯酸盐大	如果有必要就加入化学除泡剂
8	氢气发生爆炸	通入的氢气纯度不合格	分析氢气纯度合格后再通入
		和空气的混合物达到爆炸范围	(1) 不要在炉内进行点燃 (2) 严格控制阀门漏气
9	轧盖不严	桶盖的周围存在结晶碱	将桶盖周围清除干净
		所用桶口和桶盖配合不好	将桶盖替换或进行修理
		将小轮的磨损处压紧	将小轮换掉
10	产品中碳酸钠的含量高	锅盖不严锅台上有黑烟冒出	将锅圈堵好将锅盖扣严
		通入的碱液放置的时间太长	及时进行清锅、倒锅
		在后锅的锅边挂碱太多	将后锅进行清洗
11	在包装时桶内起火	桶内有油存在	将油分去除并擦干

表 6-16 片碱生产中出现的异常现象及处理办法

序号	异常现象	原因	处理方法
1	熔炉的火焰发生突然熄火	在热气体发生器的温度、供天然气系统、助燃空气压力、仪表气压力等中有一项不正常时，均能引起熄火	对什么原因而引起熄火进行检查并加以处理
		仪表发生故障	马上通知调度，并让仪表工检修
2	燃烧器的火焰突然熄灭或温度发生降低	天然气的管路被堵塞	进行管路检查并用空气吹扫
		助燃风机发生故障	对助燃风机检查并排除故障
		喷射器发生故障	对喷射器检查并排除故障
		仪表发生故障	让仪表工检修
		天然气的发热量低	让供应进合格天然气
3	在降膜浓缩器的碱分配器处有熔融碱溢出	在碱分配器到片碱机的碱管处有堵塞	如果进片碱机管碱液没有流下时，证明已经全部堵塞，就将向降膜浓缩器的进料停止，并同时进行加温处理碱管；如还没有碱流下，就将进碱流量关小，并将管内结晶物加温至慢慢融化

续表

<table>
<tr><th>序号</th><th>异常现象</th><th colspan="2">原因</th><th>处理方法</th></tr>
<tr><td rowspan="2">4</td><td rowspan="2">熔盐泵的电流出现波动</td><td colspan="2">在熔盐槽内的液位过低</td><td>及时补充熔盐</td></tr>
<tr><td colspan="2">熔盐泵发生机械故障</td><td>进行倒泵，并对熔盐泵检修</td></tr>
<tr><td rowspan="3">5</td><td rowspan="3">熔盐没达到规定温度</td><td colspan="2">天然气的管路被堵塞</td><td>对管路检查并用空气吹扫</td></tr>
<tr><td colspan="2">燃烧器或熔盐加热器积灰或结垢，造成换热效果差</td><td>通过蒸汽进行吹扫</td></tr>
<tr><td colspan="2">通入的冷风量过大</td><td>调整冷风的阀门</td></tr>
<tr><td rowspan="2">6</td><td rowspan="2">无糖可供应</td><td colspan="2">糖液计量泵发生故障</td><td>立即启动备用泵</td></tr>
<tr><td colspan="2">糖溶解槽干罐</td><td>马上进行重新配料</td></tr>
<tr><td>7</td><td>系统没有水供应</td><td colspan="2">厂供水站出现故障</td><td>（1）立即向上汇报并查找原因
（2）对整个系统进行停车操作</td></tr>
<tr><td rowspan="3">8</td><td rowspan="3">在片碱机的底部溢流管中有熔融碱溢出</td><td colspan="2">进入降膜浓缩器的碱流量过大</td><td>适当将进碱量减少</td></tr>
<tr><td colspan="2">所用的片碱机转速过慢</td><td>适当将转鼓转速加大</td></tr>
<tr><td colspan="2">片碱机的转鼓浸入浸槽不足</td><td>将浸槽提高，并增大转鼓的浸入度</td></tr>
<tr><td rowspan="3">9</td><td rowspan="3">片碱的含量不合格</td><td colspan="2">熔盐的温度过低</td><td>将熔盐温度提高至≥420℃</td></tr>
<tr><td colspan="2">片碱被刮下后未能及时进行包装</td><td>对片碱及时包装并密封</td></tr>
<tr><td colspan="2">在降膜浓缩器的管子处有泄漏</td><td>进行停车并检修降膜浓缩器</td></tr>
<tr><td>10</td><td>片碱的颜色发青</td><td colspan="2">在片碱中的含镍量偏高</td><td>要适当地增加糖量</td></tr>
<tr><td>11</td><td>片碱颜色发黑</td><td colspan="2">在片碱的生产时的加糖量偏多</td><td>对糖量的加入量适当减少</td></tr>
<tr><td rowspan="4">12</td><td rowspan="4">片碱的温度高</td><td colspan="2">用的冷却水的流量小</td><td>将冷却水量加大</td></tr>
<tr><td colspan="2">用的冷却水的温度高</td><td>将循环水量加大</td></tr>
<tr><td colspan="2">用的循环水温高</td><td>让循环水站降低温度</td></tr>
<tr><td colspan="2">片碱机的转速快</td><td>调整片碱机的转速</td></tr>
<tr><td>13</td><td>没有氮气供应</td><td colspan="2">空分站出现故障</td><td>（1）立即上报并进行原因查找
（2）在2h内可继续运转</td></tr>
<tr><td rowspan="6">14</td><td rowspan="6">真空度较低</td><td rowspan="3">水喷射泵出现</td><td>水的压力不足</td><td>将水压增大</td></tr>
<tr><td>水的温度高</td><td>将水量增加</td></tr>
<tr><td>泵的孔眼被堵塞</td><td>对泵定期进行清洗</td></tr>
<tr><td rowspan="3">蒸汽喷射泵出现</td><td>蒸汽压力低</td><td>将蒸汽压力提高</td></tr>
<tr><td>蒸汽的气量小</td><td>将蒸汽量增加</td></tr>
<tr><td>泵的下水温度太高</td><td>将下水温度降低</td></tr>
</table>

表 6-17 在包装系统出现的异常现象及处理方法

序号	异常现象	原因	处理方法
1	片碱机落料出现不正常	在机内存在积料的堵塞	对机器迅速清理积料
		振荡器不正常	让电仪人员对振荡器检修
		包装机出现机械故障	让保全人员进行检修
2	热烫封口机无法正常工作	可能温度控制器失灵	马上让电仪人员进行检修
		传动机构失控	马上让保全人员进行检修
3	缝包机出现故障	缝包机的穿线不正确	进行重新穿线
		缝包机出现机械故障	马上通知保全人员进行检修
4	自动码垛机无法正常工作	出现电气故障	马上通知电仪人员进行检修
		出现机器故障	马上通知保全人员进行检修

【任务训练】

1. 描述在大锅熬制法中经常出现的异常现象及处理方法。
2. 描述在片碱生产中出现的异常现象及处理办法。
3. 描述在包装系统出现的异常现象及处理方法。

案例分析

【任务描述】

◆ 离子膜碱液的蒸发和固碱操作中有哪些常见的案例，发生的原因，及总结教训。

【任务指导】

离子膜碱液的蒸发和固碱是后续的处理方法，通过这些方法才能生产出成品碱，进行销售。在这些操作过程中，同样存在各种各样的安全事故，发生的原因也是不同的。但是总结起来主要分为几种：被碱液烫伤、发生爆炸、人发生坠落等。下面就经常出现的事故做一下介绍。

【案例 1】事故名称：被烧碱灼伤。

发生日期：1970 年某月某日。

发生单位：江西某厂。

事故经过：当一名操作工站在敞开式的烧碱蒸发锅边进行掏盐泥时，由于不慎滑入锅内，结果被烧碱灼伤后因抢救无效而死亡。

原因分析：设备周围缺乏防护装置。

教训总结：由于烧碱具有极强的腐蚀性，尤其当温度高、浓度高时腐蚀性就会更强。工厂的规定凡是操作与烧碱有关的装置时，必须穿戴好必要的防护用品，可以防止烧碱溶液外泄飞溅，避免触及人体眼睛及皮肤而发生化学灼伤。工厂在组织生产时，必须对操作工进行严格的安全生产技术教育和应知应会培训工作，必须严肃劳动纪律和工艺纪律。严格遵守操作规程，严禁违章操作与野蛮操作。在对烧碱蒸发设备进行设计、制造、安装、验收等有关工作时，必须有严格的制度保证。对敞口容器必须设置栅栏、安全挡板等安全措施。

【案例 2】事故名称：被烧碱灼伤。

发生日期：1960 年某月某日。

发生单位：贵州某厂。

事故经过：当一名操作工在拆除蒸碱分盐器被堵塞的阀门时，由于另一阀门没有关严，在拆卸时蒸汽带碱液喷出，结果使操作工的双眼灼伤失明。

原因分析：设备存在缺陷，且没有戴防护眼镜就进行操作。

教训总结：如果烧碱溶液溅入人的眼部，就会造成眼睛灼伤失明。这一般是在烧碱蒸发生产过程中容易发生的事故。这应是工厂的领导、技术人员、现场操作人员和设备维修人员都必须高度重视的。对曾经发生的事故要做到吸取教训并认真整改。要定期检查设备的管道和阀门的安全可靠程度并督促及时改进装置的结构，在进行检修时要加强安全防范措施，必须正确使用防护眼镜，并且要加编号盲板隔绝不能关闭的阀门。

【案例3】事故名称：被碱液烧伤。

发生日期：1990年某月某日。

发生单位：河南某厂。

事故经过：操作工发现该厂的蒸发岗位的烧碱Ⅲ效强制循环泵电流偏高，开始以为是含盐高，于是就抽出部分的物料，同时又打入一些水。但发现这时的电流仍然偏大，就判断是循环泵出现故障，决定修泵。当维修工将排污阀打开并将水放净，接着在进行泵体拆卸时，突然从法兰处冲出大量的盐浆和洗效水，将维修工烫伤，且经抢救无效死亡。

原因分析：① 在Ⅲ效蒸发器的循环泵进口端洗效液中在停泵后发生盐的颗粒沉积，就将泵的进口堵塞，当将循环泵的泵盖拆开后，沉积的盐层发生松动，于是洗效液喷出；

② 进行操作的检修工没有穿耐碱防护用品（工作服和鞋）；

③ 检修人员存在经验不足且自我保护的意识不强的问题。

教训总结：① 保证检修人员在进行检修作业时，必须按要求穿戴好相应的劳动保护用品；

② 工厂必须要完善检修规程。

【案例4】事故名称：被碱液灼烧。

发生日期：1980年某月某日。

发生单位：湖北某厂。

事故经过：电解车间主任带领职工对第一组二效蒸发器的过液压阀进行检修。当他们将阀门的螺栓全卸开要撬下阀门时，结果在管内尚存的0.1～0.2MPa压力的残留碱液被压出，使在场的人被灼伤。其中的1名作业工的面、四肢、腹背部均被灼伤，2～3度的灼伤面积占37%，其他几人造成轻伤。

原因分析：① 几名检修人员违反《隔膜法烧碱生产安全技术规定》。其中规定“检修碱蒸发罐及碱管道时，必须首先泄压，将物料来源切断并将罐管内的物料冲洗干净，然后再进行检修”。在检修过料液压阀前，没有将蒸发釜的压力泄尽，也没有将管内的残余碱液放净，就开始对管线进行清洗，并盲目拆卸阀门。

② 检修人员在将阀门和管道间的连接螺栓全部拆除时没有保留1只，以防阀门被撬下后会有大量物料喷出。

③ 检修人员违反化工企业通用工种安全操作规程关于对于从事酸、碱危险液体设备、管道、阀门修理时要特别注意面部和眼的防护，佩戴橡胶手套等以防烧伤的规定。在进行换碱液管线阀门时，没有佩戴必要的防护用具。

④ 车间主任违章进行指挥且作业人员违章作业。

教训总结：① 严格执行有关部门规定的关于有腐蚀性物料的设备、管道安全检修的规定；

② 要求厂的领导和职能部门应在各自的工作范围内，对实现安全生产负责；

③ 必须加强对全厂干部和工人的安全思想和安全技术教育，要求广大职工自觉遵章守纪，严禁出现违章违纪的现象。

【案例 5】事故名称：被碱液烫伤。

发生日期：1980 年某月某日。

发生单位：云南某厂。

事故经过：某天，发现工厂蒸发工段的旋液分离器堵塞。同时在Ⅱ效强制循环泵皮带处发出焦臭味，在Ⅱ效强制循环泵盘根处发现漏碱。于是值班人员对旋液分离器堵塞进行了处理，同时请电工协查有关皮带焦臭味产生的原因。通过检查发现不是电机造成的，由于这时的焦臭味增浓，于是 1 名助理工程师让操作工将Ⅱ效强制循环泵停止。并向当班的调度和生产值班的技术科科长汇报了漏碱问题。经研究决定后将Ⅱ效进料停止，并将Ⅰ效现存碱液放空，将Ⅱ效蒸汽关闭，将Ⅱ效的上部电解液放入Ⅲ效，然后用水处理Ⅱ效，将Ⅲ效打开。

对Ⅱ效蒸发器开始处理，大约 30min 后将物料放完，于是 1 名操作工立即着手将Ⅱ效到Ⅲ效之间的阀门、Ⅲ效尖底的放净阀门和Ⅰ效和Ⅱ效间过料阀门同时打开，这时有一些物料排出。当时就认为Ⅱ效的物料已排完。于是就没有用水冲洗Ⅱ效。紧接着 1 名起重工用牵引葫芦在泵轴的同一条直线上进行拉泵体，但是没有拉出，于是另 2 名维修工用垫铁当楔子放在泵体的两个侧面，并用榔头打击铁楔，当强制循环泵系统被拉出一节时，突然有大量碱液呈环形喷出。结果造成 1 人死亡，3 人重伤，1 人轻伤的安全事故。

原因分析：① 没有用水对Ⅱ效蒸发器系统进行冲洗，在碱液中沉淀下来的比较多的盐将 U 形蒸发器（加热器及循环管）内的碱液流通堵塞，导致一部分的碱液没有排净，当拆开泵体后就会喷出，将在场人员灼伤。

② 在现场工作的主要负责人对现场工作的情况缺乏经验，没有进行认真检查，从而造成在判断上的失误，当蒸发操作工告知Ⅰ效往Ⅱ效蒸发器的过料已完毕，将泵空转，使电流下降后，仅通过从放净流出的少量的物料来判断Ⅱ效蒸发器系统物料已排净，而没有用敲击听声音、拆开副压上压来观察有无堵塞现象、在进出蒸发器在放净阀出口处看有无流出物等办法来综合判断是否还有物料存在。

③ 实际过程中当生产和安全发生矛盾时，没有摆好它们之间的关系。

④ 用的Ⅱ效强制循环泵与Ⅲ效强制循环泵有差别，Ⅱ效强制循环泵的泵壳与泵体的密封过紧，在每次拆卸时都要用起重葫芦（2t）进行牵引，同时有维修人员用楔铁和管子撬等办法同时进行，这样就会造成在场的人员伤亡事故。

教训总结：① 在进行拆泵操作前必须先将碱液冲洗排净；

② 在现场必须设置冲洗安全装置；

③ 一定要加强安全技术教育，使领导、技术人员、操作工技术素质及处理事故应变能力不断提高。

【案例 6】事故名称：蒸碱锅发生冲料。

发生日期：1965 年某月某日。

发生单位：浙江某厂。

事故经过：某班的蒸发浓缩岗位在进行接零点班时，在蒸碱锅内还有 $2m^3$ 浓碱时就继续开升膜器用45%烧碱制成65%烧碱，再送入蒸碱锅进行进一步的蒸浓，且流量为1200L/h。当蒸出近3m^3时，此时在蒸碱锅内还约有5m^3的浓碱。于是就关闭升膜器，并打开升膜器上部的进水阀洗列管（减少腐蚀），打开下面的放水阀进行放水（由于放水阀开启度较小）。使升膜器中的积水发生倒流，流入蒸碱锅。在用水洗后，发现约2m^3的水倒流入锅内，此时锅内温度为230℃。将炉升火开始进行蒸浓作业，刚开始就发现蒸碱锅的人孔有阵阵冒汽，于是立即通知停火。此时蒸碱工人和邻岗位的2名工人戴好眼镜、帽子、手套到蒸碱锅前观察，发现锅内突然冲起一股强大的汽柱，接着将蒸碱锅盖冲起，有大量浓碱喷出，从屋顶溅回的碱液浇到一名工人身上，当即死亡，一名工人的背部灼伤面积达到重伤，另一名工人灼伤面积也达到了轻伤。蒸碱锅系统必须进行检修，造成损失的80%浓碱5m^3。

原因分析：① 这次事故的原因是蒸碱锅有7m^3物料几乎全部瞬间冲出，且在锅内大量汽化，是一次大能量的集中排放。这就说明不是由于下面的工业炉加热而引起的，因为工业炉加热属于传热过程，长时间也只能使碱液沸腾，而决不会造成突然冲料。此外在锅内仅有烧碱溶液，而没有其他物料与之进行放热的化学反应，蒸浓是属于物理过程，而且是吸热的。因此仅有一种可能，就是当浓碱遇到水后所产生稀释热是造成冲料的直接原因。

② 当有些物质在加入水中后，在与水进行混合的过程中，会产生水合物，同时释放出热量就称为稀释热。硫酸的稀释热很大（75.78J/mol）是众所周知的。对于烧碱所产生的稀释热，在以前则没有引起足够的重视。通过资料查其稀释热为42.28J/mol，经过比较换算，1mol烧碱有40g，如果换算成重98g，那么其稀释热为103.42J/98g。也就是说，对于相同质量的烧碱和硫酸，烧碱的稀释热比硫酸还大，大约37%，由此可见烧碱稀释时会发生冲料是极有可能的。

③ 在进行冲料前后，由于锅内已有5m^3浓碱，而洗升膜器进入约2m^3水。因浓碱和水的比重比为2∶1，当水浮在碱上面，由于一时没有来得及混合，就开始进行工业炉加热，浓碱遇热密度会减轻而产生向上对流，当加热一定时间后，由于对流混合很激烈，就很容易造成浓碱与水突然混合的瞬间放出大量稀释热，从而造成冲料事故的发生。

教训总结：在进行蒸碱锅的操作时，首先要将一切水源水管拆除，严格杜绝让水进入碱锅内的可能性。

【案例7】事故名称：劣质阀门造成烫伤。

发生日期：1985年某月某日。

发生单位：内蒙古某厂。

事故经过：工人对该厂新安装的蒸汽支管进行蒸汽吹扫作业。当看到管道上压力达到4.2kgf/cm时，将总管与支管的连接阀门开启，进行吹扫支管。就在开启该阀门的瞬间，发出一声巨响，阀门发生炸裂，喷出的蒸汽将2名操作工从3.9m高处坠落，而且被蒸汽烫伤面积达到重度；另1人烫伤也达到轻伤，并造成上下肢骨折。

原因分析：由于阀门的质量低劣，本来应该是铸钢阀门。而实际上应用的铸铁钢阀体却是厚薄不均匀的，一边为18mm，另一边仅为7mm，而且在阀体上原有裂纹存在。

教训总结：① 在进行采购时要严把质量关，必须从国家定点阀门生产厂家进行采购；

② 工厂在安装阀门前，必须先对阀体进行解体并进行外观检查和试水压，如果不符合质量要求，阀门就不能装到生产系统上。

【案例8】事故名称：人从吊装孔坠落。

发生日期：1970年某月某日。

发生单位：吉林某厂。

事故经过：某的烧碱蒸发班的班长在接班后发现一楼 5# 泵有漏碱，于是班长让 2 位岗位工去处理。于是一人下楼去处理，另一人就在二楼看守，岗位上的班长也去协助处理。当他们正在处理时，在二楼进行看守的岗位工从吊装孔处坠落。最终由于伤势过重抢救无效死亡。

原因分析：① 该厂原来在大修 5# 蒸发器时，在吊装时将二楼及三楼的篦子板揭开，但是吊装后却没有复位，也没有设置防护栏杆；

② 工人对此次检修作业的安全出现忽视，在作业时不检查现场，也不采取防护措施。

教训总结：① 必须严格执行规章制度，进行吊装后的吊装孔盖板必须及时复位；

② 各级管理部门必须加强对现场的安全检查，如果发现问题及时进行整改。

【案例 9】事故名称：钢制平台腐蚀致人坠落。

发生日期：1985 年某月某日。

发生单位：新疆某厂。

事故经过：当烧碱分厂的一名维修工在进行管道疏通，在送还工具独自返回蒸发工段时，在二楼平台进行越过安全栏杆时不慎滑倒，结果踩漏在腐蚀严重的钢制平台上发生坠落，造成颅底粉碎性骨折，因抢救无效死亡。

原因分析：① 该蒸发厂的房护栏、平台腐蚀严重，造成强度降低，无法承受人的重量。而且出现问题后未及时进行检修；

② 对于设备管理部门及岗位工人由于长期在此环境中作业，已经习以为常，失去了警惕性。

教训总结：要定期对易腐蚀的设备通道、护栏、平台进行检修，当发现腐蚀严重时要及时更换，或采取必要的安全措施。

【案例 10】事故名称：从操作平台高处坠落。

发生日期：1995 年某月某日。

发生单位：辽宁某厂。

事故经过：在该厂烧碱车间，一名操作工从蒸发工序的操作平台上失足坠落，因抢救无效死亡。

原因分析：① 在蒸发工序的配碱岗位的碱调节桶之间存在一个宽 0.45m 的死角，而在此处没有防护栏杆；

② 该现场的光线不足。

教训总结：① 必须检查工厂的隐患处并整改，同时要加强现场管理。

② 将工厂的作业环境进行改善。

【案例 11】事故名称：发生爆炸。

发生日期：1980 年某月某日。

发生单位：广西某厂。

事故经过：工人发现 4# 蒸发罐的出口堵塞而出料不畅，于是一名沉降工就利用 2# 正压罐的压力去疏通 4# 罐的物料，结果因没有关好 5# 泵的入口阀，使 2# 正压罐的压力过大而导入 5# 泵，致使 5# 泵最终承受不了压力而发生爆裂，使碱液喷出，结果致使一名分离工的面部和双眼被严重烧伤。

原因分析：操作工违反操作规程，没有戴防护眼镜。

教训总结：一般蒸发器在正常操作中要严防结盐，对使用的各效蒸发罐要定期进行清洗。如果蒸发器有结盐现象而发生过料不畅时，就必须及时进行清洗。在进行必要的检修时必须要穿好劳动用品，严禁违章作业及野蛮操作，增加巡回的检查制度，如果发现异常情况就要立即汇报并及时组织抢修处理，从而将故障排除。

【案例 12】事故名称：离心机的刮刀将面网底网刮破拉坏。

发生日期：1981 年某月某日。

发生单位：内蒙古某厂。

事故经过：操作工在开动离心机时，发现面网、底网被刮破拉坏，于是当即停车。

原因分析：离心机的副刀轴严重扭转发生变形，轴套磨损造成刀刃与转动壁之间的位置发生了变化，但由于转鼓的旋转幅度比较大，所以一旦副刀的任何部分接触到面网，就很容易造成事故。如果接触面积很小，而刮刀又特别锋利，就容易造成接触部分的面网被刮坏，但如果接触的部分比较多，就会将面网全部刮坏，而且不会修复，更严重的就是连同底网一起刮坏。

教训总结：① 要避免刮刀刮网，一是将刮刀的扭变解决，二是处理轴套磨损的问题。如果刮刀轴发生扭变，就说明在卸料时刮刀所受的扭矩已超过刮刀轴材质所能承受载荷的限度。所以应将原来的刮刀轴改为 45 号钢，就可以避免轴的扭变现象。

② 如果存在轴套磨损严重问题，一是轴在半径方向承受的力比较大，这可通过降低卸料速度的办法解决，二是在轴与轴套之间的润滑不良，为了改善润滑的状况，可以将油泵输出的润滑油分路压入刮刀轴的中心油眼，再进入润滑系统。

③ 要解决压环和密封圈的介质腐蚀，可将压环改用不锈钢进行车制，可将密封圈改用聚四氟乙烯进行车制。

小　　结

1. 从离子膜电解槽出来的碱液的浓度比较低，需要经过蒸发和固碱操作，提高碱液浓度，生产出浓度高达 99.8%的成品碱进行销售。

2. 目前对于离子膜碱液的蒸发主要有单效升膜蒸发、单效旋转薄膜蒸发、双效顺流蒸发、双效逆流蒸发、降膜式双效逆流蒸发、三效顺流强制循环蒸发、三效逆流强制循环蒸发、三效降膜逆流蒸发等八种方法。

3. 蒸发的流程很多，不同的氯碱企业应该从效数、蒸发器、逆顺流工艺、循环方式等几个方面进行考虑，进行流程的选择。

4. 在蒸发过程中使用的设备主要有蒸发器、旋液分离器、滤盐器和离心机等。

5. 掌握离子膜碱液蒸发过程中的正常操作要点，以及开、停车过程中的操作要点。

6. 经过蒸发以后的碱液的浓度还是不太高，还需要经过熔融进行蒸发浓缩后，制成各种形状的固碱，目前的固碱形状主要有桶装、片状和粒状。

7. 固碱的方法分为大锅熬制法和膜式法两种。

8. 能知道蒸发和固碱操作中有哪些经常出现的异常现象，找出原因并能进行故障排除。

9. 安全事故不可忽视，要对经常存在的安全隐患引起重视。

参考文献

[1] 李相彪主编. 氯碱生产技术. 北京：化学工业出版社，2010.

[2] 方度主编. 氯碱工艺学. 北京：化学工业出版社，1990.

[3] 程殿彬主编（中国氯碱工业协会组织编写）. 离子膜法制碱生产技术. 北京：化学工业出版社，1998.

[4] 陆中兴，周元培主编. 氯碱化工生产工艺：氯碱分册. 北京：化学工业出版社，1995.

[5] 化学工业部技术监督司与中国化工安全技术协会组织编写. 氯碱生产安全操作与事故. 北京：化学工业出版社，1996.

[6]《氯碱生产技术》编写组. 氯碱生产技术（上、下册）. 北京：化学工业部化工司，1985.

[7] 邢家悟主编（中国氯碱工业协会组织编写）. 离子膜法制烧碱操作问答. 北京：化学工业出版社，2009.

[8] 郑广俭，张志华主编. 无机化工生产技术：第二版. 北京：化学工业出版社，2010.

[9]《危险化学品生产企业从业人员安全技术培训教材》编委会. 氯碱生产安全操作技术. 北京：气象出版社，2006.

[10] 王静，胡久平主编. 烧碱与聚氯乙烯生产技术. 北京：中国石化出版社，2012.

[11] 张定明主编. 技术工人岗位培训题库：氯碱生产操作工. 北京：化学工业出版社，2003.

[12] 文建光主编. 纯碱与烧碱. 北京：化学工业出版社，2001.